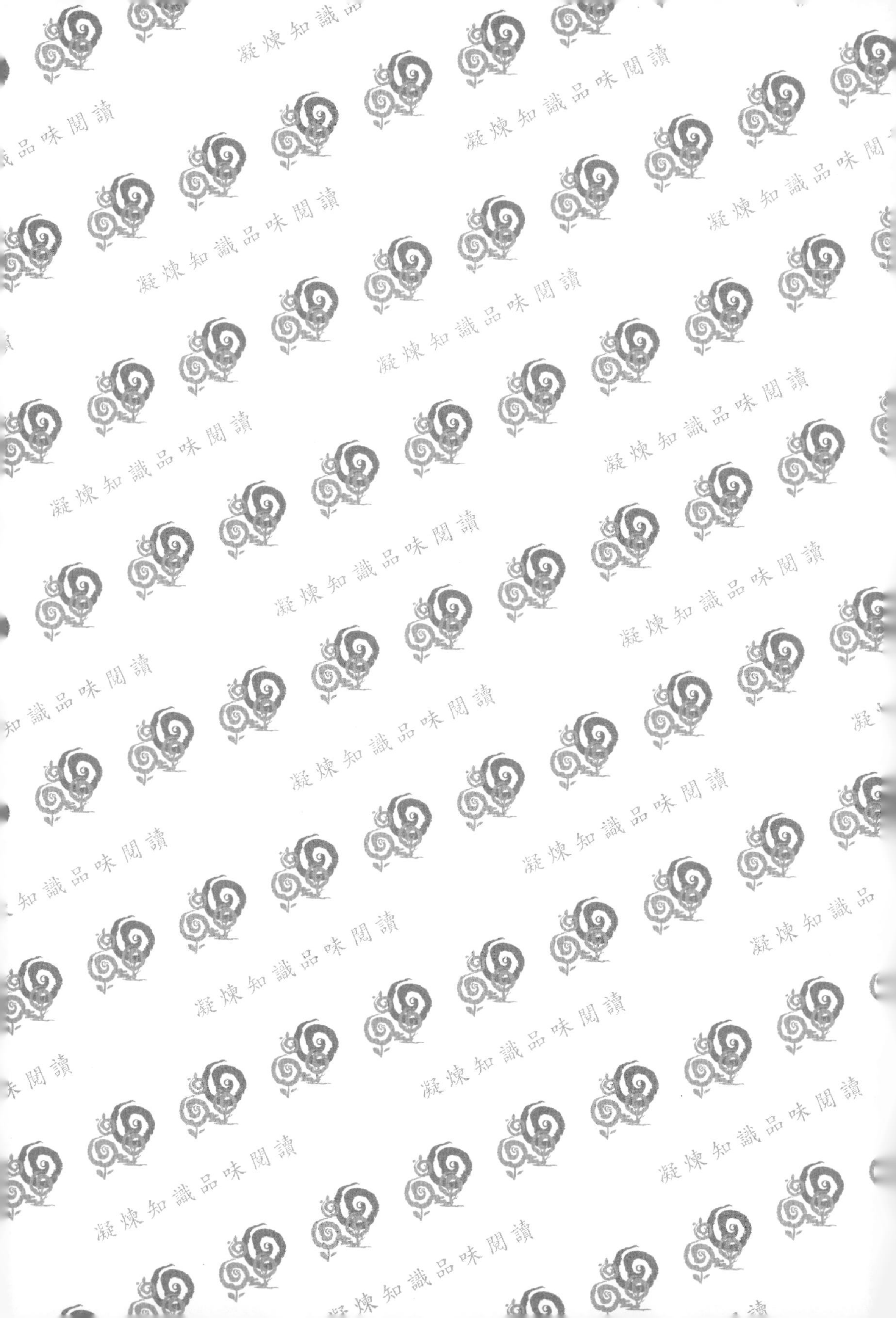
凝煉知識品味閱讀

凝煉知識品味閱讀

圖解 管理學

戴國良 博士 著

五南圖書出版公司 印行

自序

本人過去在企業工作十多年之久，深覺一個中高階主管或是專業經理人，除須具備產業專長與職務專業外，最重要的是擁有良好的「經營」、「管理」知識與技能。

談管理，每個人都以為很簡單，其實真正能成為公司內部優秀「管理者」或「經理人」，實在不容易。

一家成功經營的企業，必然也是一家管理成功的企業，內部一定會有一個卓越的「經營團隊」或「管理團隊」（Management Team）；反過來說，則將會是一個失敗的企業。企業的勝敗，關鍵就在「經營」與「管理」。

「管理學」（Management）幾乎是所有商管學院必修課，也是其他學院的選修課，更是不少企管研究所、高普考及國營事業徵人考試的必考科目。實務上，「管理」知識，也是任何一家企業、工廠、服務業、製造業、科技業等基層主管、中階主管到高階主管應具備的基礎知識、常識及技能。

總結來說，本書具有以下幾點特色：

一.內容涵蓋完整，架構清晰

本書已將重要的管理概念、管理哲學思想、管理循環、管理功能、管理技能、管理工具及現代管理議題等涵蓋在內，並無遺漏。而架構面，也邏輯有序、清晰。

二.圖解輔助，一目了然

本書全面採取一單元一概念的表達方式，透過圖表對照精簡呈現，有助閱讀者迅速理解管理學的精華及內涵所在。

三.理論兼具實務，相得益彰

「管理學」雖是一門基礎的理論學問，但畢竟要講求實務應用性，對企業才有價值性及貢獻性。嚴格來說，管理學並沒有艱深的學問，只是一門「藝術＋科學」的應變思維與行動；管理學也沒有一套放諸四海皆準的單一成功模式。只要是成功卓越的企業，都有其可敬可佩的管理模式。像鴻海郭台銘、台塑王永慶（已故）、遠東集團徐旭東、統一企業高清愿（已故）、統一超商徐重仁（已退休）、台積電張忠謀（已退休）、宏達電王雪紅或是宏碁、富邦金控、國泰世華金控等各大企業或最高經營者，都有各自獨特的企業文化、領導風格及管理模式。管理「理論」是基礎，但重在「實踐」。

四.旨在培養一個全方位優秀的「管理者」

本書內容完整，可以讓讀者養成一個成功優秀的基層、中階及高階的管理者。

五.「經營」+「管理」，才是完整面貌呈現

本書內容不是只有管理學的基本知識，同時也涵蓋經營知識面。在企業界擔任中高階管理者都知道，其實企業「經營」知識遠比「管理」知識更為重要。因為企業「經營」與公司賺錢存活有密切關聯，而管理則是比較靜態的。

六.適合高普考、國營事業、研究所考試的一本書

本書也相當適合想要參加高普考、研究所及國營事業考試中，「管理學」這一門考試科目的研讀準備。

本書能夠順利出版，衷心感謝五南圖書、我的家人、我的長官、我的同事、我的學生，以及廣大無所不在的讀者群朋友們，由於你們的需求、鼓勵、指導及期待，才有本書的誕生。

在這歡喜收割的日子，把榮耀歸於大家無私的奉獻。

再次致上本人萬分的謝意，並衷心祝福每位讀者朋友們，願你們都能走上一趟奇妙、美好、驚奇、成長、進步、快樂、滿意、平安、健康、幸福與美麗的人生旅途。

作者 戴國良
mail：taikuo@mail.shu.edu.tw

本書目錄

本書目錄

第4章 規劃

第5章 領導

本書目錄

本書目錄

本書目錄

第 1 章

管理在企業中的功能

章節體系架構 

Unit 1-1 「管理」的定義

談管理，一般以為簡單，其實能成為企業「管理者」或「經理人」，並不容易。一家成功經營的企業，必然也是一家管理成功的企業，內部一定會有一個優越的「經營團隊」或「管理團隊」；反過來說，則會是一個失敗的企業。因此，企業的勝敗，關鍵就在「經營」與「管理」。但「管理」是什麼呢？

一.管理定義面面觀

(一)主管人員運用所屬力量完成：管理是指主管人員運用所屬力量與知識，完成目標工作的一系列活動，即：運用土地、勞力、資本及企業才能等要素，透過計畫、組織、用人、指導、控制等系列方法，達到部門或組織目標的各種手法。

(二)本身是一種程序：管理本身，可視為一種程序，企業組織得以運用資源，並有效達成既定目標。

(三)透過資源達到目標：管理是透過計畫、組織、領導及控制資源，以最高效益的方法達到公司目標。

(四)完成各種任務：彼得・杜拉克（Peter F. Drucker）曾說：「管理是企業生命的泉源。」企業成敗的重要因素，在於企業是否能夠成功完成下列任務：完成經濟行為、創造生產成績、順利擔當社會聯繫及企業責任與管理時間。企業若要經營成功，必須要求企業功能部門主管，以管理職能執行管理活動。

(五)應具備的管理職能：一個主管人員能成功從事管理工作，必須具有基本職能，包括以下四種：1.規劃：針對未來環境變化應追求的目標和採取的行動，進行分析與選擇程序；2.組織：建立一機構之內部結構，使得工作人員與權責之間，能發生適當分工與合作關係，以有效擔負和進行各種業務和管理工作；3.領導：激發工作人員的努力意願，引導其努力方向，增加其所能發揮的生產力和對組織的貢獻，為最大目的，以及4.控制：代表一種偵察、比較和改正的程序，亦即建立某種回饋系統，有規則地將實際狀況（包括外界環境及組織績效）反映給組織。

(六)有效達成目標：管理包含目標、資源、人員行動三個中心因素，泛指主管人員從事運用規劃、組織、領導、控制等程序，以期有效利用組織內所有人力、原物料、機器、金錢、方法等資源，並促進其相互密切配合，使能有效率和有效果的達成組織的最終目標。

二.管理定義的總結

綜上所述，茲總結管理定義如下：「管理者立基於個人的能力，包括事業能力、人際關係能力、判斷能力及經營能力；然後發揮管理機能，包括計畫、組織、領導、激勵、溝通協調、考核及再行動，以及能夠有效運用企業資源，包括人力、財力、物力、資訊情報力等，做好企業之研發、生產、銷售、物流、服務等工作，最終能達成企業與組織所設定的目標。」這就是最完整的管理定義。

管理的定義

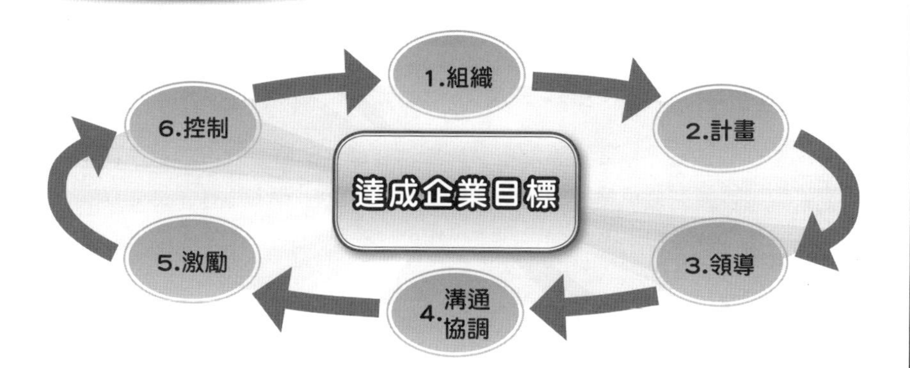

・考核　・指示　・再行動

・計畫　・組織　・領導　・激勵

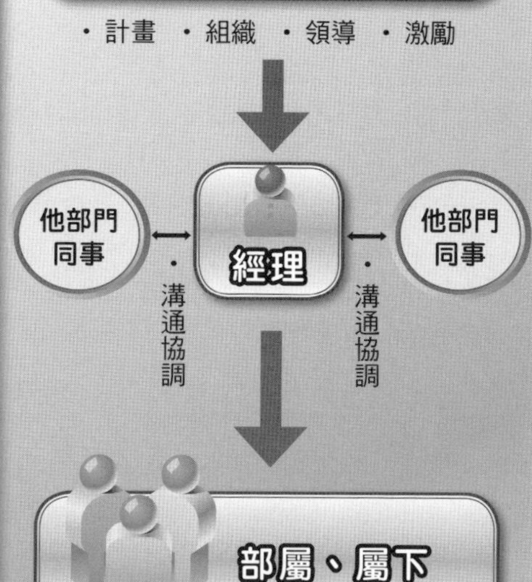

1.基礎
個人能力

・專業能力
・判斷能力
・經營能力
・人際關係能力

2.發揮
管理機能

・計畫　・組織
・領導　・激勵
・考核　・再行動
・溝通協調

3.有效運用
企業資源

・人力　・財力
・物力　・資訊情報力

4.做好
企業工作

・研發　・生產製造
・售後服務　・物流
・行銷、銷售

5.達成
企業與組織目標

・營業額目標　・獲利目標
・品牌地位目標　・企業價值目標
・社會責任目標　・產業領導目標
・企業形象目標

Unit 1-2 P-D-C-A管理循環

實務上，「管理」（Management）經常被解釋為最簡要的P-D-C-A四個循環機制；也就是說，身為一個專業經理人或管理者，他們最主要的工作，即是做好每天、每週的計畫→執行→考核→再行動等四大工作。

一.P-D-C-A管理循環之進行

問題是如何進行P-D-C-A的管理循環？以下步驟可供遵循：

(一)要會先「計畫」（Plan）：計畫是做好組織管理工作的首要步驟。沒有事先思考周全的計畫，做事情就會有疏失、有風險。所謂「運籌帷幄，決勝千里之外」，即是此意。

(二)然後要全力「執行」（Do）：說很多或計畫很多，但欠缺堅強的執行力，管理很容易變得膚淺，無法落實。執行力是成功的基礎，有強大執行力，才會把事情貫徹良好，達成使命。

(三)接著要「考核、追蹤」（Check）：管理者要按進度表進行考核及追蹤，才能督促各單位按時程表完成目標與任務。考核、追蹤是確保各單位是否如期如品質的完成任務。畢竟，人是需要考核，才能免於懈怠。

(四)最後要「再行動」（Action）：根據考核與追蹤的結果，最後要機動彈性調整公司與部門的策略、方向、作法及計畫，以再出發、再行動，改進缺點，使工作及任務做得更好、更成功、更正確。

二.O-S-P-D-C-A步驟思維

任何計畫力的完整性，應有下列六個步驟的思維，必須牢牢記住：

(一)目標／目的（Objective）：1.要達成的目標是什麼？以及2.有數據及非數據的目標區分如何？

(二)策略（Strategy）：1.要達成上述目標的競爭策略是什麼？以及2.什麼是贏的策略？

(三)計畫（Plan）：研訂周全、完整、縝密、有效的細節，執行方案或計畫。

(四)執行（Do）：前述確定後，就要展開堅強的執行力。

(五)考核（Check）：查核執行的成效如何，以及分析檢討。

(六)再行動（Action）：調整策略、計畫與人力後，再展開行動力。

另外，值得提出的是，在O-S-P-D-C-A之外，共同的要求是必須做好兩件事：一是應專注發揮我們自己的核心專長或核心能力（Core Competence）；二是要做好大環境變化的威脅或商機分析及研判。

如此一來，計畫力與執行力就會完整，這樣才能發揮管理的真正效果。

P-D-C-A管理循環

完整O-S-P-D-C-A6步驟思維

O 目標/目的（Objective）

- 要達成的目標是什麼？
- 有數據及非數據的目標區分如何？

S 策略（Strategy）

- 要達成左列目標的競爭策略是什麼？
- 什麼是贏的策略？

P 計畫（Plan）

- 研訂周全有效的細節執行計畫

D 執行（Do）

- 展開執行力

C 考核（Check）

- 查核執行成效如何並分析檢討

A 再行動（Action）

- 調整策略、計畫與人力後，再展開行動力

洞見

外部大環境各項因素不斷變化的意涵、威脅或商機是什麼？

＋

抉擇/堅守

公司自身最強的核心專長、核心能力之所在，然後聚焦攻入取得戰果。

Unit 1-3 實務上的「管理」定義與層次

「管理」泛指經由他人力量去完成工作目標的系列活動，是「管」人去「理」事的方法。能「管人」去處理事務的人，就必須是眾人之上的領導者，就必須會「做人」，得到部屬服從。處理事務就是「做事」，聽從指揮命令去做事的人，就必須擁有操作管理技術。因此，一位好的管理者，是既會「做事」，更會「做人」。

一.從實務面談管理的定義

(一)管理最終目的，在發揮群體力量：管理是講求凝聚「群力」的方法，是「人上人」的才能；技術是講求提高「個力」的方法，是「人下人」的才能。群力的發揮必須有好的個力為基礎，但好的個力，不一定自然形成好的群力；若無好的管理，可能成為一盤散沙或相互對抗的力量。一個好的管理者，本身必須先是會「做事」的技術擁有者，同時也必須是會團結眾人力量會「做人」的人。做人與做事成為管理與技術的互換字。先有技術，會「做事」，再會「做人」（處理上級、平行及下級人際關係），才能成為好的管理者。

(二)好的管理者要有三種能力：一個好的管理者，必須擁有三種能力：1.做事的「專業技能」；2.做人的「人性技能」，以及3.做主管的「觀念決策技能」。

(三)不同年齡就業階段，有不同的技能需求：當年輕時，於別人的基層下屬謀職求生時，「做事」的技術本領，比「做人」的藝術才能重要。年壯時，當年輕部屬的上司領導人，同時也當資深年長領導者的下屬，成為社會企業的中間及中堅幹部時，「做人」的藝術才能漸形重要，和「做事」的技術才能同等重要。當年長資深時，成為更多人的高層領導者，為企業集團或國家社會機構的領航員時，「做人」的藝術才能要比「做事」的技術才能重要。

.換言之，當一個人漸從「人下人」的技術操作員往上升等，成為「人上人」的管理人員時，他「做人」的才能漸重，「做事」的才能漸輕。但無論如何，企業有效經營的管理者，既要會「做人」（管眾人去做事），又要會「做事」（眾人會做事以賺錢）。企業有效經營，既要「技術」，更要「管理」。

二.管理在企業經營面的三種層次

(一)經營層：各部門副總經理、總經理、董事長等層級，需要的是事業創新、事業策略、事業經營、事業願景等領導能力，重視的是經營能力。

(二)管理層：各部門副理、經理、協理、總監、廠長等層級，需要的是自身單位的執行面管理、規劃面管理與績效面管理，重視的是一般化管理能力。

(三)作業層：各部門、各廠、各分公司、各店面的基層執行與操作人員，需要的是員工的專業能力與貫徹執行力。

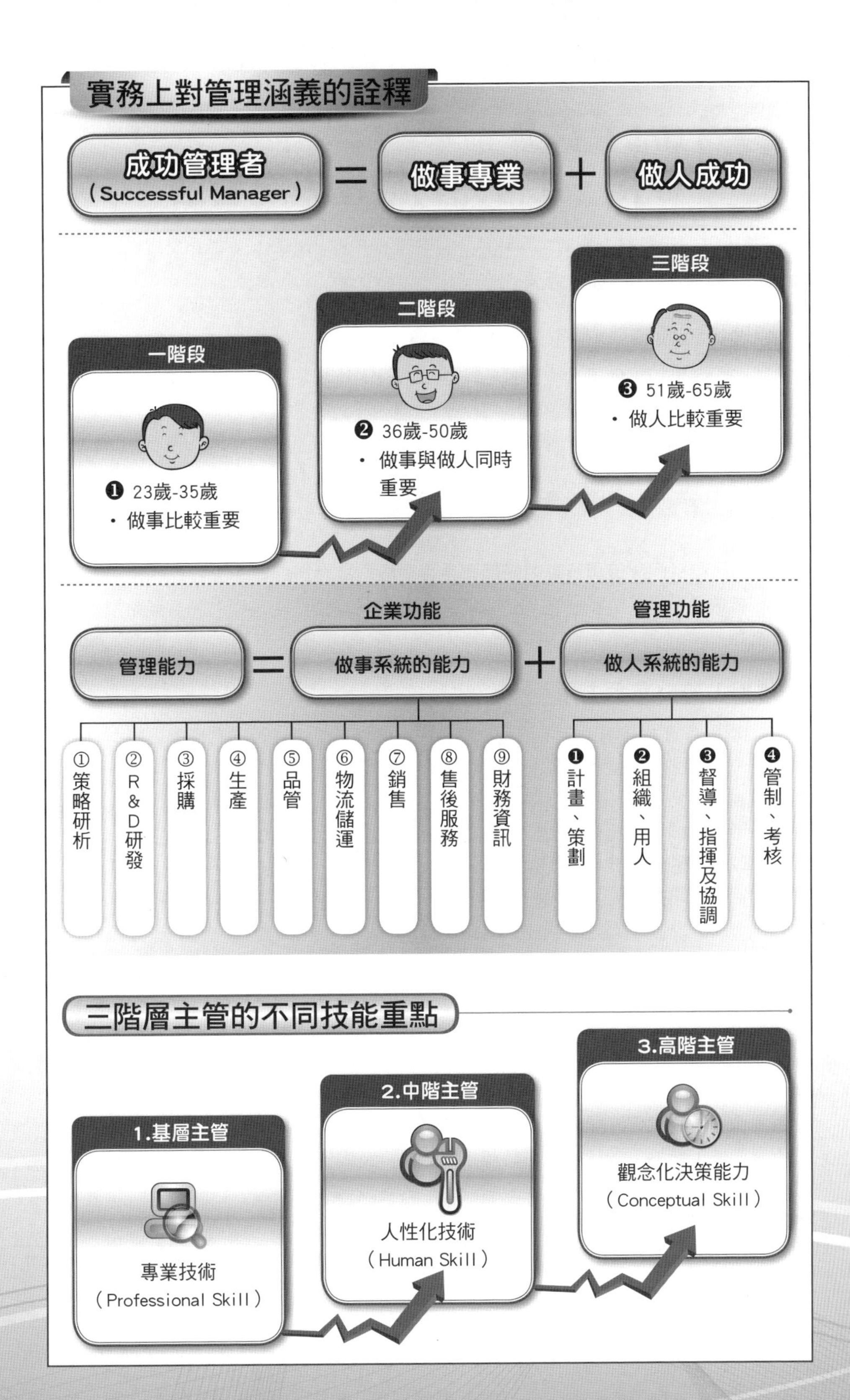
實務上對管理涵義的詮釋
成功管理者
(Successful Manager)
=
做事專業
+
做人成功
三階段
二階段
一階段
❶ 23歲-35歲
・做事比較重要
❷ 36歲-50歲
・做事與做人同時重要
❸ 51歲-65歲
・做人比較重要
企業功能
管理功能
管理能力
=
做事系統的能力
+
做人系統的能力
①策略研析
②R&D研發
③採購
④生產
⑤品管
⑥物流儲運
⑦銷售
⑧售後服務
⑨財務資訊
❶計畫、策劃
❷組織、用人
❸督導、指揮及協調
❹管制、考核
三階層主管的不同技能重點
1.基層主管
專業技術
(Professional Skill)
2.中階主管
人性化技術
(Human Skill)
3.高階主管
觀念化決策能力
(Conceptual Skill)

Unit 1-4 彼得・杜拉克對經理人之看法

美國第一代管理大師彼得・杜拉克曾於其《管理的實務》一書中，提出經理人必須做好二項特殊任務與五大基本工作，茲分述如下：

一.經理人二項特殊任務

(一)創造出加乘效果：亦即創造一個所有投入資源加總而產出更多的生產實體。可以把經理人比擬成管弦樂團的指揮，因為他的努力、願景和領導，使個別樂器結合成完整的音樂演奏。不過，指揮者有作曲者總譜，他只是一位樂曲詮釋者，而經理人卻同時是作曲者與指揮者。這項任務需要經理人使他所有的資源發揮長處，其中最重要的是人力資源，並消除所有資源的弱點，唯有如此，他才能創造出真正的公司整體。

(二)調和每個決策與行動的短期與長程需要：犧牲短期與未來長程的需要任何一者，都會危及公司。亦即，經理人員必須同時兼具短期與中長期的利益觀點及具體計畫之掌控。

二.經理人五大基本工作

經理人有五大基本工作，把資源整合成一個可以生存成長的有機組織體：

(一)設定目標：經理人員決定應該有哪些目標、每個目標目的何在、如何進行才能達成目標，然後考核績效，與攸關目標達成與否的人員溝通，以達成這些目標。設定各種業務目標、財務績效目標及各功能目標，是各級經理人員的首要工作。

(二)進行組織安排：按著經理人員分析必要活動、決策與關係，把工作區分成可管理的活動，再把這些活動區分為可管理的職務。再把這些單位與職務組合成一個組織結構，挑選人員管理這些單位及必須完成的職務。換言之，各級主管必須依其職掌，安排推動工作的人員組織，使其能各就各位。

(三)進行激勵與溝通工作：經理人員必須促使負責不同職務的人員像團隊般合作無間。為了做到這點，採行的途徑與方法，包括有透過各種實務和共事者之間的關係以及運用酬勞、工作安排、晉升等決策，與下屬、長官及同儕之間持續的雙向溝通。

(四)評量：經理人必須建立員工績效的評量標準，同時著重他對組織整體績效的貢獻及他個人的工作，並藉此幫助他改善工作。經理人分析、評鑑、詮釋績效，而且和所有其他工作領域一樣，他必須和下屬、長官及同儕溝通評量標準、方法，以及評量結果代表的意義。評量就是代表績效管理的實踐，唯有評量，才能區分出好壞，也才能賞罰分明，並且拔擢優秀的儲備幹部人才。

(五)發展人才，包括自己：發展人才、提拔後進、發現人才，並邀聘各種不同專業人才，是各級經理人時時刻刻甚至永恆的工作重點。因為，長江後浪推前浪，青出於藍勝於藍。個人的工作生命，可能只有二十年、三十年，最多四十年，但是企業的生命可能一直延續。而為確保永續經營，就必須保有每一世代高素質的管理團隊。

彼得・杜拉克對管理者的任務與工作

經理人員的內涵

二大任務

①如同一個樂團的指揮者，領導演奏出一場成功的樂曲表演，創造出加倍效果。

②調和與兼具短期與長期觀點的衝突及利益。

五大基本工作

①首先須設定目標。

②進行組織與人員安排。

③進行激勵與溝通工作。

④評量與考核。

⑤發展各級人才，包括自己。

經理人五大工作

1.設定目標

設定各種業務目標、財務績效目標及各功能目標，是各級經理人員的首要工作。

2.組織與人員安排

各級主管必須依其職掌，安排推動工作的人員組織，使其能各就各位。

3.激勵與溝通

經理人員必須促使負責不同職務的人員，像團隊般合作無間。

4.評量與考核

評量就是代表績效管理的實踐，唯有評量，才能區分出好壞，也才能賞罰分明，並且拔擢優秀的儲備幹部人才。

5.發展各級人才

不斷發展人才、提拔後進、發現人才，並邀聘各種不同專業及多元化人才，讓企業能永續經營。

經理人五大工作（Manager）

Unit 1-5 經理人的十種角色

管理學古典大師明茲伯格（Mintzberg）分析，經理人每天扮演十種不同角色。

一.頭臉人物（或稱代表人）

資深經理人因地位及職務較高，必須執行各種社交、法律及內外部典禮等任務。

二.領導者

管理者必須帶動、訓練、激勵及指示部屬往前衝，達成組織年度預算目標與營運績效。因此每一家成功的企業，大都有一位靈魂領導人物在帶動著。

三.聯絡者

管理者的任務是要保持與外界及同事之間的聯絡者，因此，外界環境發生的人、事、物變化，管理者都能很快的聯絡所屬同事，以策定因應的對策方案。

四.偵察者

管理者必須不斷探察及獲悉組織內外部相關訊息情報。由於管理者本身既為聯絡者，接觸廣泛，再者管理者屬領導階層，因此，能偵察到較多的情報訊息。

五.傳播者

管理者要將聯絡或偵察訪得的情報，傳達主管或部屬知道，包括公司政策、公司規定或是屬於私密的人事、薪資動態。

六.發言人

民主開放的社會環境，管理者也扮演對外媒體的發言人角色，以解決媒體問題或需求，避免不正確的傳言四處流散，不利公司形象。

七.企業創業家

管理者要像創業家保持高昂鬥志，隨時挖掘掌握商機，進而縝密發展策略執行。

八.解決問題專家

企業經營隨時會碰到內外部的干擾、問題與障礙，甚至是危機，均有賴管理者扮演協調及清道夫角色，克服這些問題與困境。

九.資源分配者

管理者對於公司各部門的人事安排、營運預算、可獲得的人力及費用支用資源等，均必須由管理者任命及同意支用。

十.談判者

管理者日常還會從事如工會、國外技術合作、政府部門及國內結盟等協商談判。

亨利·明茲伯格（Henry Mintzberg）提出經理人十種多元角色

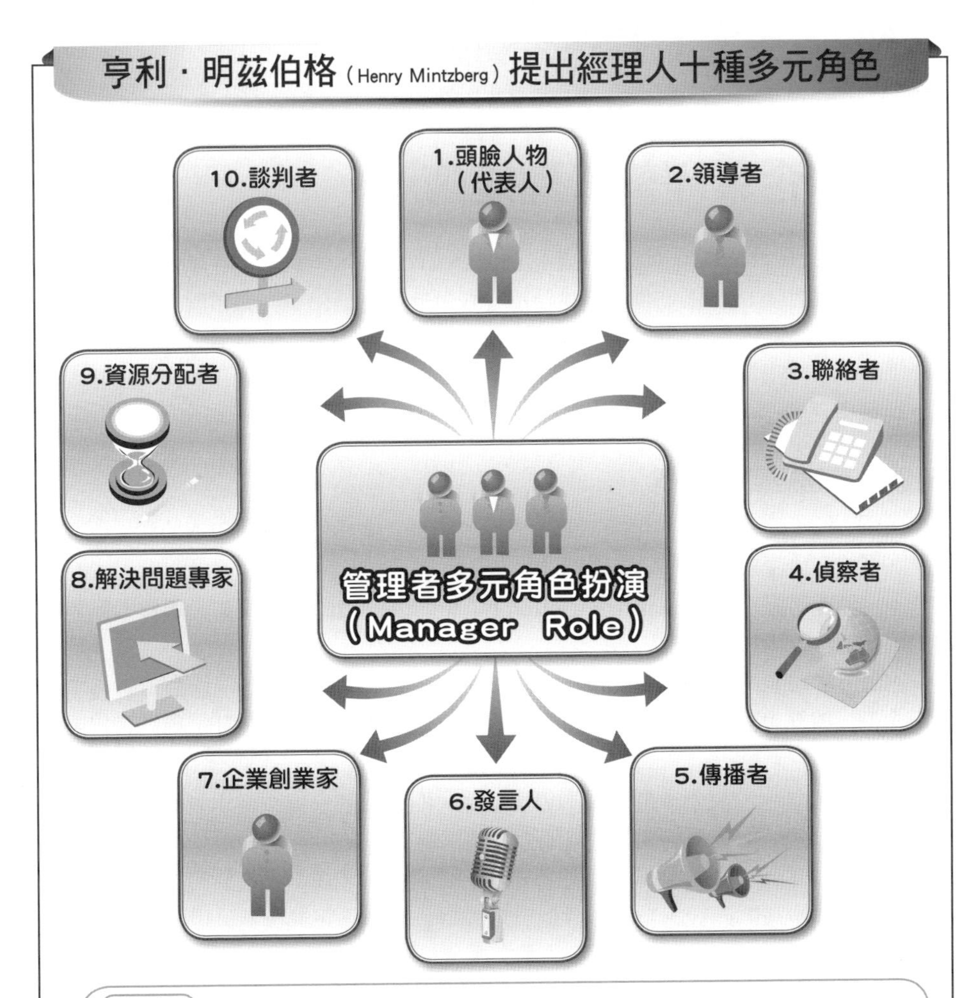

知識補充站

經理人角色扮演實務

當你是扮演頭臉人物時，就有落成剪綵、記者會、新產品發表會、公司營運說明會、法人說明會或簽約會議等之主持或講話活動。

當你是領導人物時，你的能力就必須像台積電張忠謀（已退休）、聯電曹興誠、統一企業高清愿（已故）、鴻海郭台銘、宏碁施振榮、裕隆嚴凱泰（已故），以及統一7-11徐重仁（已退休）等時，才能發揮。

當你扮演偵察者時，偵察的方式是到各單位串門子、打聽情報，或是檢視各種機密報告內容。

當你扮演企業創業家時，就必須有強烈的企圖心，並透過縝密計畫，掌握環境商機、制定發展策略與方案，然後落實執行。

當你扮演解決問題專家時，於企業發生罷工、工廠失火、高級主管辭職、部門主管衝突、風災、地震等困境，你都要克服。

Unit 1-6 企業經營管理矩陣

傳統垂直領導的組織架構，已經不敷變動管理的要求，企業需要更靈活的任務編組，打破部門本位主義，將工作流程水平整合。而這種由縱向與橫向管理交織成的「管理矩陣」，是主管所要面對的新課題。

所謂「管理矩陣」是將管理功能與業務功能，視為具有交叉關係的正方形相對關係，此種管理概念，有助釐清管理功能與業務功能的連帶關係。

一.企業管理矩陣的功能

企業經營管理的內涵，包括二個大構面：一是企業功能，二是管理功能。這二者交叉，形成了企業經營管理的矩陣圖。

(一)管理功能（Management Function）：矩陣圖的橫向，即規劃、組織、領導、溝通協調與控制考核。

(二)企業功能（Business Function）：矩陣圖的縱向，即生產、行銷、研發、採購、企劃、財務會計、資訊、法務、人力資源、全球運籌、工業設計、稽核、行政總務、公關等。

此兩種功能所交叉形成的正方形對應關係，即表示每一種企業功能的運作中，都須掌握好五項管理功能，自然而然就能把企業經營得當。

如以企業的研發功能為例，管理功能就可做到預測、規劃未來的研發目標並組織研發團隊，領導激勵研究人員，並評估研發成效，進而修正或改進以達成目標。再以規劃為例，每個企業功能都應規劃未來的方向及目標。

二.矩陣管理可能的複雜性

矩陣管理的複雜性存在於兩個層面上。

首先是矩陣的源頭，也就是企業雙線部門主管，他們必須能有很好的協調。在現實工作中，很多部門主管希望單線管理，但在矩陣結構下，自己無法決定，還要和他人協商，會覺得很麻煩。

其次是矩陣的「結點」，即被管轄的員工。同時受到縱向、橫向主管的雙向管理，往往會覺得工作很累，因為同時有兩個領導，需要花費較多的溝通時間，工作強度與難度會提高，雙向領導都會提出自己關心的工作目標與指標，有時雙向指令有衝突時，還會覺得無所適從。

值得注意的是，在很多企業中，被管轄的員工有時甚至會有意無意地製造矩陣源頭間的矛盾與分歧，從而給自己獲得一個推脫責任的藉口或是偷懶的空檔。

因此要提升企業管理水準，往往需要從主管與員工的意識上提高對矩陣管理的認識與接納。

企業管理矩陣＝企業功能＋管理功能

企業功能與管理功能之矩陣表

企業功能＼管理功能	1.規劃	2.組織	3.領導與激勵	4.控制與考核	5.溝通與協調
1.研發					
2.採購					
3.生產、品管					
4.行銷／業務					
5.人力資源					
6.財務會計					
7.企劃（策略規劃）					
8.法務					
9.資訊					
10.全球運籌（物流）					
11.工業設計					
12.稽核					
13.行政總務					
14.公關					

矩陣管理可能的複雜性

矩陣源頭

企業雙線部門主管溝通協調不良時。

↓

矩陣結點

被管轄的員工同時受到縱向、橫向主管的雙向管理，無所適從。

↓

解決方法

從主管與員工的意識上，提高對矩陣管理的認識與接納。

Unit 1-7 企業投入與產出

企業經營管理是一個投入、加工以及產出的循環過程，也就是投入（Input）、流程處理（Processing）及產出（Output）三個過程的營運循環。如從此角度來看，企業營運管理就包括了四種範圍。

一.從投入面來看

企業必須取得原物料、零組件或服務人力，才能進行加工處理並產出商品或服務。因此，從投入面來看，企業經營管理的範圍，包括：

(一)What：它必須取得哪些生產資源？

(二)Where：它從哪些地方及來源取得這些資源？

(三)How：它如何取得這些投入資源？

(四)When：它應於何時取得及應用這些資源？

(五)How Many：它該取得多少數量的資源？

(六)How Much：它該用多少價錢去獲取？

(七)How Long：它該用多久時間取得？

這些投入資源則包括原物料、零組件、生產人力、品檢人力、運輸物流、銷售人力、技術服務、產品研發等人、事、物。而如何用最經濟價格取得適量、適時的高品質投入資源，是確保營運成功的第一步基礎工作。

二.從內部處理來看

企業取得及安排必要的資源投入後，就會進行內部處理（Internally Processing）的程序。如果是外銷製造廠，就會進入製造程序。如果是服務業，就會進入人員服務程序。這些產生價值活動的程序，包括：人力配置、採購、製造、研究發展、財務會計、資訊流通、行銷、售後服務及公共事務等營運活動及功能。

三.從生產力來看

企業經營為了使前述各項營運活動及程序，產生更大的效率（Efficiency）及效能（Effectiveness），於是透過管理機能，包括：企劃、制度、組織、協調溝通、領導指揮、激勵、控制考核、決策與回應以及資訊科技工具等，加強管理功能，以激發每位員工的潛能，並提高生產力。（註：「效率」是指把事情快一點做完；而「效能」則是指把事情做好、做對，而不是一味求快，卻沒做好、做對，而有所疏漏。）

四.從外部環境來看

企業不管是在投入、內部處理程序、產出等，必須與外部環境有所互動，亦受其變化影響。因此，對於國內外產業、顧客、法令、政經環境等之變化與趨勢，均應有相當的蒐集、分析及研判，才會掌握外部機會點，並降低不利威脅的程度。

企業投入與產出營運的範圍

一.投入（Input）

1.What
2.Where
3.How
4.When
5.How Many
6.How Much
7.How Long

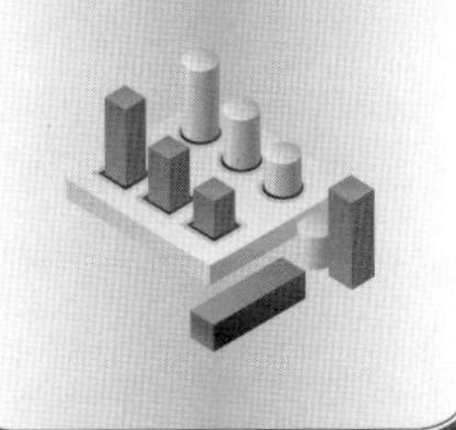

二.過程（Process）

1.研發
2.採購
3.製造及品管
4.銷售
5.售後服務
6.物流運籌
7.人力管理
8.資訊服務
9.行銷企劃
10.法務服務

三.產出（Output）

1. 提高產品與服務的效率以及效能。
2. 從企劃、組織、領導、激勵、溝通、協調及控制回饋等。

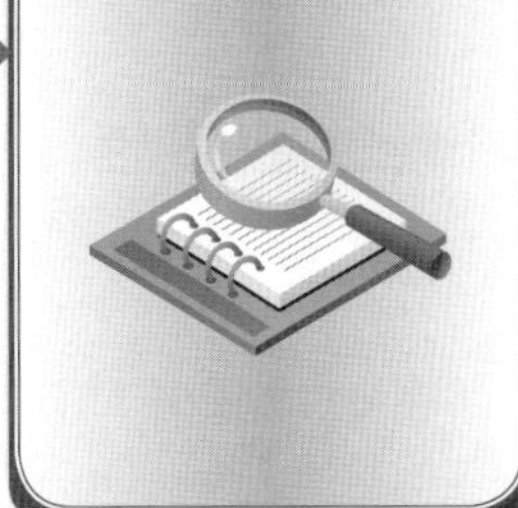

企業投入、過程及產出的整體架構

五.強有力的管理執行功能

1.組織 4.溝通協調
2.計畫 5.激勵
3.領導 6.管控

四.正確的策略規劃功能

1.指引 4.競爭利基
2.選擇 5.突破點
3.特色

三.產出（Output）

1.產品（實體）
2.服務
3.節目、新聞

一.投入（Input）

1.人力
2.物料、原料、零組件、包材
3.設備、機械
4.財力、資金

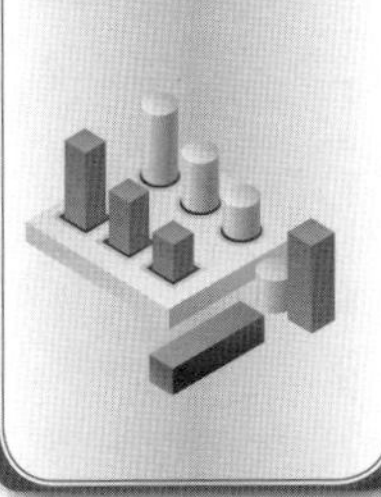

二.過程（Process）

1.研發（R&D）
2.工程技術
3.採購
4.生產（製造）
5.品管
6.倉儲
7.物流（全球運籌）
8.行銷（業務、企劃）
9.售後服務
10.財務會計
11.資訊
12.法務（智產權）
13.品牌經營
14.公共事務
15.客服中心
16.會員經營
17.人力資源
18.行政總務

(1)

- 顧客滿意與忠誠
- 與競爭者相比較，有競爭力。

(2)

- 產生好的營運績效、能獲利賺錢、EPS高及股價高。

(3)

- 股東滿意
- 員工滿意
- 董事會滿意

六.良好的組織行為功能

員工個人、部門、組織之行為、互動、文化與戰力發揮。

Unit 1-8 波特教授的企業價值鏈

事實上，早在1980年時，策略管理大師麥可・波特教授就提出〈企業價值鏈〉（Corporate Value Chain）的說法。他認為企業價值鏈是由企業主要活動及支援活動建構而成。波特教授認為，公司如果能同時做好這些日常營運活動，就可創造良好績效。

一.Fit概念的重要性

此外，波特教授也非常重視Fit（良好搭配）的概念，他認為這些活動彼此之間必須有良好與周全的協調及搭配，才能產生價值出來；否則各自為政及本位主義的結果，可能使活動價值下降或抵銷。因此，他認為凡是營運活動Fit良好的企業，大致均有較佳的營運效能（Operational Effectiveness），也因而產生相對的競爭優勢。所以，波特教授一再重視企業在價值鏈活動運作中，必須各種活動之間的良好搭配，然後產生營運效益。

二.產業價值鏈的垂直系統

另外，波特教授認為每個產業的價值體系，包括四種系統在內，如從上游供應商到下游通路商及顧客等，均有其自身的價值鏈。這些系統中，每一個都在尋求生存利害以及價值的極大化所在，而這些又必須視每一種產業結構而有其不同的上、中、下游價值所在。

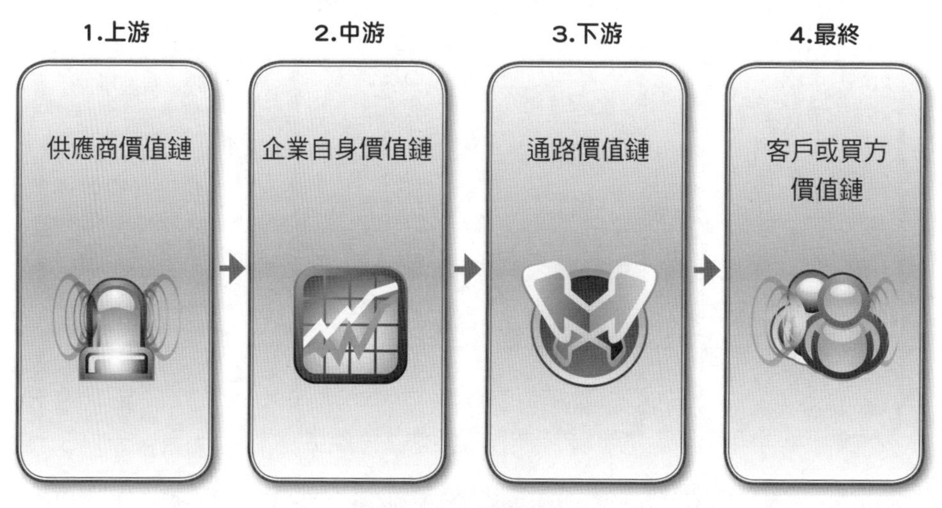

產業上中下游價值鏈

波特的企業價值鏈

企業價值鏈 ＝ 企業主要活動 ＋ 企業各單位支援活動

波特教授的企業價值鏈

2. 支援活動

(1)公司基礎架構（Infrastructure）：制度、規章、資訊化

(2)人力資源（Human Resource）

(3)採購（Procurement）

(4)科技研究發展（R&D）

(5)資金財務（Finance）

1. 主要活動

(1) 製造、生產、品管

(2) 配送、物流（Logistic）

(3) 銷售、行銷（Sales）

(4) 售後服務（After Service）

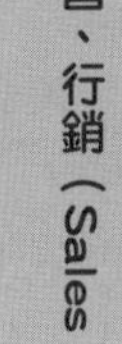

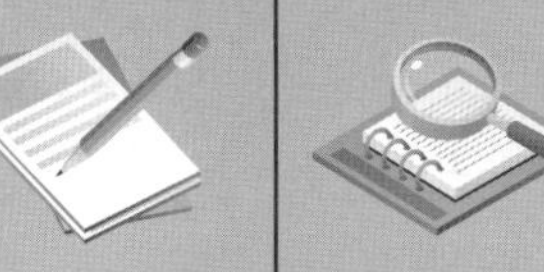

產生獲利（Profit）

→

Unit 1-9 彼得・杜拉克管理哲學思想的形成

管理學大師中的大師彼得・杜拉克（Peter F. Drucker）已於2005年11月去世，享年九十五歲高齡。對於這位影響全球產、官、學界的管理大師，他的辭世，大家同感惋惜。

他曾於生前提到成為世界上最有錢的人，對他來說毫無意義，因為他很早就領悟資產管理工作對社會不是一種貢獻，而是人的行為，才是值得重視及探討的關鍵。

一.人才是管理的重點

1930年代初期，他在倫敦的投資銀行工作，有一陣子每天到劍橋大學旁聽凱因斯的課，這令他恍然大悟。他對於賺錢、商品並不感興趣，不認為資產管理工作是一種貢獻，因為他真正好奇的，是人的行為，「成為世界上最有錢的人，對我毫無意義。」

所以，他在看企業、社會管理時，也都以人的角度出發，《華爾街日報》曾經如此分析他對管理的看法。

例如：員工是最重要的資產，組織必須提供知識工作者發展的空間，因為薪水買不到忠誠；顧客買的不是產品，而是滿足；資質平庸無所謂，人要把自己放在最有貢獻的地方。談到任何問題時，他總是不忘提到：「人，才是重點。」

《大師的軌跡：探索杜拉克的世界》作者畢堤就提到，他最常談的是價值、品格、知識、願景、知識……，「唯有金錢，他很少提及。」

二.大師中的大師

他的工作方式也是成功的要因。他強調要專注，把個人的優勢投注在最關鍵的事情，因為他認為「很少人能同時做好三件事情。」

所以他總能問出核心的問題，而且幫助許多人解決困惑及疑難。

華爾街帝傑（Donaldson Lufkin & Jenrette）投資銀行的創辦人洛夫金，就對此印象深刻。

1960年代，公司剛成立不久時，他曾就教於彼得・杜拉克。當他問彼得・杜拉克是否該發展哪些商品、該採取什麼策略時，彼得・杜拉克總是答：「不知道。」

「那僱用你做什麼？」洛夫金問。

「我不會給你任何答案，因為世上有許多種不同的方法能解決問題，不過我會給你該問的問題。」彼得・杜拉克回答。

於是他們開始一問一答的交談。彼得・杜拉克之後也不斷重複、提醒世人；洛夫金之後也不斷自我探詢「我們是誰」、「我們想做什麼」、「有什麼優勢」、「該怎麼做」。「每年都有幾百本管理書問世，但只要讀彼得・杜拉克就好了。」《華爾街日報》說，因為他就像是文藝界的莎士比亞，因為他是《經濟學人》讚頌「大師中的大師」。

彼得・杜拉克管理哲學思想的形成

・不認為資產管理工作是一種貢獻

・成為世界上最有錢的人，對他來說毫無意義

對人的行為感到好奇

・價值・品格・知識・願景・知識

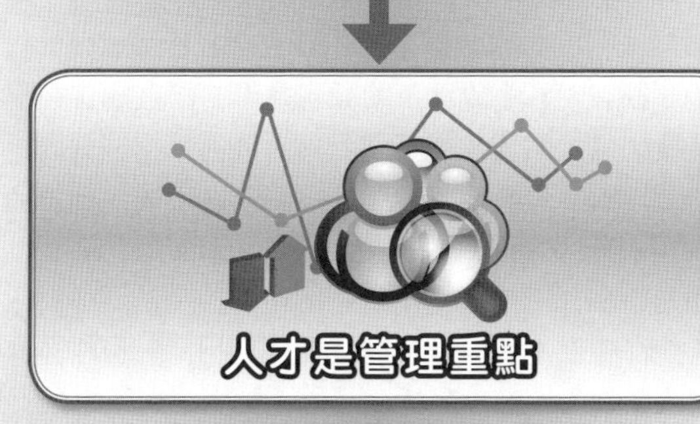

人才是管理重點

管理學大師中的大師：彼得・杜拉克

・工作方式是成功的要因

・專注

很少人能同時做好三件事情

・不會給任何答案，但會給該問的問題

因為世上有許多種不同的方法能解決問題

・問出核心問題

不斷自我探詢我們是誰、我們想做什麼、有什麼優勢、該怎麼做等問題。
被譽為文藝界的莎士比亞

・大師中的大師

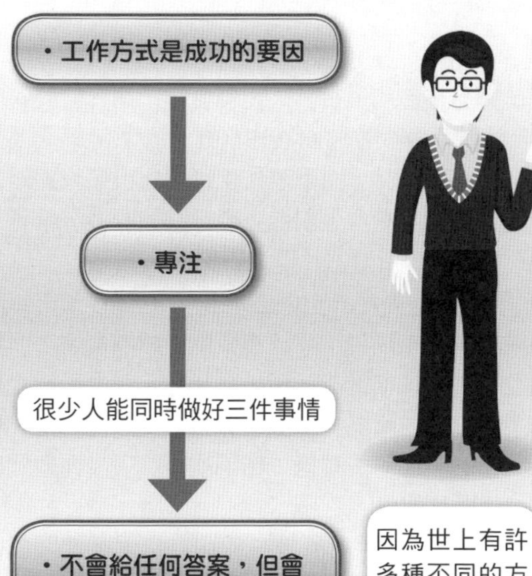

Unit 1-10 彼得・杜拉克的六大核心管理觀點 Part I

現代管理學之父的彼得・杜拉克（Peter F. Drucker）雖已過世，但其管理學論點將永被流傳。本單元將其六大核心管理觀點分Part I、Part II 及Part III 介紹。

一.企業唯一的目的，在於創造顧客

「顧客第一」這四個字，如今已是眾所周知的企業經營法則，然而，杜拉克卻是在1954年出版《彼得・杜拉克的管理聖經》時便指出，企業的目的只有一個正確而有效的定義，即創造顧客。換句話說，企業究竟是什麼，由顧客決定。因為唯有當顧客願意購買商品或服務時，才能將經濟資源轉變為商品與財富。

既然顧客是企業唯一目的，也攸關事業本質究竟是什麼，因此杜拉克又提出幾個關鍵問題，以深入了解顧客：1.釐清真正的顧客是誰？潛在顧客在哪裡？他們如何購買商品及服務？最重要的是，如何才能接觸到這群顧客？這些問題不但會決定市場定位，也會影響配銷方式；2.在了解顧客輪廓、接觸顧客之後，杜拉克接著又問顧客買的是什麼？他舉例說明，花大錢購買凱迪拉克（Cadillac）的顧客，買的是代步工具或汽車象徵價值？他還舉出一個極端例子，指出凱迪拉克的競爭對手說不定是鑽石或貂皮大衣，以及3.在顧客心中，價值是什麼？杜拉克指出，價格並非價值唯一衡量標準，顧客還會將其他因素納入考量，包括產品是否堅固耐用或售後服務品質等。

藉由提出「沒有顧客就沒有企業」這樣一個簡單概念，杜拉克扭轉傳統視「生產」為企業主要功能的偏差，引領行銷與創新的新思維。

二.員工是資源，而非成本

《企業的概念》一書，除了造成聯邦分權制度風行外，也引發另一個有趣的管理議題，亦即呼籲通用汽車應將工人視為資源而非成本。回溯1950年代左右，絕大部分人都認為，現代工業生產的基本要素是原料和工具，而不是人；也因此很多人誤以為現代生產制度是由原料或物質支配，遺忘人的組織才是創造生產奇蹟的關鍵。畢竟，只要是人的組織，就能隨時發展新的原料、設計新機器、建造新廠房。

傳統勞資關係普遍認為，員工只要能領到高薪就很開心，根本不關心工作和產品，杜拉克則率先指出這樣的觀念是錯誤的，主張員工應該被視為資源或資產，而非企業極力想要抹除的負債。因為員工並不甘於只被當成一個小螺絲釘，在生產線上做著機械化的動作，他們會渴求有機會了解工作、產品、工廠和職務；更重要的是，他們不但願意學習，而且還渴望扮演更積極的角色——透過工作累積經驗，發揮他們的發明力和想像力，從而提出種種建議，以提升效率。

企業是一個「人類組織」的概念，是由杜拉克所原創。他在二次大戰期間於通用汽車進行研究時，便看見了「企業是人們努力的成果」，而組織乃是結合一群平凡人、做不平凡的事。因此，企業應建立在對人的信任和尊重之上，而非只把員工當成是創造利潤的機器。

彼得・杜拉克六大核心管理觀點

1.企業唯一的目的，在於創造顧客（The Purpose of Business is to Create Customers）

杜拉克藉由提出「沒有顧客就沒有企業」這樣一個簡單概念，扭轉了傳統視「生產」為企業主要功能的偏差：

- 釐清真正顧客是誰？潛在顧客又在哪裡？他們是如何購買商品及服務的？如何才能接觸到這群顧客？這些問題不但會決定市場定位，也會影響配銷方式。
- 在了解顧客的輪廓、接觸到顧客之後，要問「顧客買的是什麼」？
- 「在顧客心目中，價值是什麼」？因價格並非價值的唯一衡量標準，顧客還會將其他因素納入考量，包括產品是否堅固耐用，抑或售後服務的品質等。

2.員工是資源而非成本（Worker is a Resource, not a Cost）

過去傳統觀念認為，現代工業生產的基本要素是原料和工具而不是人，員工只要能領到高薪就很開心，根本不關心工作和產品，杜拉克則率先指出這樣的觀念是錯誤的，主張員工應該被視為資源或資產：

- 因為員工並不甘於只被當成一個小螺絲釘，在生產線上做著機械化的動作。
- 員工心中會渴望更認識和了解工作、產品、工廠和職務。
- 更重要的是，他們不但願意學習，而且還渴望扮演更積極的角色透過在工作上所累積的經驗，發揮他們的發明能力和想像力，從而提出種種的建議，以提升效率。

3.目標管理與自我機制（Management by Objectives and Self Control）

4.知識工作者（Knowledge Worker）

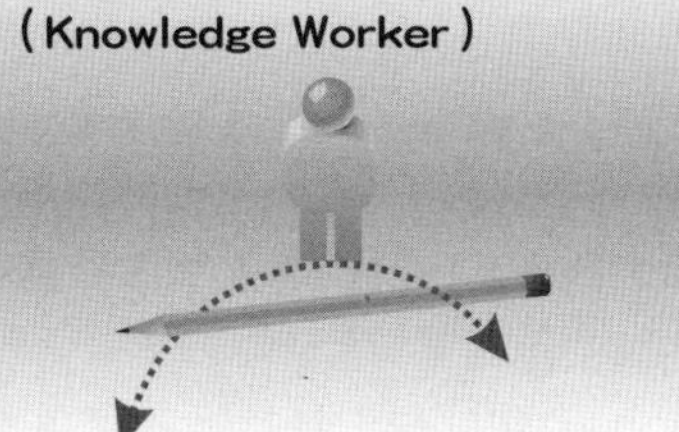

5.創新與創業精神（Innovation and Entrepreneurship）

6.效率與效用（Efficiency and Effectiveness）

Unit 1-11 彼得・杜拉克的六大核心管理觀點 Part II

前文Part I 介紹彼得・杜拉克六大核心管理觀點之「顧客第一」及「員工是資產」的論點外，我們要繼續介紹目標管理與知識工作者的概念。

三.目標管理與自我控制

在杜拉克的「發明清單」中，最常被提及，也可說是最重要及影響最深遠的一個概念，就是目標管理（Management by Objectives）；而透過目標管理，經理人便能做到自我控制（Self-Control），訂定更有效率的績效目標和更宏觀的願景。不過，杜拉克也認為，由於企業績效要求的是，每一項工作都必須達到企業整體目標為目標，因此經理人在訂定目標時，還必須反映企業需要達到的目標，而不只是反映個別主管的需求。

目標管理之所以能促使經理人達到自我控制，是因為這個方式改變了管理高層監督經理人工作的常規，改由上司與部屬共同協商出一個彼此均同意的績效標準，進而設立工作目標，並且放手讓實際負責日常運作的經理人達成既定目標。乍看之下，目標管理和自我控制均假設人都想要負責、有貢獻和獲得成就，而非僅是聽命行事的被動者。然而，雖然經理人有權、也有義務發展出達成組織績效的諸多目標，但是杜拉克也認為高階主管仍須保留對於目標的同意權。

四.知識工作者

杜拉克是第一個提出「知識工作者」這個「新名詞」（今天看來，當然一點也不新）的人，也率先為我們描繪出未來「知識型社會」（Knowledge Society）的情景。對於永遠走在別人前面的杜拉克而言，首先提出這個已成為勞動人口主力的名詞，當然不足為奇，但是到底有多早？答案是他在1959年出版的《明日的里程碑》一書。《企業巫醫》一書的作者則是指出，杜拉克自大學畢業後，先拒絕了成為銀行家的機會，接著又與學術界保持著一個似近又遠的關係，他或許就可以稱為最早、最典型的知識工作者。

早在1950年代，杜拉克便看出美國的勞動人口結構正在朝向知識工作者演變。在他看來，教育的普及使得真正必須動手做的工作逐漸消失。不過，這並不表示今天所有的工作，必定都需要接受更多的教育才能進行；相反地，知識工作和知識工作者的興起，有相當程度其實是因為供給量變多，而非全然是需求增加所致。

到了《杜拉克談未來企業》一書，杜拉克更進一步確立知識型社會。在資本主義制度下，資本是生產的重要資源，資本與勞力完全分離；但是到了後資本主義社會，知識才是最重要的資源，而且是附著在知識工作者身上。換言之，藉由學會了如何學習，並且終其一生不斷地學習，知識工作者掌握了生產工具，對於自己的產出享有所有權，他們除了需要經濟誘因之外，更需要機會、成就感、滿足感和價值。

綜上所述，知識型社會和知識工作者，可說是杜拉克歷年作品中的一大主題。

彼得・杜拉克六大核心管理觀點

1.企業唯一的目的，在於創造顧客（The Purpose of Business is to Create Customers）

2.員工是資源而非成本（Worker is a Resource, not a Cost）

3.目標管理與自我機制（Management by Objectives and Self Control）

- 目標管理（Management by Objectives）是杜拉克「發明清單」中影響最深遠的一個概念。
- 透過目標管理，經理人便能做到自我控制（Self-Control），訂定更有效率的績效目標和更宏觀的願景。
- 企業績效要求的是每一項工作都必須以達到企業整體目標為目標，經理人訂定目標時，必須反映企業需要達到的目標，而不只是反映個別主管的需求。
- 經理人有權、也有義務發展出達成組織績效的諸多目標，但高階主管仍須保留對於目標的同意權。

4.知識工作者（Knowledge Worker）

- 第一個提出「知識工作者」這個新名詞，也率先為我們描繪出未來「知識型社會」（Knowledge Society）的情景。
- 世界逐漸由「商品經濟」轉變為「知識經濟」之外，管理型態將隨之改變。
- 知識工作者固然多半扮演部屬的角色，但常常也是主管，甚至更想當自己的老闆。
- 知識工作者的管理將是經理人必須面對的課題之外，也對於知識工作者在這個既非老闆、也非員工的新世界中將如何自處的問題多所著墨。

5.創新與創業精神（Innovation and Entrepreneurship）

6.效率與效用（Efficiency and Effectiveness）

知識補充站

許士軍教授對彼得・杜拉克的肯定——以管理實踐社會公益

許士軍教授曾為文提及，人們推崇杜拉克是一位管理學大師，也是企業界的導師，這是比較表面的說法。基本上，他所關注和感興趣的，是增進人類社會福祉。

依杜拉克自己的說法，他初到美國之際，最盼望研究的，既不是企業也不是管理，而是美國這種工業社會的政治和社會結構。只有立足此一較高境界，才能真正了解他為何重視企業與管理的本意。

杜拉克對社會所秉持的信念，依他在近年的一次訪問中所說，這些年下來，他「愈來愈相信，世界上並沒有一個完美的社會，只有勉強可以忍受的社會。」幸運的是，人們可以想辦法改善社會。

管理的最終目的，是為了使人們有能力實現「公益」。因此，管理也當建立在正直、誠實和信任等價值之上，而非作業性和技術性的經濟活動。在杜拉克心目中，管理乃是整個世界和人類前途的一種力量，而管理新社會而非新經濟，正是今後經理人所面臨的最大挑戰。

杜拉克對於企業和管理的創見和貢獻，已為大家所熟知。我們如今了解、支持和推動他這種脫俗的思想和動機，嚴格說來，他不是一個管理學者，而是一位以管理為最愛的偉大社會思想家。

Unit 1-12 彼得・杜拉克的六大核心管理觀點 Part III

彼得・杜拉克的六大核心管理觀點已介紹四個論點了，我們要繼續介紹最後兩個概念。希望讀者能因此有通盤的認識。

五.創新與創業精神

早在《彼得・杜拉克的管理聖經》裡，杜拉克便曾提出行銷與創新是企業的兩大功能。簡而言之，創新就是提供更好、更多的商品和服務，不斷地進步、變得更好。但是，真正奠定杜拉克在創新和創業精神這個領域地位的，則是他在1985年出版的《創新與創業精神》這本書。

杜拉克在該書的序言說道：「本書將創新與創業精神當作一種實務與訓練，不談創業家的心理和人格特質，只談他們的行動和行為。」換言之，杜拉克談的是〈創新的紀律〉（The Discipline of Innovation；這同時也是他在1998年刊登於《哈佛商業評論》的文章篇名），他認為成功的創業家不會等待「繆斯女神的親吻」，賜予他們靈光一閃的創見；相反地，他們必須刻意地、有目的地去找尋只存在於少數狀況中的創新機會，然後動手去做，努力工作。

他接著談論創業精神在組織裡如何落實，希望了解究竟哪些措施與政策，能成功孕育出創業家；同時為提倡創業精神，組織和人事制度應如何配合、調整；另外也談及實踐創業精神時常見的錯誤、陷阱和阻礙。最重要的是，如何成功地將創新導入市場；畢竟，未能通過市場檢驗的創新，只不過是走不出實驗室裡的絕妙點子而已。

六.效率與效用

1966年，杜拉克出版了《有效的經營者》一書，如今人人耳熟能詳到以為是古老俗諺的「效率是把事情做對；效用是做對的事情」這句名言，便是出自本書的一開始；而從這句話所引申出來的概念也同樣精彩，包括：「管理是把事情做對；領導則是做對的事情」、「做對的事情，比把事情做對更為重要」等等。

在杜拉克看來，隨著組織結構從過去仰賴體力勞動者的肌肉和手工藝，轉型到仰賴受過教育者「兩耳之間的腦力」，組織不能繼續停留在追求效率這件事，而是要進而要求和提升知識工作者的效能。相較於效能，效率是一個簡單的概念，就好像是評估一個工人一天生產了幾雙鞋，而每雙鞋的品質如何。但是效能就涉及比較複雜的概念了，因為一個人的智力、想像力和知識，都和效能關係不大，唯有付諸實際行動，辛苦地工作，才能將這些珍貴資源化為實際成效與具體的成果。

杜拉克指出，聰明人做起事來，通常效能超差，主要是因為他們未能體悟到卓越的見識，並無法等同於成就本身。他們從來不知道，精闢的見解，唯有經過有嚴謹、有系統地辛勤工作，才會發揮效能。畢竟，「to effect」（發揮成效）和「to execute」（付諸執行）幾乎是同義詞，在組織裡埋頭苦幹的人，只要一步一步走得踏實，終將成為龜兔賽跑裡的贏家。

彼得・杜拉克六大核心管理觀點

1.企業唯一的目的，在於創造顧客
（The Purpose of Business is to Create Customers）

2.員工是資源而非成本
（Worker is a Resource, not a Cost）

3.目標管理與自我機制
（Management by Objectives and Self Control）

4.知識工作者
（Knowledge Worker）

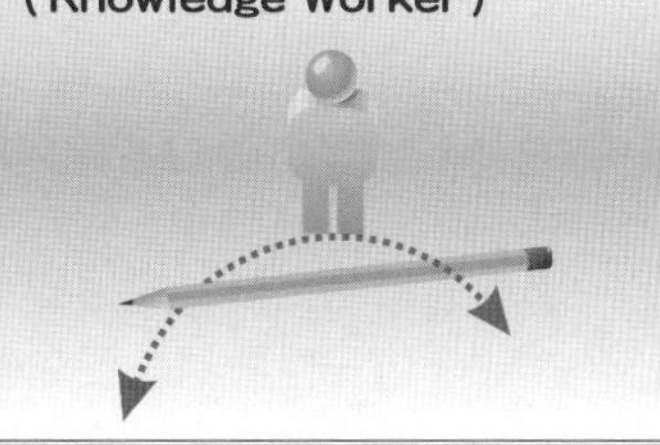

5.創新與創業精神
（Innovation and Entrepreneurship）

- 成功的創業家必須刻意地、有目的地去找尋只存在於少數狀況中的創新機會，然後動手去做，努力工作。
- 創業精神在組織裡如何落實，希望了解究竟是哪些措施與政策，能夠成功孕育出創業家。
- 最重要的是，如何成功地將創新導入市場。

6.效率與效用
（Efficiency and Effectiveness）

- 效率是把事情做對；效用是做對的事情。
- 組織不能停留在追求效率，而是要進而要求和提升知識工作者的效能。
- 精闢的見解，唯有經過有嚴謹、有系統地辛勤工作，才會發揮效能。
- 真正有效的管理者會更進一步要求自己「把對的事情做好」，將自己所習得的知識、理論與概念實際應用到工作上，並獲致卓著績效，從而對組織發揮貢獻。

Unit 1-13 彼得·杜拉克的管理哲學思想

筆者整理出杜拉克累積六十多年偉大管理哲學思想，可說環繞著以下重點。

一.企業經營最終目標是顧客滿意

在1954年《彼得·杜拉克的管理聖經》提出「顧客滿意」第一時，很多人不了解，因為當時大家認為顧客是「雞蛋」，工廠老闆是「石頭」，雞蛋碰石頭，當然雞蛋破，何必把顧客抬得這樣高呢？可是今日，有誰能否定「顧客主權」的至高地位？先有了「顧客滿意」，「合理利潤」就容易得到，水到自然渠成。

二.目標管理才能達成顧客滿意及合理利潤

從最高主管到作業員為止，都要先把各階層、各部門、各人的長短期目標及標準訂定清楚，讓大家都明白訂這些目標、標準背後更高層的理由，並且上下目標體系要環環相扣，亦即公司「目標網」要完整，不可有破網。用「目標管理」的目標及成果來要求部屬，比只用冷酷的「手續管理」、「法規管理」管理部屬更具激勵及彈性。

三.管理是責任履行不是權力動用

管理者是支持者，不是暴君。所以當上級主管的人，應以謙沖支持者的立場，全心全力協助部屬完成責任目標，而不是以驕傲的立場，動用懲罰性、恐嚇性的用人及用錢權力，來虐待壓制部屬。

四.企業經營要靠專業管理

公司從班長、課長、經理、協理、副總經理，到總經理等職位，要用受過專業訓練的專業經理人，連公司董監事會的成員及董事長也要有專業經理人的背景訓練，才不會把公司帶入過度冒險及敗德違法風暴，「公司治理」自然做得好。

五.知識經濟時代的知識工作者

21世紀是知識經濟時代，公司絕大多數員工都是高等教育的知識工作者。發揮知識員工的生產力，是未來企業成功的基石。管理知識員工如同對待同等身分的夥伴及合作者，因為他們可能有朝一日，躍升成為你的上司。

六.知識經濟特別重視創新

但是創新也要以顧客為市場導向，也需要組織及管理，才不會使創新變成浪費。

七.資訊科技很重要

資訊科技固然重要，但重心應多放在外部環境新資訊「情報」的取得，而非內部舊資訊處理的「科技」改進；否則會變成為科技而科技、為機器而機器的現象。

彼得・杜拉克八大管理哲學思想

・工作方式是成功的要因

1.企業經營的最終目標是「顧客滿意」，不是「老闆滿意」，也不是「最大利潤」。

2.要達成「顧客滿意、合理利潤」最有效的方法，就是「目標管理」。

3.「管理」是「責任」的履行，不是「權力」的動用。

4.企業經營有效要用事業管理，不是用隨意管理。

5.知識經濟時代的知識工作者，管理知識員工要如同對待同等身分，因為他們有可能會躍升為你的上司。

6.知識經濟重視創新，也要以顧客為市場導向。

7.資訊科技很重要，但重心應多放在外部環境新資訊「情報」的取得。

8.非營利事業組織在未來社會的比重會愈來愈大。

知識補充站

非營利事業組織愈來愈多

彼得・杜拉克也認為非營利事業組織在未來社會的比重會愈來愈大，如政府、醫療、教育、慈善基金、宗教、退休金、文化、藝術、健康等等，所以不僅營利事業需要有效管理，連非營利事業也更需要有效管理，這樣國家生產力才會充分發揮，真正提高人民的福祉。

第 2 章

管理學派的演進

章節體系架構 ▼

Unit 2-1 傳統古典管理學派——泰勒科學管理

傳統的古典學派主要以下列三派為主：泰勒的科學管理、費堯的管理程序，以及韋伯的層級結構模式等三種。本單元先就泰勒的科學管理簡要說明。

一.科學管理理論的形成

泰勒（Frederick W. Taylor, 1856~1915）是科學管理運動倡導者。泰勒認為管理的目的，在利用科學的原理原則，以使組織成員的產出達到最高的限度。他研究的重點在於管理歷程的合理分析，強調妥善而有效地利用人力、物力，俾達成組織的目的。泰勒以為良好的管理，係建立在「確知你要人們做什麼，然後要他們以最經濟有效的方法加以完成」之理念基礎上。要具體地說，他特別注重達成組織目標的職務分析，管理人員要明告下屬應切實履行的任務，並提示其達成任務的方法。所以，泰勒的研究乃屬一種職務的分析（Job Analysis）。泰勒深信：任何員工均可規劃成為「有效率的機器」（Efficient Machine）。科學管理的中心概念就是把人當作機器，同時，鑒於工人會受經濟激勵的影響，且亦受生理的限制，管理者需要給予經常不斷的指導。

二.科學管理的觀點取向

泰勒的「科學管理」（Scientific Management）觀點取向主要有四項原則：

(一)尋找最佳工作方法：以取代過去完全由作業員個人經驗所決定之個別工作方式。

(二)科學化的選擇工作人員：明確每一個工作人員之個人條件、發展可能，並給予必要訓練。

(三)生產獎金的激勵：泰勒建議必須要有一套激勵系統，依據每位工作人員的生產數量決定個人之報酬多寡。

(四)領班與作業員區分：泰勒將管理者與作業員之間的工作加以區分，讓管理者從事規劃、調配人手、檢驗等工作，而工人則從事實際之操作。

三.科學管理的精神革命

科學管理不僅僅是將科學化、標準化引入管理，更重要的是提出了實施科學管理的核心問題——精神革命。精神革命是基於科學管理認為雇主和雇員雙方的利益是一致的。因為對於雇主而言，追求的不僅是利潤，更重要的是事業的發展。而事業的發展不僅會給雇員帶來較豐厚的工資，而且更意味著充分發揮其個人潛能，滿足自我實現的需要。正是這事業使雇主和雇員連結在一起，當雙方友好合作、互相幫助來代替對抗和鬥爭時，就能透過雙方共同的努力提高工作效率，生產出比過去更大的利潤，從而可使雇主的利潤得到增加，企業規模得到擴大。相對的，也可使雇員工資提高，滿意度增加。

泰勒四大科學管理原則

1.尋找最佳工作方法：以取代過去完全由作業員個人經驗所決定之個別工作方式。

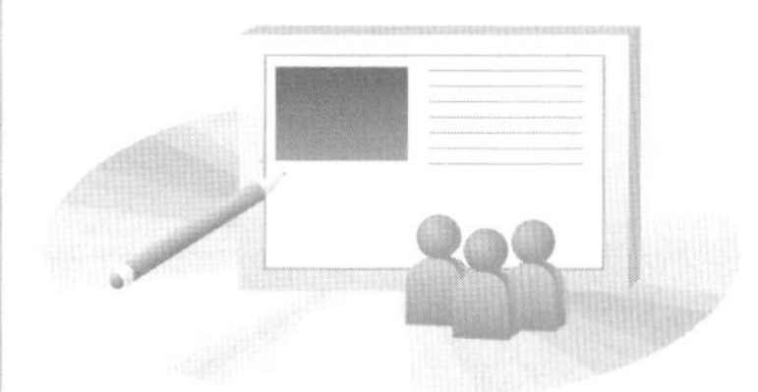

2.科學化的選擇工作人員：明確每一個工作人員之個人條件、發展可能，並給予必要訓練。

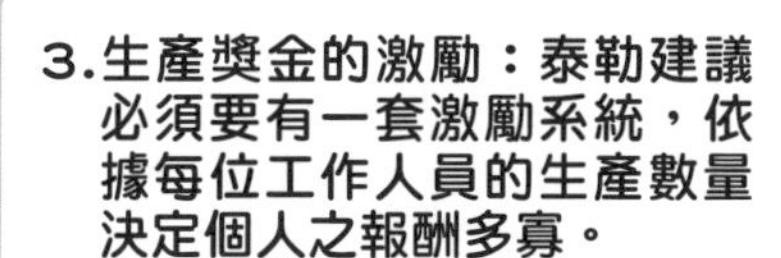

3.生產獎金的激勵：泰勒建議必須要有一套激勵系統，依據每位工作人員的生產數量決定個人之報酬多寡。

4.領班與作業員區分：區分管理者與作業員之間的工作，讓管理者從事規劃、調配人手、檢驗之工作，而工人則從事實際之操作。

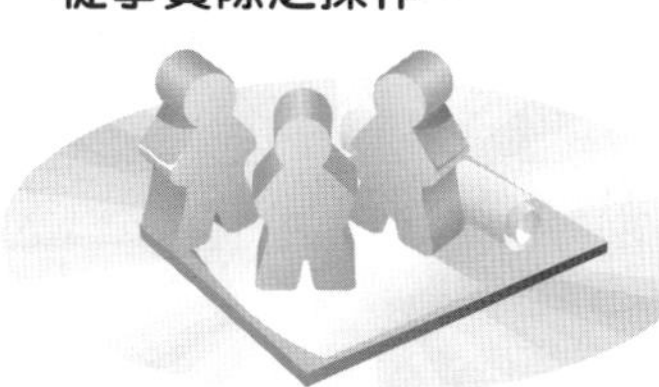

知識補充站

至今仍適用的科學管理

泰勒的科學管理理論，使人們認識到了管理學是一門建立在明確的法規、條文和原則之上的科學，它適用於人類的各種活動，從最簡單的個人行為到經過充分組織安排的大公司的業務活動。

科學管理理論對管理學理論和管理實踐的影響是深遠的，直到今天，科學管理的許多思想和作法，至今仍被許多國家參照採用。

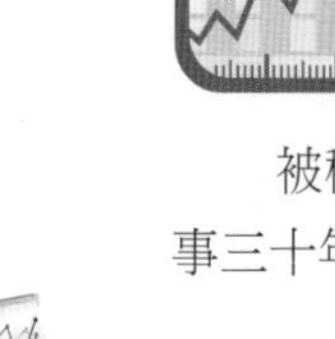

Unit 2-2 傳統古典管理學派——費堯管理程序

被稱為管理程序學派之父費堯（Henri Fayol, 1841~1925）在法國鋼鐵公司曾從事三十年的管理工作，研究出十四點管理程序原則，供為人們遵守。

一.費堯管理的十四項原則

(一)分工原則：指分工專業化，以提高熟能生巧之工作效率。

(二)權利與責任對等原則：指有責任才有權力，無責任即不可有權力。一個公司的成功，依賴更大的責任履行，不是靠更大的權力耗用。當公司各階層愈授權，依權責對待原則而言，則責任範圍愈廣大，可是權力總和卻不變，公司愈成功。

(三)紀律原則：指嚴懲不遵守規定之員工，以確保產銷的高品質水準目標。

(四)統一指揮權原則：指一個員工原則上由一位主管指揮，即指揮系統單一化，而不要有多元指標，使員工不知要聽哪一個主管的命令。

(五)統一管理原則：指一個公司或集團的同一目標之產品事業部門或地區事業部門，應由同一位高級主管來負責計畫、協調與控制之管理。

(六)個人利益小於團體利益原則：指不可以因私利而害公益；在公、私目標衝突時，則應先就公司目標，而放下私目標。

(七)員工薪酬原則：指員工薪酬應有公平待遇、績效獎勵及適度專案簽呈獎勵。

(八)集權化管理原則：係指決策權之集權化或分權化程度，應視工作複雜度及組織規模大小而調整。計畫性決策可由中央集權或中央地方均權；執行性決策應由地方分權；但控制性決策，一定由中央集權，才不會變成一盤散沙。

(九)階層連鎖原則：係指任何組織體除了垂直階層式之指揮報告體系外，應再有平行單位之跳板式協調溝通鏈網存在，以加速機動性。

(十)秩序原則：指任何人、事、物都應有其定位與順序，亦即非必要時，不宜越級向上報告或越級向下指揮。

(十一)公正原則：係指合情再加合理。

(十二)員工穩定原則：係指應在待遇上及工作成就上，留住能幹的好人才。

(十三)主動發起原則：係指鼓勵機構內成員有主動發起及創新改造之精神，而不是「多作多錯，少作少錯，不作不錯」的保守官僚風氣，以因應時代的變革加速。

(十四)團隊精神原則：係指高階主管應強化員工團體同仇敵愾之認同精神，凝聚團隊能力，才會有競爭力可言。

二.費堯與泰勒的不同處

費堯對於管理的解釋與來自同樣重工業背景的泰勒，有著相當不同的見解。費堯對於管理的重要性及經理人所須具備的技能，有著相當程度的研究。因此費堯可說是史上第一位針對管理做思考，而將之系統化的思考家。

費堯十四大管理原則

費堯十四大管理原則

1. 分工原則：指分工專業化，以提高「熟能生巧」之工作效率。
2. 權責原則：指有責任才有權力，無責任即不可有權力。
3. 紀律原則：指嚴懲不遵守規定之員工，以確保產銷的高品質水準目標。
4. 指揮統一原則：指一個員工原則上由一位主管來指揮。
5. 目標一致原則：指一個公司或集團的同一目標之產品事業部門或地區事業部門，應由同一位高級主管來負責管理。
6. 個人利益應服從共同利益原則：指不可以因私利而害公益；在公、私目標衝突時，則應先就公司目標，而放下私目標。
7. 獎勵公平原則：指員工薪酬應包括公平待遇、績效獎勵及適度專案簽呈獎勵。
8. 集權原則：指決策權之集權化或分權化程度，應視工作複雜度及組織規模大小而調整。
9. 層級節制原則：指任何組織體除垂直階層式之指揮報告體系外，應再有平行單位之跳板式協調溝通鏈網存在，以加速機動性。
10. 秩序原則：指任何人、事、物都應有其定位與順序，不可混亂。
11. 公正原則：指合情再加上合理。
12. 職位安定原則：指應在待遇上及工作成就上留住能幹的好人才。
13. 主動原則：指鼓勵機構內成員有主動發起及創新改造之精神，以因應時代的變革加速。
14. 團隊精神：指高階主管應強化員工團體同仇敵愾之認同精神，才會有競爭力可言。

知識補充站

理論與實務的結合

費堯曾著有一本《一般管理和工業管理》專書，該書中認為管理者必須力行五項基本功能，即規劃、組織、指揮、協調與控制等五項功能，也可說是管理的程序，故費堯也被稱之為「管理程序學派之父」，他也列示十四點原則，供為人們遵守。

費堯並非將「管理」視作只是一項單純的學術研究，當他在研究「何謂管理」時，除了分析管理活動的性質外，他更將自身多年來在管理上的經驗作為研究依據；也因此，他的研究結果能將理論與實務結合。

Unit 2-3 傳統古典管理學派——韋伯層級結構模式

德國著名社會學家馬克斯・韋伯（Max Weber）被稱為「組織理論之父」，於20世紀初提出了層級官僚制理論。此派之管理理論係建立在組織模式上，一般稱為「官僚模式」（Bureaucratic Model）或「層級結構」（Hierarchical Structure）。

一.所謂的官僚模式

所謂「官僚」，是指這種組織的成員是專門化的職業管理人員而言，並不含有一般語意中使用官僚一詞的貶義。

為了避免誤解，有些學者把韋伯所說的官僚組織，改稱層級組織。韋伯認為，在近代以來的資本主義社會中，官僚組織是對大規模社會群體進行有效管理的基本型態。

韋伯認為層級組織係反映現代化社會需要的產物，對於大而複雜的機構而言，層級結構是必然的組織方式。他也認為此種組織模式較其他方式更為精確、嚴密、效率與可靠。

二.層級組織的六個構面

韋伯的層級組織模式被後世學者就其所謂的「層級化」或「官僚化」程度高低，評估是由六個構面可得：

(一)層級節制的權力體系：在組織中實行職務等級制和權力等級化，整個組織是一個層級節制的權力體系，權威階級（層）程度嚴明。

(二)合理的分工：基於功能基礎所採分工的程度。在組織中明確劃分每個組織成員的職責許可權，並以法規的形式將這種分工固定下來。

(三)形成正規的決策文書：在組織中一切重要的決定和命令都以正式文件的形式下達，下級易於接受明確的命令，上級也易於對下級進行管理，如此一來，每位員工的權責就有詳細的規定及應進行的程度細節。

(四)依照規程辦事的運作機制：在組織中任何管理行為都不能隨心所欲，都要按章行事，這樣工作程序或步驟就會詳盡。

(五)組織管理的非人格化：即人際關係方面鐵面無私的程度。也就是說，在組織中管理工作是以法律、法規、條例和正式文件等來規範組織成員的行為，公私分明，對事不對人。

(六)合理合法的人事行政制度：即甄選或晉升取決於技術能力之程度。也就是說，量才用人，任人惟賢，因事設職，專職專人，以及適應工作需要的專業培訓機制。

凡在以上六個構面程度愈高者，其層級化及官僚化程度也愈高。而政府機構，即是典型的韋伯層級官僚模式，形成層層管理與節制現象。

韋伯六層級結構模式

韋伯六層級結構模式

1. 在組織中實行職務等級制和權力等級化，權威階級（層）程度嚴明。
2. 基於功能基礎所採分工的程度，並以法規形式固定。
3. 每位員工的權責都有詳細的規定及應進行的程度細節。
4. 在組織中任何管理行為都要按章行事，這樣工作程序或步驟就會詳盡。
5. 對組織成員的行為有一套管理規範，公私分明，對事不對人。
6. 合法的人事行政制度，甄選或晉升取決於技術能力之程度。

我國政府機構組織圖

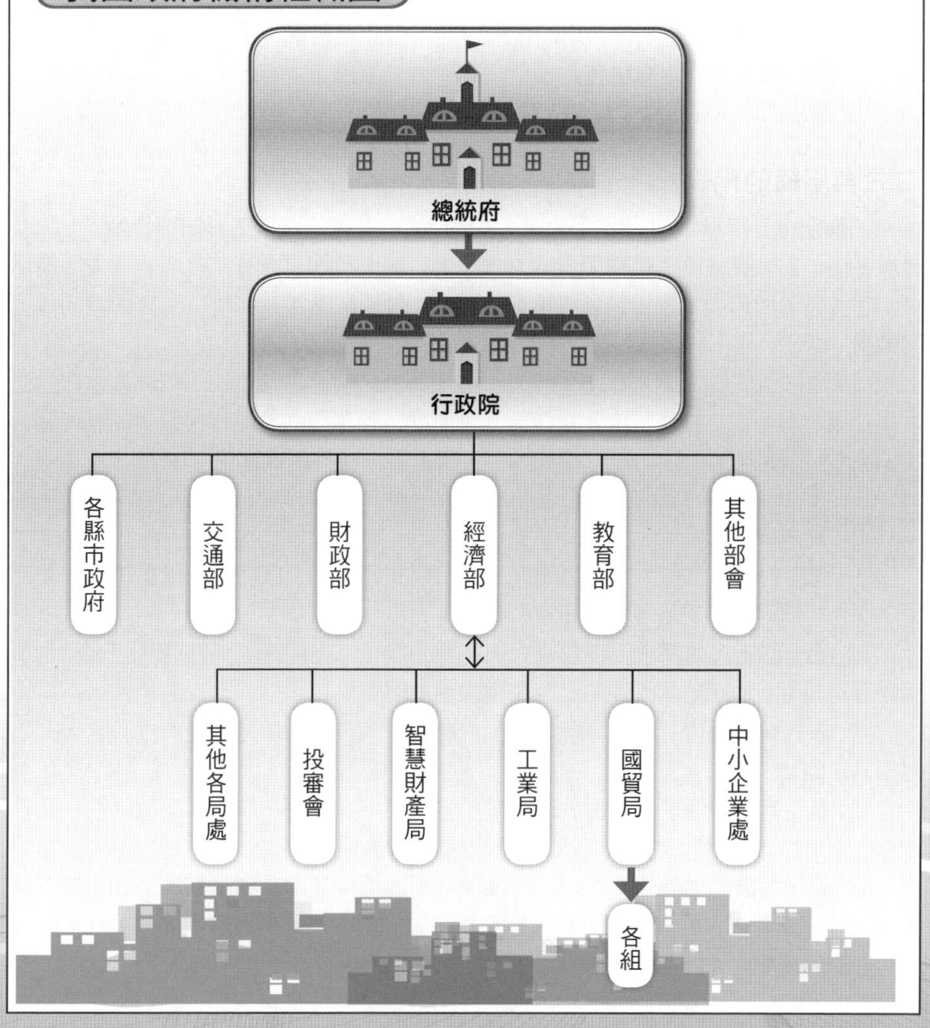

Unit 2-4 傳統古典管理學派的改變

前述三種傳統古典管理學派，在經過後來各學者專家們討論發現各有其近似特點及被批評之處，加上環境的變化也有了因應的改變。茲分別將其重點整理歸納如下，俾使讀者更加了解。

一.近似特點

(一)理性出發：都是從理性基礎出發，認為只要合乎理性及效率均會被組織成員接受，因此人的行為有如經濟人。

(二)物質滿足：人在組織中工作，主要均在追求經濟上的薪資酬勞，故物質手段可以解決員工大部分問題。

(三)注重效率：著重工作效率的技術層面，因此用科學方法有效設計工作方法及組織；而管理者的工作重點也在此。

(四)層級制度：在組織中每個人都適當的被安置好，依層級體系逐層規範作業。

二.古典組織的代表

古典組織乃是以韋伯的層級組織為主要代表，此種組織模式有如下特點：1.強調層級結構；2.強調職位、職權與規章制度；3.組織成員均具有分工之專長；4.決策均經由理智思考所形成，未摻雜私人情感，以及5.是一部迅速、嚴格、沒有彈性的機器組織體。

在韋伯之後的組織管理學者如泰勒、費堯等亦各有其理論推出，但其基本觀點均著重在組織的分工、控制幅度、指揮統一等原則，和韋伯的見解均相似；此等理論，總結來看，就是所謂的「古典組織理論」，又稱為「機械組織模式」。

三.被批評之處

(一)過度封閉：被認為是一種過度的「封閉式系統」，所考慮者僅屬組織內部而未考慮外界環境因素對組織與管理之影響。

(二)過分簡化人的需求：被認為對人過分的簡化，亦即把人只當成是經濟動物，用錢即可滿足，而忽略了人性的因素或精神需求層面。

(三)未經科學驗證：純就理論來看，古典學派之主張，多屬直覺的推論，未經過科學方法的驗證。

(四)員工行為的僵硬化：由於辦事基於標準規則、程序、制度，在此高度一致性的動作下，員工的行為將更趨僵硬，而缺乏彈性與變通。

(五)員工發展的僵硬化：在官僚組織中，員工的創造力受到壓抑，工作也缺乏挑戰性，責任感漸失，對員工之遠程發展明顯僵硬，例如：國內政府機關的公務人員，即有些許此種傾向行為之缺點。

傳統古典管理學派及其優缺點

(一)傳統 / 古典管理學派

1.泰勒：科學管理
2.費堯：管理程序
3.韋伯：層級結構模式
4.艾默生：效率12原則

(二)特色

1. 將人的行為比喻為經濟人、物質人。
2. 用科學方法解決一切組織行為。
3. 每個人都被安排好，在層級組織中受規範作業。

(三)被批評點

1. 將人過分簡化，忽略人性面與精神面。
2. 將組織過分封閉化系統，未考慮外部環境對人之影響。

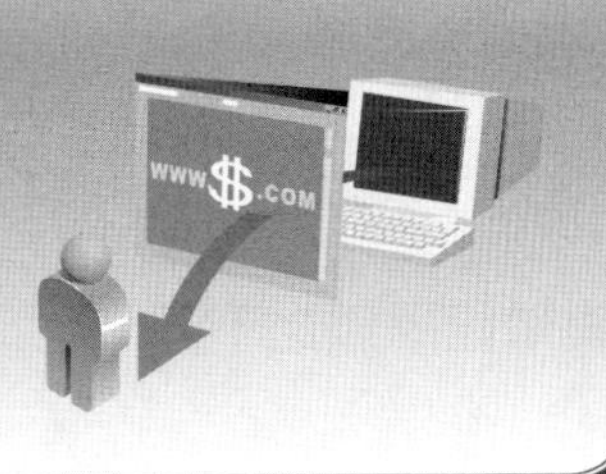

導致行為學派與近代管理思想崛起

知識補充站

導致古典管理理論改變因素

由於下列環境因素不斷快速變化，導致傳統古典管理理論發生了改變：

1. 組織規模急速擴大，產、銷、研、管愈加複雜，都超過所謂古典管理理論所能掌握。
2. 高科技技術不斷創新應用到生產線及品管工作上，使產銷作業改變。
3. 工業化及資本主義結果，對社會、人與人及家庭結構也產生變化，人們有追求真情及返璞歸真的需求。
4. 由過去追求自我利潤與權威服從，改變成今日重視個人權益及代價問題。
5. 資訊化及統計調查技術精進與普及化，使過去直覺式判斷被改變，而重視系統化、數據化解決問題。

Unit 2-5 行為學派的管理哲學

管理的意義即是藉眾人之合作而完成組織任務，因此人在組織與管理中扮演相當重要之角色，於是對人的行為研究，引起了廣泛之研究。

一.梅約的「霍桑研究」

行為管理學派（Behavioral School）開始於20年代末、30年代初的霍桑試驗，霍桑是美國西方電氣公司（Western Electric Co.）一個工廠之名稱。這家公司邀請梅約（Mayo）等三位哈佛教授於1927年起在霍桑工廠進行「人際行為研究」。

此項研究在觀察工作環境、工作時數、休息時間等因素對產量之影響。依古典傳統理論來說，當這些條件變差時，產量會減少。但是此實驗中發現結果並非如此，而是另有人際關係、動機、管理方式型態等因素，而產生重大影響。

因此，霍桑試驗的研究結果否定了古典管理理論對於人的假設，試驗表明工人不是被動的、孤立的個體，其行為不僅僅受工資的刺激，影響生產效率的最重要因素不是待遇和工作條件，而是工作中的人際關係。

二.與傳統學派之不同

行為學派將組織視為一種「社會系統」，是由：1.個人、2.非正式群體、3.不同群體間關係，以及4.正式組織締結所形成，亦即上述四者之間在連結上之關係，與傳統古典理論只重視嚴密之正式組織結構而有所不同。

同時在研究方法方面，也遠比傳統古典理論較為嚴謹及有系統。

此派提出了工人是「社會人」而不是「經濟人」的觀點，將「人」擺在「第一位」，而「效率」則為「第二位」，認為企業中存在著非正式組織，新的領導能力應該重視人性需求之滿足及其自主性與豐富化，在於提高工人的滿意度。

此行為學派在早期時，也被稱為「人群關係學派」（Human Relations School）。

三.行為學派組織理論的興起

行為學派組織理論（Behavioral Organization School）的興起有其以下原因及意義，值得探究：

(一)原因：古典學派組織理論及結構過於機械化，忽略了人性的一面。行為學派學者認為人類的組織應該是一種社會系統，主要有兩個目標：第一是要生產財貨及服務；第二是要滿足組織成員的各種需求。是以，組織是經濟的，也是社會性的。

(二)意義：此派學者認為組織的設計不能僅考慮理性及邏輯因素，也不能僅靠正式結構、職權、規章等予以規範人員之行為。除此之外，還有許多非正式因素，如小群體、動機、知覺、情緒、環境與個人特性等影響作用。

行為學派組織與管理哲學的演變

古典學派缺點

- 組織理論過於機械化、僵化
- 忽略人性一面與社會面需求

梅約：霍桑研究

1.發現：人際行為、人性需求及社會系統開放性。

2.引出：行為管理學派及行為學派組織理論。

3.特色：
- 組織的設計不能僅考慮理性及邏輯因素，也不能僅靠正式結構、職權、規章以規範人員之行為。
- 還有許多非正式因素，如小群體、動機、知覺、情緒、環境與個人特性等影響作用。

4.結果：
- 把人放在第一位。
- 把物質化、機械化放在第二位。
- 人雖然是經濟性的，但更為社會性。

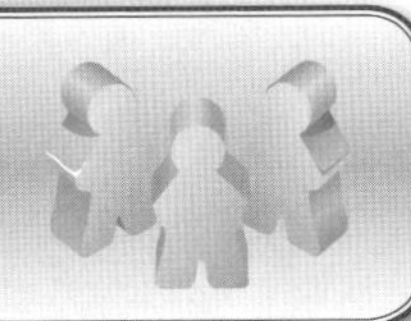

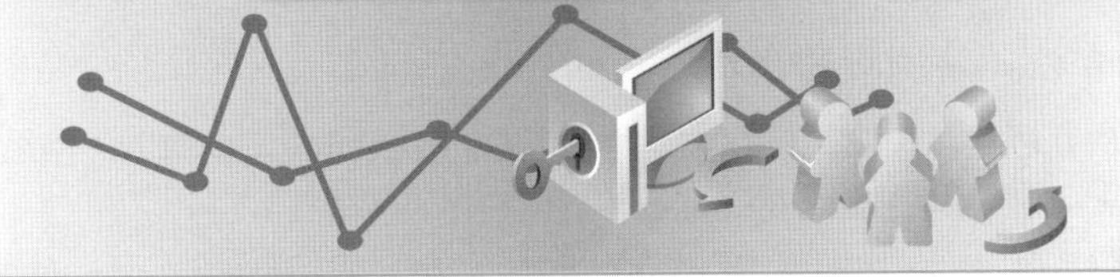

知識補充站

科學管理不能滿足人性需求

早期的傳統古典管理學派韋伯等人，都把人只看成是「經濟人」，即工人只是為了追求最高工資的人。認為工人工作時摸魚的機會很大，因此，應用嚴格的科學辦法進行管理。雖然因此提高勞動生產率取得顯著的成績，卻激起了工人、特別是工會的反抗，使得歐美等國的統治階級感到單純用科學管理等傳統的管理理論和方法已不能有效地控制工人，更不能達到提高生產率和利潤目的，必須有新的企業管理理論來緩和矛盾，促進生產率的提高。在這種情況下，行為管理學派應運而生。

Unit 2-6 近代的管理思想

1950年代後，由於企業組織日漸龐大，產品多樣化、市場全球化、事業版圖擴張化、科技迅速發展、電腦及網際網路普及以及競爭加劇，使得管理與決策的複雜度不斷提高，因此即有因應時代趨勢的管理思維出現。

一.Churchman的系統與數量取向

Churchman是系統取向管理學（System School）的代表性學者，他所從事的系統分析主要為計量方式，此種利用數學技巧的計量導向分析法，一般稱之為「管理科學」（Management Science）或「作業研究」，他們大都以系統（組織）整體為著眼點，分析組織問題並制定組織的最佳決策。

Churchman認為所有的系統有四項特色：

(一)系統必是運作於一定的「環境」之內：以組織而言，組織的「環境」，不外乎包括組織的客戶、競爭對手、工會及政府等。換言之，組織所包括的一切事項，均對組織極具關鍵地位，但卻非該組織所能控制。

(二)系統本身必是由多項因素、構件或「次系統」所構成：此項所謂次系統，正是該系統的基本構件。以組織而言，組織的各部門，便是其基本構件。

(三)系統構成的次系統和次系統之間，必存有一定「關聯性」：所謂關聯性（Interrelatedness），可視為系統思想中最重要的特性之一。正由於次系統相互之間的關聯，故管理人不可能單獨修改某一個次系統而能不影響其他。

(四)系統必均有一項「中心功能」，或稱為「目的」：此一中心功能或目的，可作為衡量整個組織及其次系統的績效之基礎。

二.Burns & Stalker的權變取向

在近代管理理論中第二個趨向是權變（Contingency）或情境（Situation）理論，其中以英國的學者Burns及Stalker較具代表性。

古典學派認為管理者應集中心力於「物」的方向以提高效率；而行為學派則著重於組織內人群和諧關係；權變取向的管理者則認為人與物的管理，應視其所處環境而權宜選擇。

Burns及Stalker的研究認為，有機式組織（Organic Organization）較機械式組織（Mechanistic Organization）有利於事業的「技術創新」活動。原因在於有機式組織相較於機械式組織具有較高的專精化、較低的正式化及集權化，較高的內在及外在溝通，及較低的垂直分化。

有機式與機械式的組織是連續帶上兩端之理想型式（Ideal Types）。有些學者企圖探討加入連續帶上中間理想型式（Intermediate Types）（Hull & Hage; Kimberly）。因此，Damonpour及Evan認為有機式組織是採取持續不斷的創新，機械式組織是採取持續的不創新，而中間式組織則是採取持續介於上述兩者中間進行創新。

Churchman的系統與數量取向

Churchman系統四大特色

1.系統均存在於其所處的環境當中。

2.所有系統的同時也是某些元素、成分、子系統所組成。

3.所有系統其內部子系統間彼此相互關聯。（Interrelatedness）

4.所有系統都有其中心功能或目標，以用來評估組織或子系統的努力與績效。

Burns & Stalker的「權變取向」管理觀點

1.管理型態	(一)機械式組織	(二)有機式組織
2.環境型態	不變的	快速改變
3.主要論點	效率	彈性
4.如何管理企業	著重於例行性工作、規則與程序	工作較多變化、較不規則與程序
5.類似管理取向	古典的	行為的

Unit 2-7 X·Y·Z理論的管理哲學

現在職場管理有所謂的X理論、Y理論與Z理論。

X理論認為：「人性好逸惡勞，管理者必須注重控制」；Y理論認為：「人性有自我成就欲望，故重激勵」；Z理論認為：「人性無善惡，當人們未達經濟基本需求會努力工作，一旦達到就會想尋求一個可以發揮創造力及生產力的工作場所，因此人性化的工作環境是時勢所趨」。

而上述X、Y、Z三種理論的管理哲學是由誰提出呢？本單元會有概要的說明。

一.麥克里哥的X與Y理論

麥克里哥（McGregor）在其所著《企業的人性面》（*The Human Side of Enterprise*）一書中，對管理哲學提出「理論X」與「理論Y」概念。

(一)理論X（Theory X）：1.時代：約1900～1930年科學管理時期；2.組織理論：傳統的古典組織理論；3.人性的假定：一般人性厭惡工作，因此儘量設法避免工作，以及為使一般人賣力工作，必須予以強迫、控制、指導、威脅及懲罰；4.類型：屬於集權式管理，以及5.表現：制度化、層級化、官僚化、標準化、效率化。

(二)理論Y（Theory Y）：1.時代：約1931～1960年人群關係理論時期；2.組織理論：行為學派（或人際關係學派）；3.人性的假定：在適當情況下，一般人不僅接受責任，更尋求責任；一般人將自我指導與自我控制，不適用懲罰性的威脅；一般人對目標的承諾程度，取決於達成目標所獲之報酬；具有高度想像力、創見以及創造力，以及一般人具有潛在智慧，但僅發揮一部分而已；4.類型：參與式管理，以及5.表現：尊重人格、了解人性、積極激勵、發展潛能、共同利益、相互依存。

二.西斯克的Z理論

西斯克（Sisk）在其所著《管理原理：管理過程之系統研究法》一書中，提出現代化管理觀念「理論Z」（Theory Z）：

(一)時代：1961～1974年系統學派時期。

(二)學說要旨：1.科學管理學派著重「制度」，而人群關係學派著重「人」，均各有所偏，必須「制度」與「人」同時兼顧，才是管理的真義；2.X理論視人性懶惰不喜工作，故重「懲罰」手段；而Y理論視人樂於工作，故重「激勵」手段。但Z理論則認為有人須用「講理」、「激勵」，有人則須用「處罰」，對象不同，手段亦異；3.科學管理學派重視人的生理需要，故主張效率獎金；而人群關係學派則偏重心理需要，講求溝通、民主領導與激勵。而Z理論則主張心理與生理並重，期使效率與快樂的工作人員出現，而將二者理論，加以融合，以及4.Z理論視組織為一「有機體」，並注意到系統內與系統外之環境，而將二者理論，加以融合。

X・Y・Z理論的管理哲學

理論 X

1. 時代：約1900～1930年科學管理時期。
2. 提倡人：麥克里哥。
3. 組織理論：傳統的古典組織理論。
4. 人性的假定：人性好逸惡勞，都不喜歡工作，管理者必須注重控制，而不需要強調員工的成就感。
5. 類型：屬於集權式管理。
6. 表現：制度化、層級化、官僚化、標準化、效率化。

理論 Y

1. 時代：約1931～1960年人群關係理論時期。
2. 提倡人：麥克里哥。
3. 組織理論：行為學派（或人際關係學派）。
4. 人性的假定：人性有自我成就欲望，一般人願意享受工作，主動承擔責任，以追求自我實現。
5. 類型：屬於參與式管理。
6. 表現：尊重人格、了解人性、積極激勵、發展潛能、共同利益、相互依存。

理論 Z

1. 時代：1961～1974年系統學派時期。
2. 提倡人：西斯克。
3. 學說要旨：科學管理學派著重「制度」，而人群關係學派著重「人」，均各有所偏，必須「制度」與「人」同時兼顧，才是管理的真義。
   - Z理論則認為有人須用「講理」、「激勵」，有人則須用「處罰」，對象不同，手段亦異。
   - Z理論則主張心理與生理並重，期使效率與快樂的工作人員出現，而將二者理論，加以融合。
   - Z理論視組織為一「有機體」，並注意到系統內與系統外之環境，而將二者理論，加以融合。

Unit 2-8 動態管理哲學

最近在管理上，為適應社會經濟的不穩定性和市場的多變性，主張在一個單位中必須採用「動態管理」（Dynamic Management），即根據服務對象的變化，隨時檢查、改進、修正計畫，使管理保持一定彈性的管理理論。

管理的主體是人，而人具有高度的不確定性，管理者必須重視對人的分析。要全面掌握為達到共同目標的各項職能，不能只注意局部、零星的職能，應保持組織彈性，加強上下左右之間的連結和人際關係，適應外部環境的變化。

運用動態管理理論必須重視發展與創新，並依據環境的變化，隨時採取有效的對策。為使讀者對「動態管理」基本觀念有一定了解，茲整理概述之。

一.動態管理的基本觀念

(一)動態的規劃：各種期間的規劃必須視環境變化、本身資源變化，以及執行績效狀況，而不斷予以必要性之修正、調整與強化。所以是一種Planning，隨時加上ing的動態進行式。因此過去一年稱為短期規劃，三年以上則稱為中長期規劃，而現在已縮短到三、六、九個月的短、中、長期的變化。

(二)動態的組織：環境變化會造成企業策略有新的方案，而策略一有重大改變，則組織結構與權責關係也必然要隨之相應調整，才能使策略落實。因此，組織也應是動態的、機動的、彈性的。有時候又稱為變形蟲組織或移動式目標組織。組織不必拘泥於表面的單位、職權或人員，而應以達成任務目標為要。

(三)動態的領導：費德勒的權變領導與管理理論，正說明主管之領導作風必須視不同環境狀況而改變。因此，領導的模式也是動態的，同時也必須改革創新，不能太老式的領導。

(四)動態的考核控制：靜態的控制將無法於事前發現問題存在，故應以隨時隨地之動態方式掌握執行訊息。因此，必須常到第一線活動，親身體驗與觀察，才能做好正確的考核。

二.運用動態管理應注意的問題

(一)必須有穩定的基礎：服務態度要保持較好、較高的水準，組織結構能適應各種情況的變化。

(二)重視發展與創新：才能有效因應內外部環境的變化。

(三)發掘各方面潛力：包括發掘人才、研發、創意、行銷、技術等方面的潛力，以求在動態環境下，立於不敗之地。

(四)切實推行各項管理活動：包括推行計畫、組織、協調、控制等管理活動，依據環境的變化，隨時採取有效的對策。

(五)思想不能停頓：要透過調查研究，了解成員習慣領域、個性特徵的變化，使自己應變能力跟上形勢的要求。

動態管理的基本觀念

動態管理理論

- (一)動態規劃力
  - 機動規劃
  - 持續性規劃
  - 每日規劃
  - 有效規劃

- (二)動態性組織
  - 彈性組織
  - 變形蟲組織
  - 移動組織
  - 目標組織

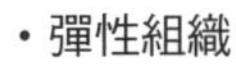

- (三)動態性領導
  - 權變領導
  - 走動領導
  - 現場領導
  - 解決問題領導

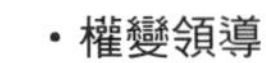

- (四)動態性考核控制
  - 現場考核
  - 就地控制
  - 觀察考核

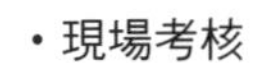

運用動態管理應注意的問題

1. 必須有穩定的基礎，服務態度要保持較好、較高的水準，組織結構能適應情況。
2. 必須重視發展與創新，才能有效因應內外部環境的變化。
3. 發掘各方面人才潛力，以求在動態環境下，立於不敗之地。
4. 切實推行計畫、組織、協調、控制等管理活動，依據環境的變化隨時採取有效對策。
5. 要透過調查研究，了解成員習慣領域，個性特徵的變化，使自己應變能力跟上形勢的要求。

第3章

組織

章節體系架構▼

Unit 3-1 組織設計之考慮

我們在談管理時，常提到好的管理要有好的組織運作，才能達到管理目標；可是什麼是「組織」？所謂「組織」是一群執行不同工作，但彼此協調統合與專業分工的人之組合，並努力有效率推動工作，以共同達成組織目標。

一.設立組織的考慮事項

(一)確定要做什麼：組織工作的第一步就是先考慮指派給本單位的任務是什麼，以確定必須執行的主要工作是哪些。例如：要成立新的事業部門或是革新既有的組織架構，成為利潤中心制度的「事業總部」或「事業群」組織架構；再如，成立一個臨時性且急迫性的跨部門專案小組組織目的。

(二)部門劃分指派工作及人員編制數：此步驟乃是決定如何分割需要完成的工作，亦即部門劃分或單位劃分，並依此劃分而授予應完成之工作。例如：要區分為幾個部門，每個部門下面，又要區分為哪些處級單位。

(三)決定如何從事協調工作：有效的各部門配合與協調，才能順利達成組織整體目標，而協調（水平部門）流程及機制為何。

(四)決定控制幅度：所謂「控制幅度」係指直接向主管報告的部屬人數為多少。例如：一個公司總經理，應該管制公司副總級以上主管即可，中型公司可能有八個，大公司也可能有十五個副總主管。

(五)決定應該授予多少職權：此步驟為決定應該授予部屬多少職權，亦即授權的範圍、幅度及程度有多少。通常，公司都訂有各級主管的授權權限表，以制度化運作。例如：副總級以上主管任用，必須由董事長權限決定始可。而處級主管，則到總經理核定即可。

(六)勾繪出組織圖：最後必須將組織正式化，繪出組織圖，以呈現組織各關係之架構，包括董事長、總經理、各事業部門副總經理、各廠廠長、各幕僚部門副總經理及細節部門名稱，以及指揮體系圖。

二.組織設計的原則

組織設計有其一定的原則，通常有以下幾點：1.確定組織目的：即組織一致目標原則、組織效率原則、組織效能原則及組織願景原則；2.組織層次起因：因控制幅度原則的考量與組織扁平化最新設計趨勢，因此必須精簡組織層級架構的規劃；3.組織權責界定：即授權原則、權責相稱原則、統一指揮原則及職掌明確原則；4.組織部門劃分：分工原則與專業原則；5.組織彈性運作目標：不必太拘泥於官僚式僵硬層級組織，而應像變形蟲式的，以完成特定重大任務為要求的彈性化、機動式組織因應，以及6.給組織單位設計各種適當名稱等。

組織定義

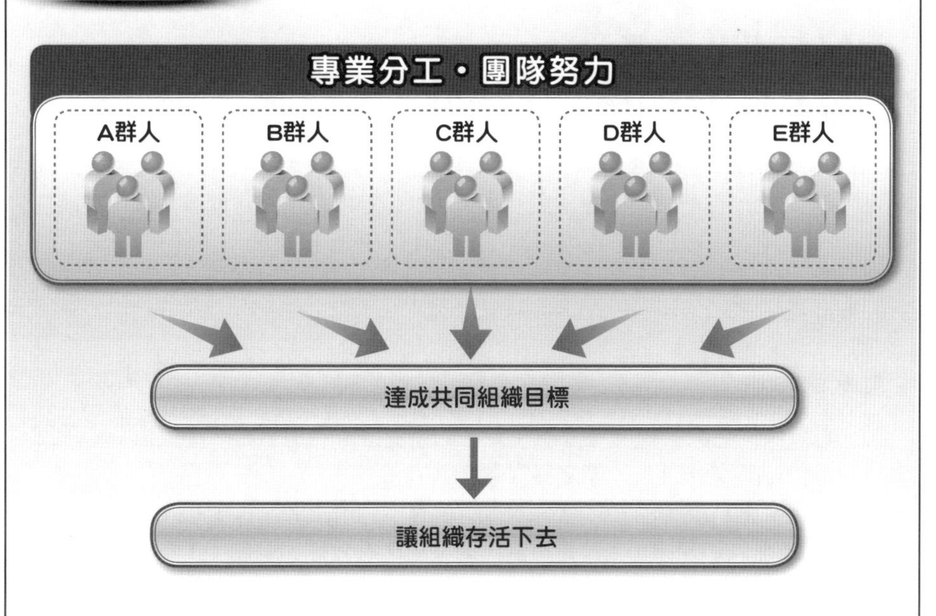

設立組織步驟

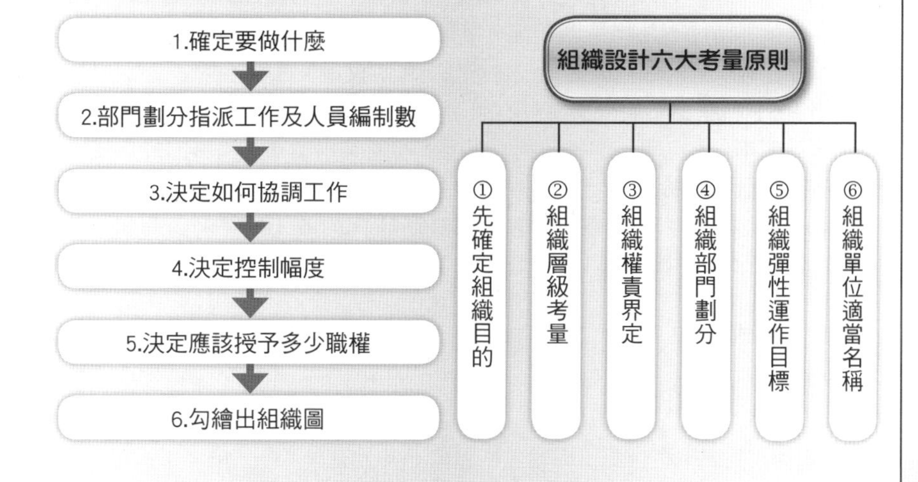

知識補充站

組織單位也要命名？

組織單位的名稱最好讓人能一看便知其工作內容，例如：事業總部、事業部或事業群；再如：財務、會計、採購、法務、企劃、生產、行銷、倉儲、資訊、策略、經營分析、稽核、人力資源、總務、行政、祕書、R&D研究、工程技術、品管、海外事業單位、售後服務、客服中心、分店、分公司、直營門市、加盟店等適當名稱。

Unit 3-2 企業組織設計的四種類型 Part I

隨著時代趨勢及環境的變化，企業為求生存，便發展出更多元的組織設計以因應。實務上來說，目前企業的組織設計大致可區分為四種類型，即事業部、功能性、專案小組及矩陣等組織。由於內容豐富，分Part I、Part II 兩單元介紹。

當然，企業國際化是一股擋不住的趨勢，我們也將其形成原因及組織型態，整理於後文說明。

一.事業部組織

(一)意義：此組織結構已為人所深知，此係依各市場別、產品、或消費客戶群別為中心，而結合產銷機能於一體之獨立營運單位。

(二)適用：也是決定因素之意，即當組織有下列情形時，即能採用：1.市場具多樣性，而必須加以切割時；2.當組織的技術系統能有效加以分割；3.權責必須一致，要有人擔負整體責任，以及4.培養高級主管人才。

(三)案例：國內各大型企業的組織，目前已大多採取事業部、事業總部、或事業群的組織架構，即：1.較大規模的企業組織；2.有不同的產品線，可加以劃分；3.每一種產品線，其市場容量均足以支撐這種獨立事業部產銷之運作，以及4.強調各部門責任利潤中心式經營，自負盈虧責任之經營管理導向。

(四)優點：1.產銷集於一體，具有整合力量之效果；2.可減少不同部門間過多的協調與溝通成本；3.自成一個責任利潤中心，可使其事業部主管努力降低成本，增加營業額，以獲取利潤獎金分配之報賞；4.是高度授權的代表，有助獨當一面將才之培養；5.可有效及快速反映市場之變化，而求因應對策；6.形成事業部間相互競爭的組織氣氛，以及7.建立明確的績效管理導向，以獎優汰劣。

二.功能性組織

(一)意義：係按各企業不同功能，而予以區分為不同部門，此是基於專業與分工之理由。

(二)適用：1.中小型企業組織體，產品線不多，部門不多，市場不複雜，以及2.即使在大型企業裡，會按地理區域或產品別劃分事業部組織，但在每一個事業部組織裡，仍然需要有功能式組織單位。

(三)功能部門缺失：以功能為基礎而劃分部門之組織，雖具有簡單、專業化及分工化之優點，但也相對顯示出以下缺失：1.過分強調本單位目標及利益，而忽略公司整體目標及利益；2.缺乏水平系統之順暢溝通，容易形成部門對立或本位主義；3.缺乏整合機能，該部門只能就各單位事務進行解決，但對公司整體之整合機能則無法做到，而在事業部的組織裡則可；4.高階主管可能會忙於各部門之協調與整合，而疏忽了公司未來發展及環境變化，以及5.功能性組織實屬一種封閉性系統，各單位內成員均屬同一背景，因此可能會抗拒其他革新行動。

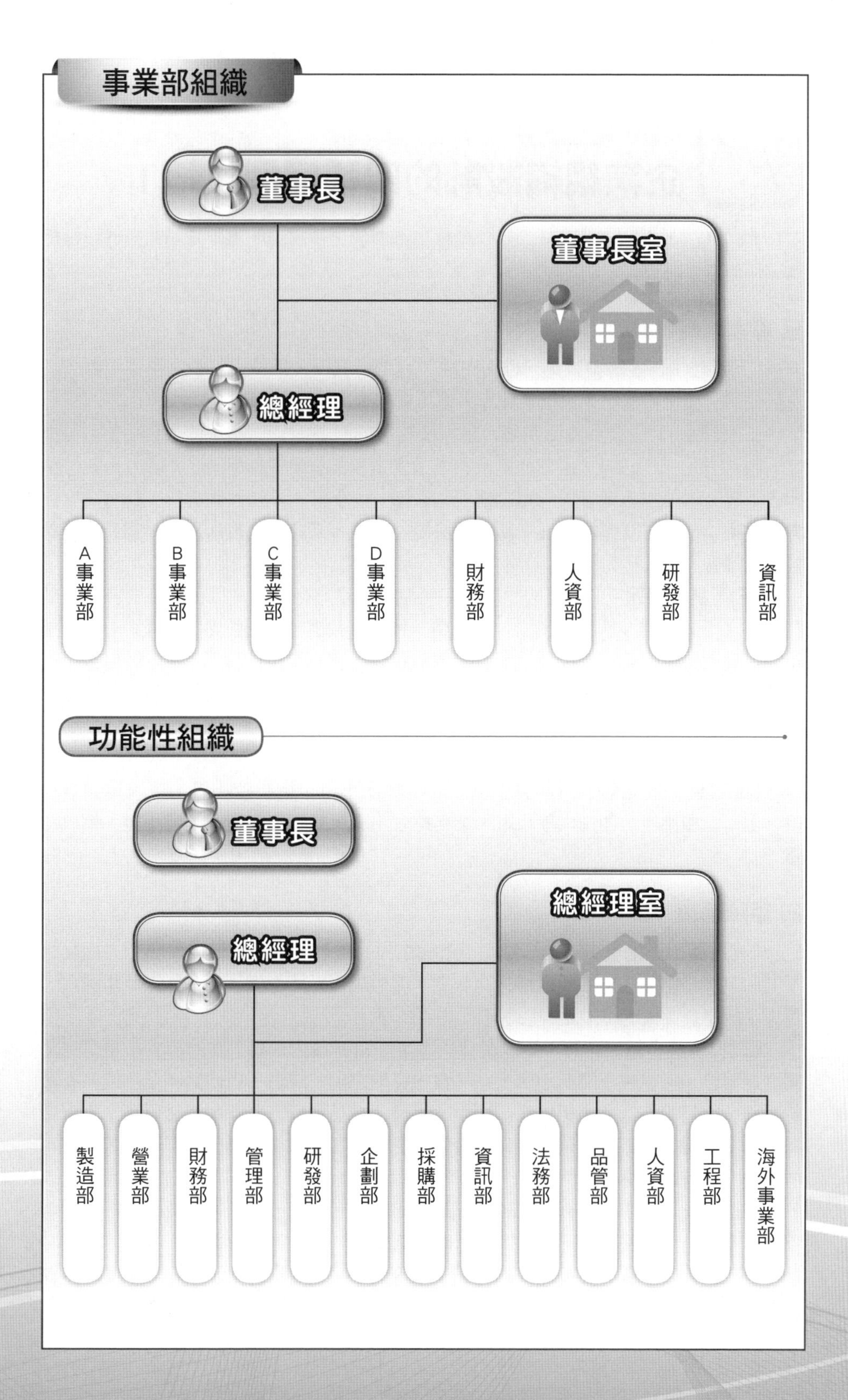
事業部組織
董事長
董事長室
總經理
A事業部
B事業部
C事業部
D事業部
財務部
人資部
研發部
資訊部
功能性組織
董事長
總經理室
總經理
製造部
營業部
財務部
管理部
研發部
企劃部
採購部
資訊部
法務部
品管部
人資部
工程部
海外事業部

Unit 3-3 企業組織設計的四種類型 Part II

前文Part I 介紹事業部及功能性兩種組織型態，接著說明專案及矩陣兩種組織型態，俾使讀者有更深一層的認識。

三.專案組織

(一)意義：為因應某特定目標之完成，可由組織內各單位人員中，挑選出優秀人員形成的一個任務編組，包括各種專案委員會或專案小組。

(二)優點：1.任務具體而明確，是採任務導向，不用管原有單位事務；2.可發揮立即整合力量，不必再透過其他協調與溝通管道；3.由一頗為高階之主管人員統一指揮，不會有本位主義或多頭馬車之情況；4.每一位小組成員均以此為榮，具有高度之激勵效果；5.具高度彈性化，不為原有法規、指揮、系統、制度所限制，以及6.廣納各方面優秀人才，實力堅強。

(三)可能的問題：1.小組的領導者如何發揮高度整合力量，以化解不同背景及部門成員之不同認知、態度與職位，而使其一致融合共處，是關鍵點；2.專案小組如果時間流於太長，則可能造成熱情消滅，成效不彰，虛設單位的情況；3.對於專案小組的任務完滿達成之後，應該給予適切獎勵，否則成員可能不會全心全力付出；4.任務小組必須有足夠權力才能做出成效；否則處處碰壁，其敗可期，以及5.小組或委員會的召集人，其職位是否夠高，才能統御小組成員。

(四)案例：例如新產品開發小組、成本降低小組、轉投資小組、新事業開發小組、上市上櫃小組、西進大陸小組、業務特攻小組、品管圈小組、創意小組、稽核小組等。

四.矩陣組織

(一)意義：係指組織之結構體，一方面由原有部門功能組織形成，另一方面又有不同的專案小組成立；如此縱橫相交並立，即形成「矩陣組織」。在此矩陣組織內，專案小組總負責人的權力是大於各部門主管的權力。

(二)與專案小組之差異：矩陣組織與專案小組組織之差異，在於專案小組是完全獨立之單位，人員也專屬此小組，在任務未完成之前，成員不可能為別單位或原有單位服務，而是專心為此小組工作。而矩陣組織，成員可同時為兩個組織服務，但專案組織的工作優先於原有單位的工作，除了人員之外，其他像設備工具、財務等也都可能是獨立擁有的，與他部門無涉。

(三)缺點：太複雜了。又是水平指揮，又是垂直指揮，有違指揮系統的一元性。不過企業實務上還是經常可見，顯示此種組織型態，仍是有其功能。

(四)案例：大學中的組織，包括既有各種學院，以及跨學院的整合性學程組織設計。

專案小組組織

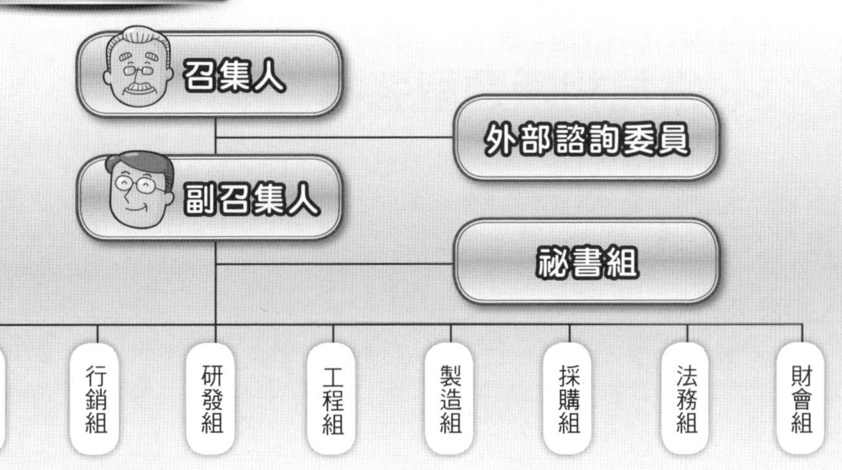

矩陣組織

新成立小組 \ 原有部門	製造部	財務部	管理部	業務部	研發部	採購部	企劃部
成本降低專案小組	△	△	△	△	△	△	
新產品開發專案小組	○			○		○	
管理革新專案小組	□	□	□	□			□

註：圖中有記號者，表示兩種組織有相交往來關係。

知識補充站

全球組織架構

這是企業為因應全球化趨勢所形成的。主要原因是企業為尋求不斷的成長以及產銷作業更具成本競爭力，而導致現地設廠及併購他公司之經營方向，所以才形成以全球各地為產銷據點之組織體。目前最常見的組織型態為：1.全球產品組織：此係以產品來劃分組織，以及2.全球地區組織：此係以大區域來劃分組織。

Unit 3-4 常見組織類型名稱

我們常會看到管理學上一些有關組織類型的簡要名稱，例如：H型、M型、G型、F型、S型等組織，這當中究竟有何不同？哪些是企業可適用的經營組織型態？為方便讀者能有全面性的了解，茲整理概述如下，並說明之。

一.控股公司型

所謂控股公司型（Holding Company, 簡稱H型組織），係指以總部立場，轉投資各家子公司，但本身並不介入實際運作，而只以財務投資控股及重點式管理模式，了解及督促各子公司營運效益。

二.多事業部組織

所謂多事業部組織（Multi-Divisional Organization, 簡稱M組織），係指以各主力產品獨立運作之組織體。之所以會形成此組織的原因，主要是產品的差異性愈來愈大，且單一產品市場夠大，為了提高產銷的效率性及責任利潤中心的運作，才形成了M型組織。加上近年來多角化及整合化經營方針之發展，使事業愈來愈多。

三.全球化組織

所謂全球化組織（Global Organization, 簡稱G型組織），係指以全球各地為產銷據點之組織體。其形成的原因，主要是企業為尋求不斷的成長以及產銷作業更具成本競爭力，而導致現地設廠及併購他公司之經營方向。

四.功能性組織

所謂功能性組織（Functional Organization, 簡稱F型組織），其組織是以總經理為最高管理者，其下設有生產部、業務部、企劃部、財務部、管理部、採購部、研發部、人力資源部、法務部、工程部等不同功能的平行部門。

五.簡易型組織

簡易型組織（Simple Organization, 簡稱S型組織），即指缺乏正式化及複雜化之組織單位。

六.集團組織

所謂集團組織（Group Organization），係指集團旗下有各大公司獨立運作。例如：國內的國泰金控集團、台塑集團、遠東集團、統一集團、宏碁集團、富邦金控集團、新光集團、鴻海集團、聯電集團、裕隆汽車集團、宏達電集團等。

多事業部組織圖

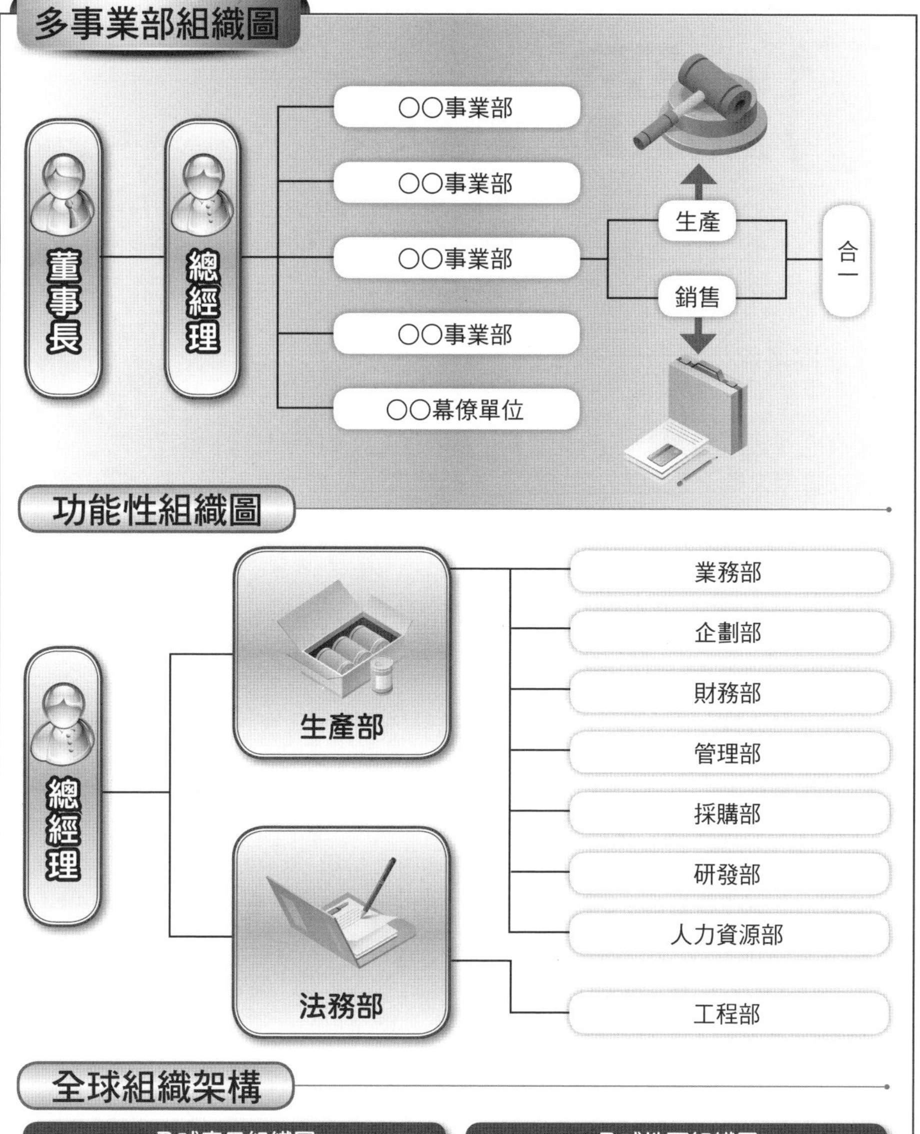

全球組織架構

Unit 3-5 直線人員與幕僚人員

一個組織的人員可以簡要劃分成直線人員與幕僚人員兩大類，而什麼是直線人員？什麼是幕僚人員？我們到賣場看到的第一線服務人員是屬於哪一類？而平常消費時沒有直接接觸的採購、會計等人員是不是幕僚人員呢？本單元有概要說明。

一.直線與幕僚人員

(一)直線人員：係指在組織中，從事直接與企業營利及產銷活動有關之從業人員。例如：工廠的生產線人員、銷售單位的銷售人員或店面服務人員等均屬之。

(二)幕僚人員：係指在組織中，從事間接與企業營利及產銷活動有關之從業人員，其主要功能在協助直線人員做更順暢的發揮。例如：財務部、管理部、研發部、採購部、企劃部、稽核部、人資部、資訊部及法務部等人員均屬之。

二.幕僚類型

幕僚類型主要區分為兩種：

(一)個人幕僚（Personal Staff）：係指特定主管之個人幕僚。在大組織內可稱為「總經理室」或「總管理處」，有一群個人幕僚；在中小組織內可稱為「特別助理」，人數較少。

一般而言，這些個人幕僚之職責包括：1.為所屬主管閱讀、審查各種報告，並簽註意見；2.代表所屬主管與外界連絡、洽商或處理函件；3.協調屬下單位、溝通或澄清所屬主管之觀念及目標；4.對有關事項之進行與問題，蒐集資訊情報，以及5.配合所屬主管職責需要，分析有關資訊，並提出建議規劃案與因應對策及方案想法。

(二)專業幕僚（Specialized Staff）：係指對於某些專門問題，具有理論與實務專長，不過所服務的對象是公司而非個人。這些專業幕僚有法律、投資、金融、技術、市場、媒體關係等類。

三.如何與直線人員良好互動

幕僚人員為了推展組織計畫，必須和第一級生產、銷售及服務人員等直線人員保持良好合作關係，故：

1.應與直線人員保持良好的溝通及接觸。

2.在提出計畫與建議之前，應儘量了解直線之實務並明確劃分雙方之權職與責任。

3.切忌居功，將功勞歸給直線人員；自己只是幕後功臣。

4.保持坦誠之心，要真正在實質上幫助到直線單位，卸除他們的防衛心，使他們不再排斥，進而展開雙手歡迎。

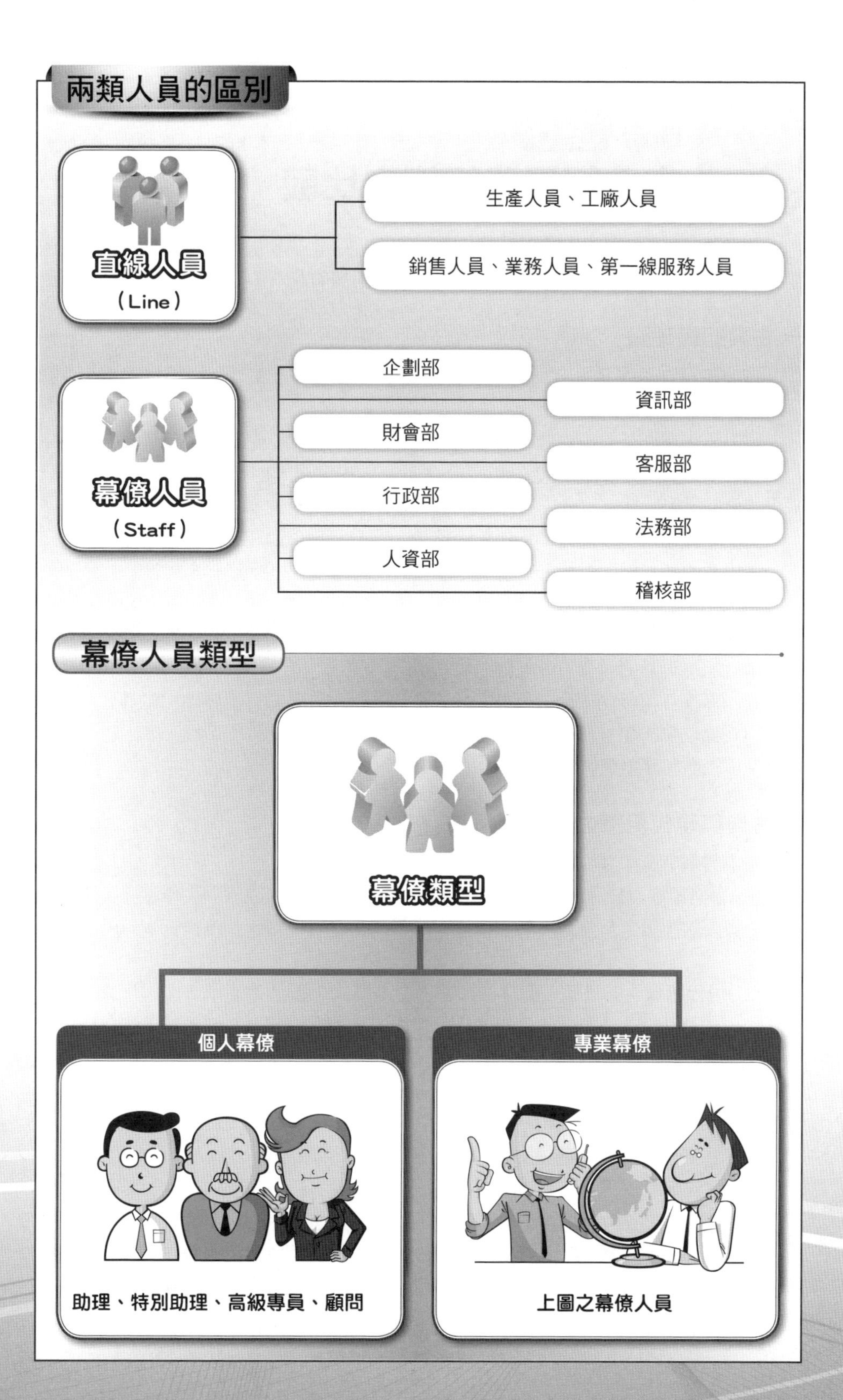
兩類人員的區別
直線人員
(Line)
生產人員、工廠人員
銷售人員、業務人員、第一線服務人員
幕僚人員
(Staff)
企劃部
資訊部
財會部
客服部
行政部
法務部
人資部
稽核部
幕僚人員類型
幕僚類型
個人幕僚
助理、特別助理、高級專員、顧問
專業幕僚
上圖之幕僚人員

Unit 3-6 古典與現代組織之比較

組織理論隨著時代的變遷，也會有所調整因應。從早期古典組織理論到現代組織理論，每種改變都意味著更符合現實環境及未來趨勢的需求。

一.古典組織理論

古典組織理論又稱為「傳統的組織理論」，最早可追溯到亞當・史密斯。他在《國富論》中首先提出了勞動分工的原則。

勞動分工原則是組織設計的一個基本原則，至今仍具有生命力。

而古典組織理論的正式產生和盛行時期，為19世紀末期和20世紀初期的公共行政學的早期研究時期。

古典組織理論主要可分為科學管理理論、行政管理理論和官僚制理論三種學派。這三種學派的基本觀點均著重在組織的分工、控制幅度、指揮統一等原則。

二.現代組織理論

現代組織理論把組織看成一個開放的系統。

它不僅僅從組織內部來分析組織各分系統的特點及其相互關係外，尤其著重研究組織與外部環境的相互作用；它把著眼點由組織內部轉移到外部環境，並由組織被動適應環境的觀點轉變到影響環境。

三.古典與現代組織之差異

兩者差異究竟何在？茲分析其特色如下：

(一)古典組織：1.少有大型組織；2.專業經理人數不多；3.管理工作區分不明確；4.由少數人做決策；5.強調控制、指揮與直覺；6.受環境影響程度稍低，以及7.採集權管理。

(二)現代組織：1.很多大型且具影響力之組織；2.很多中高階專業經理人；3.管理工作已成為明確之工作；4.多數的人已能做各種層次之決策；5.團隊工作及理性分析；6.受環境影響程度高，以及7.授權與分權。

四.古典與現代組織之個別堅持

然而古典與行為組織理論兩者又有其各自堅持的觀點如下：

(一)古典學者深信最好的組織方式是：依附於固定的指揮體系上，集中式的決策、機能式的部門劃分、較窄的控制幅度，以及每人均有專司的工作。

(二)行為學者則相信最佳的組織方式是：較不具預定性的指揮體系、較多的職權下授、較寬的控制幅度、各部門應求自給自足、權責一致以及豐富化的工作設計。

古典組織與現代組織之比較

特色項目	古典組織	現代組織
1.規模方面	1.少有大型組織	1.很多大型且具影響力之組織
2.專業經理人數方面	2.專業經理人不多	2.很多中高階專業經理人
3.管理工作區分方面	3.管理工作區分不明確	3.管理工作已成為明確之工作
4.決策人員方面	4.由少數人做決策	4.多數的人已能做各種層次之決策
5.強調方面	5.控制、指揮與直覺	5.團隊工作及理性分析
6.受環境影響程度	6.程度稍低	6.程度高
7.權力分配	7.集權	7.授權與分權

傳統古典組織vs.現代企業組織

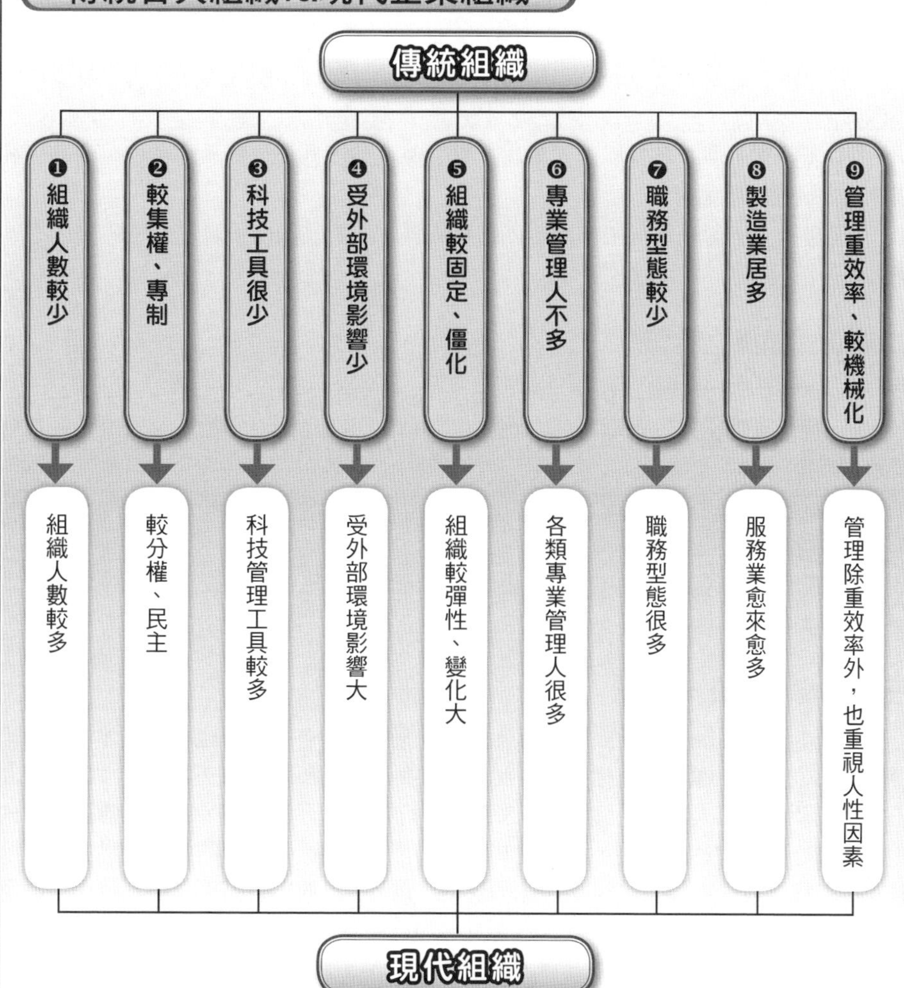

Unit 3-7 非正式組織

什麼是「非正式組織」？簡單來說，就是不是屬於管理理論提到的「正式組織」之內，但不要以為他們不具影響性，反而可說是正式組織的副產品。他們乃是組織成員在正式場合之外，順其自然所形成的小團體；也就是我們常說的哥兒們、姐妹淘、死黨或麻吉之類的。然而為什麼他們會形成呢？

一.非正式組織產生之因

公司內部經常會出現小規模的非正式組織（Informal of Organization），並非正式的層級組織關係。這些起因通常是：

(一)感情：非正式組織團體滿足了個人感情的需求。

(二)協助：非正式組織可為個別成員提供精神與實質之協助。

(三)保護：個別成員需視為組織之一分子，必會受到多數成員之保護，避免於遭受傷害。

(四)溝通：個別成員對周遭人事物之發展與八卦消息具有知悉的慾望，而非正式組織也提供此種管道。

(五)吸引：不管是何種工作內容的組織成員，均對其他成員具有某種之吸引力，讓人想去接近他們、了解他們。

二.非正式組織之特質

非正式組織成員具有三點特質如下：

(一)抗拒改變：對於會影響或企圖弱化非正式組織之任何舉動或改變，最初都會遭到其抗拒。

(二)具社會控制效果：個別成員必然會遵守非正式組織之規範及慣例，因此，其具有一種社會性之自發的控制效果。

(三)會有非正式之領導：非正式組織也是一個小型組織體，要有效生存著，必須要有領導與指揮系統才行。

三.如何導引非正式組織

小型非正式組織，若能採取下列五種有效導引作法，對正式組織而言，反而是一種助益。這些作法與心態包括如下：1.認可其存在性，不需刻意去摧毀它；2.傾聽非正式組織及其領導人之意見與建議；3.在未採行進一步行動之前，應先考慮對非正式組織帶來之可能的負面效果，避免使其遭受傷害；4.要減少抗拒的最好行動，就是讓非正式組織之成員參與正式組織之部分決策，以及5.以放出正確消息來消弭小道消息之流言。

面對非正式組織之處理

1.滿足個人感情需求

2.提供個人各種協助

3.受到組織保護

4.保有溝通管道

5.具有自然吸引力

1.抗拒改變

2.具社會控制效果

3.會有非正式領導

三.如何導引非正式組織

1.認可其存在

2.傾聽其意見與建議

3.勿輕易採取行動

4.讓其參與部分決策

5.放出正確消息

Unit 3-8 組織變革的意義與原因

任何組織常會為了內在及外在因素的變化，而不斷改變整個組織結構。這些變革有些是主動性與規劃性的改變（Planned Change），而有些則是被動性與非規劃性的改變。

一.組織變革的意義

我們看組織成長理論中，其組織變革（Organizational Change）都是有規劃性的，絕非急就章，也非後知後覺。

在組織變革中，不管是表現在結構、人員或科技等方面，都是為了使組織更具高效率，創造更高的經營成果。

組織如果不隨著趨勢而改變，好比是小孩子長大了，卻還是給他小鞋子穿一樣，必然會窒礙難行。

這正是組織變革的意義了──改變，是為了讓自己不被淘汰。

二.促成變革的原因

導致組織變革之原因，可就下列二方面來說明：

(一)外在原因：

1.市場變化：由於市場上客戶、競爭者及銷售區域之變化，均會使企業組織面臨改變。例如：過去國內出口向來以美國為主要市場，現在中國市場益形重要，因此，很多公司都成立駐中國分公司或總公司的中國部門。

2.資源變化：企業需要各種資源才能從事營運活動，這些資源包括人力、金錢、物料、機械、情報等。當這些資源的供應來源、價格、數量產生變化時，組織也須跟著改變。例如：臺灣勞力密集產業因缺乏人工及成本上漲，導致工廠外移或另在國外設廠。

3.科技變化：科技的高度發展，使工廠人力減少，各部門普遍使用電腦操作，使M化及E化的趨勢日益普及，使得組織體產生改變。

4.一般社會、政經環境變化：國家與國際社會之政治、法律、貿易、經濟、人口等產生變化，會促使組織改變。例如：中國市場形成，導致企業加強對中國之研究及生意往來；再如：貿易設限，導致日本廠商必須遠赴歐美各國，在當地設立新的產銷據點，使組織體益形擴大化。

(二)內在原因：內在原因也並不單純，這包括領導人的改變、各級主管人員的異動、協調的狀況、指揮系統的效能、權力分配的程度、決策的過程等諸多原因之量與質之變化，均連帶使組織體產生更動。

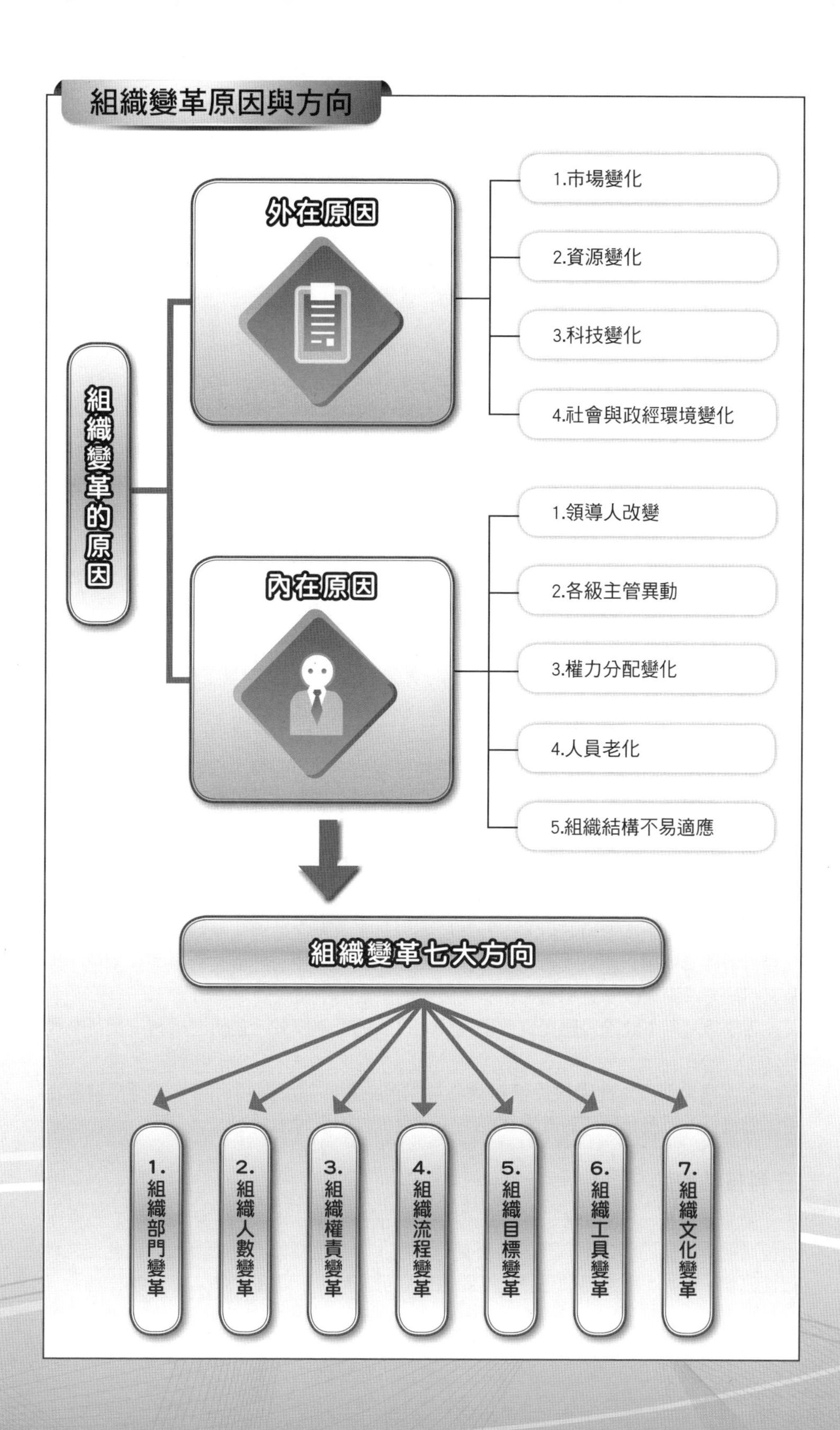
組織變革原因與方向
組織變革的原因
外在原因
1.市場變化
2.資源變化
3.科技變化
4.社會與政經環境變化
內在原因
1.領導人改變
2.各級主管異動
3.權力分配變化
4.人員老化
5.組織結構不易適應
組織變革七大方向
1.組織部門變革
2.組織人數變革
3.組織權責變革
4.組織流程變革
5.組織目標變革
6.組織工具變革
7.組織文化變革

Unit 3-9 組織變革的三種途徑

組織變革之途徑，可從結構性改變、行為改變及科技性改變三種方式著手，本單元簡要說明如下，提供讀者當組織需要改變時，變革之路能因此走的更為順暢。

一.結構性改變

所謂結構性改變（Structural Change），係指以改變組織結構及相關權責關係，以求整體績效之增進。又可細分為：

(一)改變部門化基礎：例如從功能部門改變為事業總部、產品部門或地理區域部門，使各單位最高主管具有更多的自主權。

(二)改變工作設計：包括從工作如何更簡化、更豐富化以及彈性度加高等方面著手，而最終在使組織成員能從工作中得到滿足及適應。

(三)改變直線與幕僚間之關係：例如增加高階幕僚體系以專責投資規劃及績效考核工作；或機動設立專案小組，在要求期限內達成目標；或增設助理幕僚，以使直線人員全力衝刺業績；或調整直線與幕僚單位之權責及隸屬關係。

二.行為改變

(一)行為改變的意義：係指試圖改變組織成員之信仰、意圖、思考邏輯、正確理念及做事態度等方向，希望所有組織成員藉行為改變，而改善工作效率及工作成果。這些行為改變之方法有敏感度訓練、角色扮演訓練、領導訓練以及最重要的教育程度提升。

(二)黎溫（Lewin）對改變個人行為的三階段理論：大部分行為改變的方法，大都以黎溫所提出的改變三階段理論為基礎，現概述如下：

1.解凍階段：本階段之目的，乃在於引發員工改變之動機，並為其做準備工作。例如：消除其所獲之組織支持力量；設法使員工發現，原有態度及行為並無價值，以及將獎酬之激勵與改變意願相連結；反之，則懲罰與不願改變相連結。

2.改變階段：此階段應提供改變對象，以新的行為模式，並使之學習這種行為模式。

3.再凍結階段：此階段係使組織成員學習到新的態度與新行為，並獲得增強作用；最終目的，是希望將新改變凍結完成，避免故態復萌。

三.科技性改變

隨著新科技、新自動化設備、新電腦網際網路作業、新技巧、新材料等之改變，也會連帶使組織部門之編制及人員質量之搭配，產生組織體上之相應改變，此即為科技性改變。例如：引進自動化設備，將使低層勞工減少，而高水準技工人數增加。

組織變革途徑

組織變革三大途徑

1 結構性改變

這是指改變組織結構及相關權責關係，以求整體績效之增進。

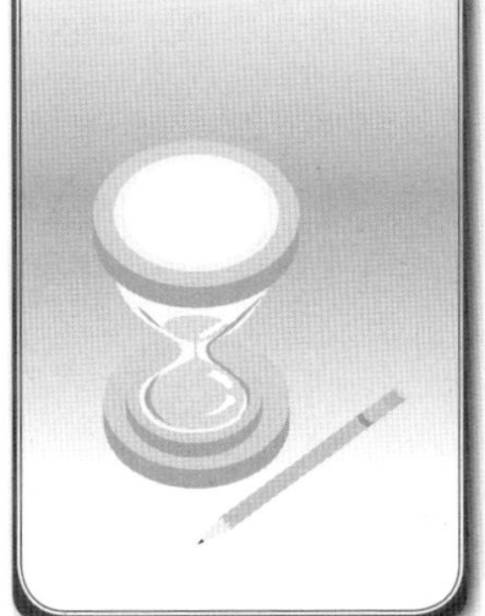

2 行為改變

這是指試圖改變組織成員之信仰、意圖、思考邏輯、正確理念及做事態度等方向，希望所有組織成員藉行為改變，而改善工作效率及工作成果。這些行為改變之方法有敏感度訓練、角色扮演訓練、領導訓練以及最重要的教育程度提升。

3 科技性改變

這是指隨著新科技、新自動化設備、新電腦網際網路作業、新技巧、新材料等之改變，也會連帶使組織部門之編制及人員質量之搭配，產生組織體上之相應改變。

黎溫改變個人行為三階段

1 解凍階段

本階段目的在於引發員工改變之動機，並為其做準備工作。

2 改變階段

本階段應提供改變對象，以新的行為模式，使其學習這種行為模式。

3 再凍結階段

本階段是使組織成員學習到新態度與新行為，並獲得增強作用；最終目的，是希望將新改變凍結完成，避免故態復萌。

Unit 3-10 組織變革之管理步驟

組織要因應環境而改變，當然是為了要有更好的明天；但如何進行有效組織之變革，有七項管理步驟可參考。

一.促進加速改變之力量

包括前述內外在來源之力量，當改變力量突顯出來並加壓時，組織及其成員就會有更深刻的感受。

二.及早發掘改變之需要

最好做到當環境一有什麼風吹草動時，我們早已做好萬全準備以因應，當然這必須平時仰賴各種經營資訊之獲得、分析及評估。

三.問題診斷

問題診斷乃在於求出以下狀況，讓管理者了解問題所在：1.什麼是真正的問題，而非只是問題之表象；2.應對什麼加以改變，才能徹底解決問題，以及3.可預期改變後的狀況為何。

四.辨認各種改變方法及策略

管理者應先規劃出組織變革的各種方法、方案及執行策略，以利未來選擇。最好事先模擬演練各種變革方案下的可能正負雙面效應，提早預防降低變革的風險性。

五.分析限制條件

在各種改變方法及策略中，必然會有不同程度的限制因素，導致無法執行或執行成果會大打折扣，此因素來源有以下幾點：1.領導人作風如何；2.組織文化及氣候如何，以及3.組織的正式基本政策及法令規章如何等因素需要考量。

六.選擇改變方法及策略

在分析限制條件後，應擇定一個較適當的組織改變方法及策略，作為下階段執行之準則；除此尚應考慮以下事項：1.從組織的何處開始著手；2.全盤規劃或逐步進行，哪方向較為可行，以3.改革步調快或慢的問題。

七.實施及檢討組織改變計畫

這是最後一定要做到的，就是實施及檢討組織改變計畫，一切都準備妥當之後，才正式展開推動執行。

組織變革管理七步驟

1.促進加速改變之力量

當改變力量突顯出來並加壓時，組織及其成員就會有更深刻的感受。

2.及早發掘改變之需要

這必須平時仰賴各種經營資訊之獲得、分析及評估。

3.問題診斷

什麼是真正的問題，而非只是問題之表象？
應對什麼加以改變，才能徹底解決問題？
可預期改變後的狀況為何？

4.辨認各種改變方法及策略

管理者應先規劃出組織變革的各種方法、方案及執行策略，以利未來選擇。

5.分析限制條件

領導人作風如何？
組織文化及氣候如何？
組織的正式基本政策及法令規章如何？

6.選擇改變方法及策略

從組織的何處開始著手，比較適當？
全盤規劃或逐步進行，哪方向較為可行？
改革步調快或慢的問題。

7.實施及檢討組織改變計畫

實施及檢討組織改變計畫，一切妥當後，才正式展開推動執行。

Unit 3-11 組織變革之抗拒及因應

當組織進行變革時，一定會出現正反兩面的聲音，這時如何進行有效組織之變革，並化解抗拒者心結，而成功達到組織煥然一新的目的，以下方法可提供參考。

一.抗拒變革的原因

任何組織在進行組織改革時，必會面臨來自不同人員及程度之抗拒：

(一)個人因素：

1.影響個人在組織中權力之分配，即面臨權力被削弱之憂慮。

2.個人所持之認知、觀念、理想不同而有歧見。

3.負擔及責任日益加重，深恐無法完成任務。

4.對是否變革後能帶來更多有利組織之事，抱持懷疑態度。

(二)群體因素：深怕破壞群體現存利益、友誼關係及規範。這些均屬於組織中保守派或既得利益群體。

(三)組織因素：在機械化組織結構（Mechanic Structure）中，較不願傾向於組織變革，因為那會破壞現有組織內之人、事、物、財等事項之均衡。所以一動不如一靜，大家都習於相安無事及安逸過日子。

二.支持變革的原因

組織變革有人抗拒，另一方面也有人會支持，此原因為以下兩種：

(一)個人因素：當個人希望有更大發揮空間、展現個人才華，進而擁有升官權力與物質收入時，便會積極促成組織之變革，成為組織中的改革派或革新派。

(二)組織因素：在有機式組織結構（Organic Structure）中，通常會比較傾向支持組織變革，因為他們所處環境原本就是極富彈性的組織。因此，對於變革已經習慣且能接受。

三.如何克服抗拒

對組織變革中來自各方之抗拒，應採以下方式克服：

(一)讓其參與：讓抗拒者參與變革事務，表達其意見與看法並酌予採納。

(二)擒賊先擒王：先從抗拒領導人著手，尋求其支持，只要領導人改變態度，其群體自不成氣候。

(三)以靜制動：以無聲巧妙的手段達成改變的實質效果。

(四)耐心溝通：透過充足的教育與溝通，將組織變革的必要性與急切性讓組織成員深入體會，形成支持基礎。

(五)給予好處及支持：在組織變革過程中，給予各方面實質支援。

(六)妥協雙贏：必要時，需與抗拒群體進行談判，尋求彼此妥協。

(七)賞罰分明：必要時，應採取獎懲措施，以強制手段貫徹組織變革。

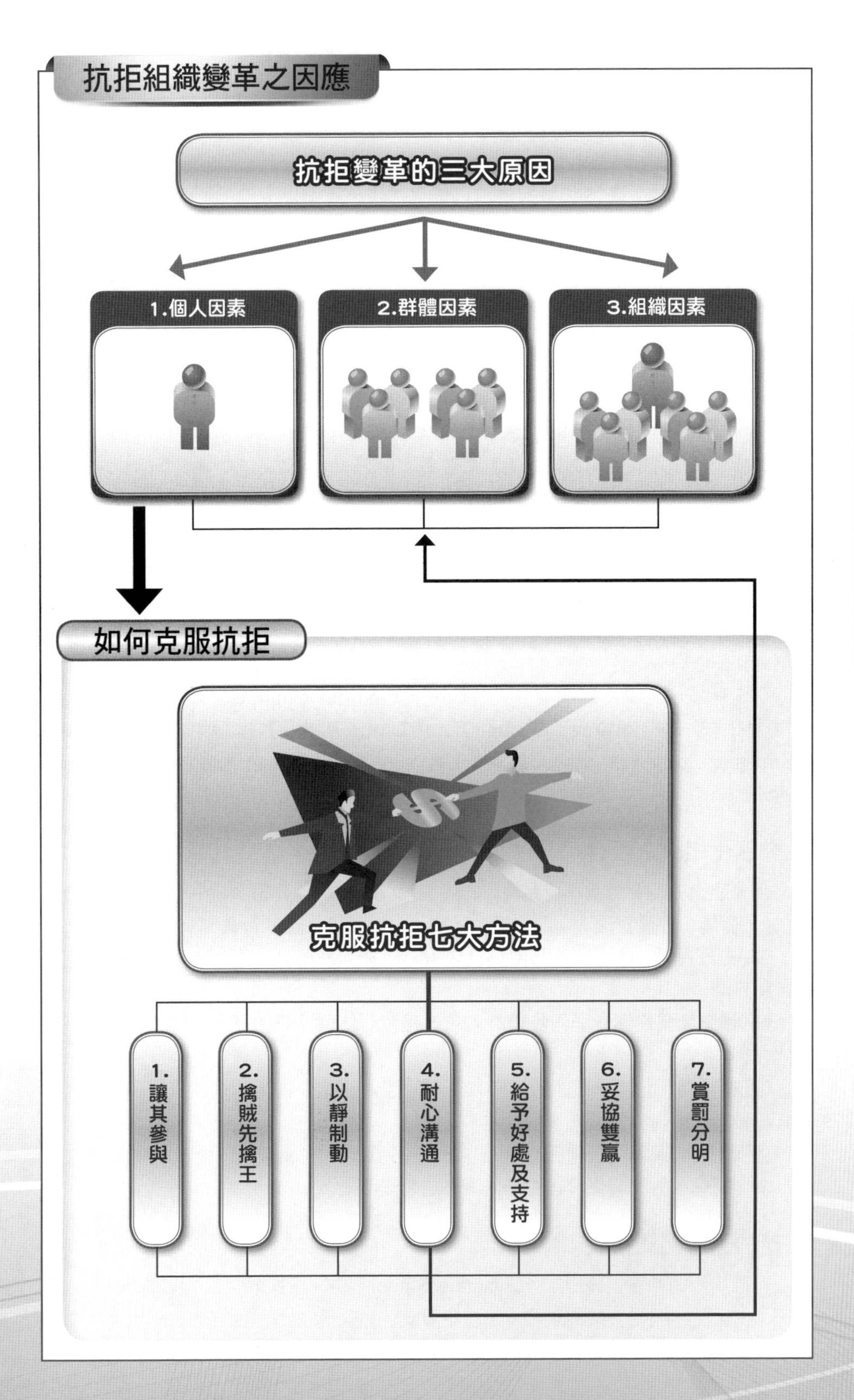
抗拒組織變革之因應
抗拒變革的三大原因
1.個人因素
2.群體因素
3.組織因素
如何克服抗拒
克服抗拒七大方法
1.讓其參與
2.擒賊先擒王
3.以靜制動
4.耐心溝通
5.給予好處及支持
6.妥協雙贏
7.賞罰分明

Unit 3-12 組織動態化及其發展

最近幾年來，企業經營環境不斷改變，而影響其變化的原因通常是以下幾點：1.競爭壓力的加強；2.經營國際化及全球化之趨勢興盛；3.企業間合併與購併持續不斷；4.技術革新加速；5.國際策略聯盟的崛起，導致企業規模日益巨大化，以及6.網際網路與電子商務的日益應用普及。

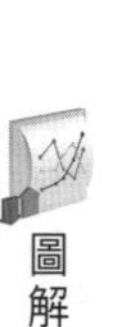

環境變化如此多元又快速，企業組織結構也應敏捷調整因應，才能立於不敗。

一.組織動態化與ESS結構

組織動態化之涵義可從以下兩點來觀察：

(一)建立一套完整職能與職務制度：在經過合理設計的組織中，應有一套職能分配制度及職務實行的方法，並且在各職務上均有適當之人員。

(二)組織應彈性與機動性：今日企業所面對的環境瞬息萬變，如果組織規程、作業程序、辦事規則等一成不變、固守老舊時，將造成組織僵硬化，無法應付環境之挑戰；故其組織結構、職掌分配、權責劃分、授權與分權實施，以及人力安排調派等，均應具有彈性與機動性。

綜上所述，企業面臨環境變化（Environmental Change），其經營目標及策略也應跟著變化（Strategy Change），所以組織結構及其權責分配也應迅速調整（Structure Change），此乃「動態變化組織」（Environment→Strategy→Structure, ESS）哲學。

二.動態化組織之要件

那動態化組織要考量哪些要件，才能在執行面確切落實呢？

(一)實施「分權管理」：即將權力下授及分散給第一線執行負責人員。

(二)充分授權：給予真正負責任之決策者，在處理機動性事物時所需之充分權力及各種資源。

(三)情報資訊快速化與同步化：力求情報資訊傳遞路線的短程化與客觀報告制度之建立。

(四)組織扁平化：一般組織成員依一定程序及規章，從事例行性作業，而讓高層主管專職於重大決策及例外事項管理。

(五)組織結構應隨營運策略而變：最後必須避免組織僵硬，企業組織結構之配置、權力關係、聯繫關係等必隨營運策略之改變而變。

三.新的動態組織模式

在應用新的動態組織模式（Dynamic Model）中，可採取：1.「專案小組」式的組織；2.「任務編組」式的組織；3.「矩陣式」的組織；4.「自主式」的組織，以及5.變形蟲組織等模式運用。

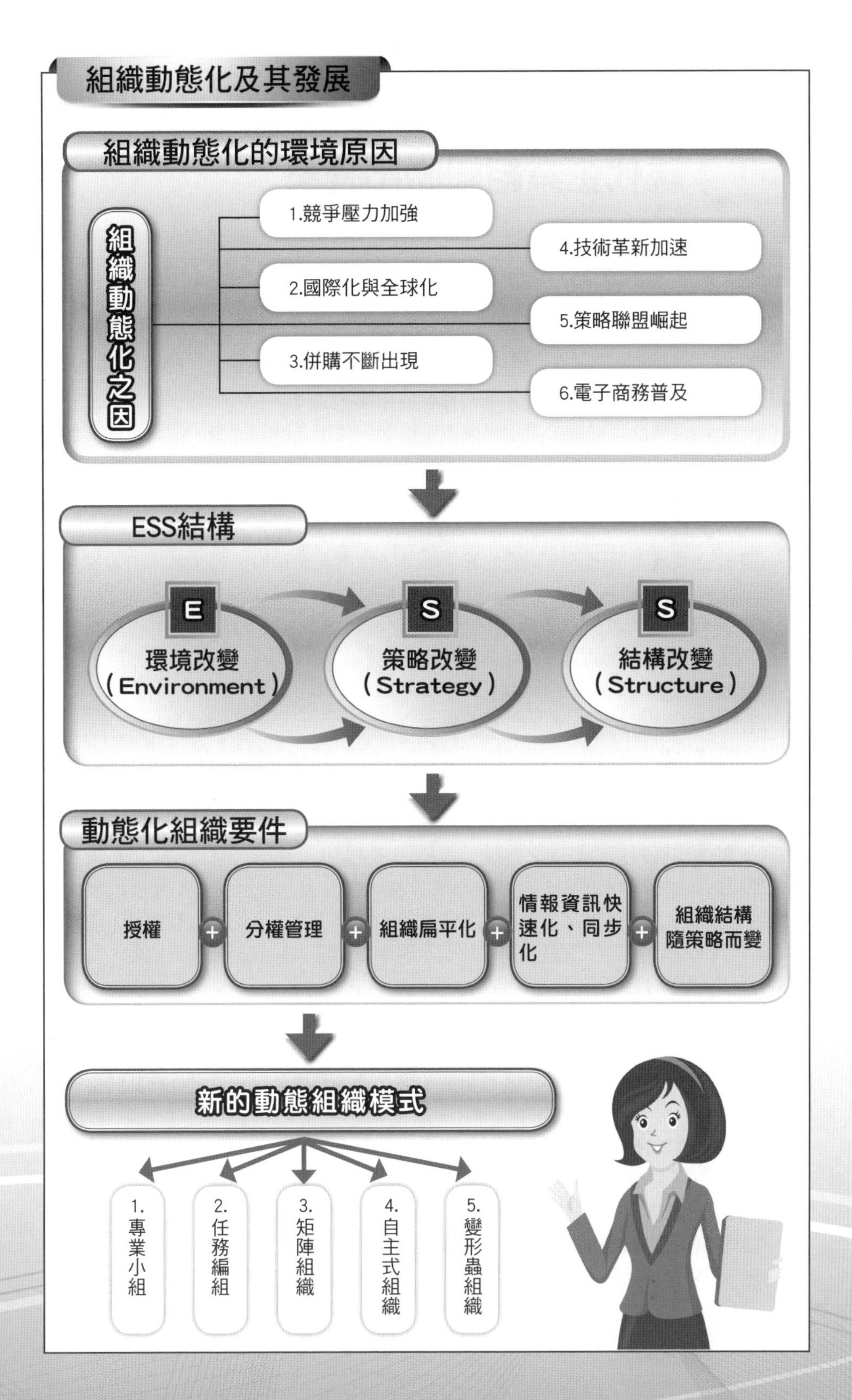
組織動態化及其發展
組織動態化的環境原因
組織動態化之因
1.競爭壓力加強
2.國際化與全球化
3.併購不斷出現
4.技術革新加速
5.策略聯盟崛起
6.電子商務普及
ESS結構
E
環境改變
(Environment)
S
策略改變
(Strategy)
S
結構改變
(Structure)
動態化組織要件
授權
+
分權管理
+
組織扁平化
+
情報資訊快速化、同步化
+
組織結構隨策略而變
新的動態組織模式
1.專業小組
2.任務編組
3.矩陣組織
4.自主式組織
5.變形蟲組織

Unit 3-13 現代企業組織勝出趨勢

現代企業想要在迅速變遷的世界中脫穎而出，學習如何領導變革與開創新局，乃是必要課題。

一.科特教授的組織變革

知名哈佛教授約翰·科特（John P. Kotter）在國內一場演講中，談到他多年研究結果顯示，組織要迅速脫穎而出，通常會經過下述八個步驟：

(一)出現危機感：嚴肅檢討市場與競爭態勢，找出並商討危機、潛在性危險或重大商機，以建立更強烈的迫切感。

(二)建立團隊：建立一支有力的領導團隊來領導變革。

(三)共築願景：發展願景與研擬達成願景的策略。

(四)建立共識：透過各種可能的管道，不斷傳遞新願景與策略，並藉由領導團隊的表現選出角色典範。

(五)授權行動：鼓勵具冒險犯難和異於傳統的構想、活動和行動，同時剷除障礙、改變破壞變革願景的系統或結構。

(六)第一個勝利：創造短期成就，以提振績效。

(七)堅持：鞏固成果並推出更多的變革。

(八)持續變革：把變革予以制度化，以確保領導者和接班人選的培養。

二.現代企業組織的趨勢

(一)動態組織對員工發展之重視：為適應環境變化，企業組織趨向動態組織。因為動態組織，透過職務機會之提供、職務之擴大與升遷，以及員工的態度改變，可以培植並發展員工的才能。企業運用動態組織有如下效益：1.使員工發揮能力機會擴大；2.在員工工作時，給予更多創造及裁量餘地之空間，以及3.管理氣氛從人性面加以掌握，使領導的方向趨向於員工才能之培養。

(二)授權、協調與跨部門、跨公司資源整合之重視：在今日企業規模日漸巨大的環境下，一位主管能日理萬機、有條不紊的經營企業，均有賴授權之運用。而企業也漸多以幕僚方式進行協調，經由各種重要會議之籌劃及推動，有效做好跨部門協調及資源整合。

(三)領導權與所有權日漸分離之必然趨勢：由於企業規模之日漸擴大，企管技術日趨專門化，使得企業之管理權與所有權逐漸分離，專業經理人日漸成形。同時，專業經理人透過股票分紅制及增資配股制，也逐漸增加持股比例。

(四)組織氣候與組織發展之觀念日趨重要：組織氣候代表一種新的工具，用於描述組織行為模式；管理人員藉由某種途徑創造某種組織氣候，可間接引發某些動機，促成某些行為。組織發展則藉個人成長與發展需要及組織目標之統合，而增加組織效果的一種過程。當有才幹的員工得到有效發展與成長，整個組織也會跟著快速成長。

科特教授的組織成長與變革八步驟

step 1	出現危機感	・員工上下相互討論，我們必須要有所行動
step 2	建立團隊	・出現一支能同心協力、相互支援的「變革領導團隊」
step 3	共築願景	・領導團隊發展出變革的願景和策略
step 4	溝通、接受、共識	・組織上下接受策略、願景、態度軟化
step 5	授權行動	・愈來愈多人根據願景採取行動
step 6	創造第一階段戰績	・戰功激勵人心，抗拒與懷疑相對減少
step 7	堅持、不能鬆懈	・由下而上的變革如波浪般出現，距離願景愈來愈近
step 8	持續變革	・組織理念不變，但是江山代有人才出，真正揮別那彷如夢魘的年代

現代企業組織勝出四大趨勢

1.動態組織對員工才能發展之重視

2.授權、協調與資源整合之重視

3.領導權與所有權日漸分離之趨勢

4.組織氣候與組織發展日趨重要

知識補充站

領導變革之父

約翰・科特（John P. Kotter）1947年出生於美國聖地牙哥，早年先後就讀於麻省理工學院及哈佛大學，1972年開始執教於哈佛商學院，1980年年僅33歲的科特成為哈佛商學院終身教授，他和競爭戰略之父麥可・波特是哈佛歷史上此項殊榮最年輕的得主。他的寫作生涯始於上世紀七〇年代，代表作有《變革之心》、《領導者應該做什麼》、《領導變革》、《新規則》、《企業文化與經營業績》及《變革的力量》等等。行銷全球的《領導變革》勾勒出成功變革的八個步驟，具有極強的可操作性，已經成為全世界經理人的變革指南。他被譽為世界頂級企業領導與變革領域最權威的代言人。

Unit 3-14 組織文化的要素與培養

員工是企業最重要的資產，更是企業執行力的根本動力，如果沒有好的組織管理，對企業恐將造成危機。於是創造一個堅強的組織文化，便成為企業強化管理及創造形象與傳承經驗的重要關鍵。

一.組織文化的五大要素

哈佛大學教授狄爾（T. E. Deal）及麥肯錫顧問公司甘迺迪（A. A. Kennedy）曾對十八家美國傑出公司進行研究，認為組織文化可由以下方式表現出來：

(一)企業環境：每個環境因產品、競爭對手、顧客、技術與政府的影響均有差異。面臨不同市場情況，要獲得成功，每個公司必須具有某種特長，這種特長因市場性質而異，有的是推銷，有的是創新發明或成本管理。簡而言之，公司營運的環境決定公司應選擇哪種特長才能成功。企業環境是塑造企業文化的首要因素。例如：高科技公司因技術變化快速，產品力求創新，因此組織文化不能太過官僚或制式，要講求創新績效、組織應變彈性、員工個人表現及滿足OEM代工大顧客為優先的最高政策。

(二)價值觀念：指組織基本概念和信念，這是構成企業文化的核心。價值觀是以具體字眼向員工說明「成功」定義：「假使你這樣做，你也會成功」，藉此設定公司成就標準。例如：家樂福量販店的首要價值觀念是：「天天都便宜」，員工應有此認知。

(三)英雄人物：上述價值觀念常藉英雄把企業文化的價值觀具體表現出來，為其他員工樹立具體楷模。有人天生就是英雄人物，比如美國企業界那些獨具慧眼的公司創始人，另外則是企業生涯過程中的時勢造英雄，例如：台塑集團王永慶（已故）、台積電張忠謀（已退休）、鴻海郭台銘、統一高清愿（已故）等。

(四)儀式典禮：這是公司日常生活中固定的例行活動。所謂儀式，不過是一般例行活動，主管利用這個機會向員工灌輸公司教條。在慶典的時候，將這種盛會稱為典禮，主管會用明顯有力的例子向員工昭示公司的宗旨意義。有強勁企業文化的公司更會不厭其詳告訴員工要遵循公司的一切行為，例如：台塑公司每年會舉辦運動大會。

(五)溝通網路：雖不是機構中的正式組織，卻是機構主要溝通與傳播的樞紐，公司的價值觀和英雄事蹟，都是靠這條管道傳播。例如：公司內部網站、E-Mail系統、公司雜誌、小道消息傳播、公告公函、訓練手冊等均屬之。

二.培養組織文化之步驟

根據狄爾及甘迺迪（Deal & Kennedy）之看法，培養文化包括三個步驟：

(一)激發承諾：激發員工對共同價值觀念或目標作承諾，並承認員工對企業哲學的投入，當然必須符合個人與團體的利益。

(二)獎賞能力：培養和獎勵重要領域的技能，並切記一次只集中培養少數技能而非一網打盡，才能真正培養專精之高級技能。

(三)維持一致：藉吸引、培植和留住適當人才，來持續維持承諾及能力。

組織文化的要素與培養

組織文化五大要素

1.企業環境

例如：高科技公司，因技術變化非常快速，產品力求創新，因此組織文化不能太過官僚或制式化，要講求創新績效、組織應變彈性、員工個人表現及滿足OEM代工大顧客為優先的最高政策。

2.價值觀念

例如：法商家樂福量販店的首要價值觀念是「天天都便宜」，員工應有認知才對。

3.英雄人物

- 天生就是英雄人物，比如美國企業界那些獨具慧眼的公司創始人。
- 企業生涯過程中的時勢造英雄，例如：台塑集團王永慶（已故）、台積電張忠謀（已退休）、鴻海郭台銘、統一高清愿（已故）等。

4.儀式典禮

- 儀式就是一般例行活動，主管利用這個機會向員工灌輸公司教條。
- 慶典的時候就叫典禮，主管會用明顯有力的例子向員工昭示公司的宗旨意義。例如：台塑、台積電公司每年會舉辦運動大會。

5.溝通網路

雖不是機構中的正式組織，卻是機構主要溝通與傳播的樞紐，公司的價值觀和英雄事蹟，都是靠這條管道傳播。例如：公司內部網站、E-Mail系統、公司雜誌、小道消息傳播、公告公函、訓練手冊等均屬之。

培養組織文化三步驟

激發承諾

當然必須符合個人與團體的利益。

獎賞能力

切記一次只集中培養少數技能，才能真正培養專精之高級技能。

維持一致

藉吸引、培植和留住適當人才，來持續維持承諾及能力。

Unit 3-15 組織授權的優點及阻礙

組織規模愈來愈大，授權各層級主管負責是一個可以減輕高階主管負擔的方法，但要如何授權才是正確的？當無法落實授權真正目的時，問題究竟何在？

一.正確授權的要求

什麼是「授權」的真正意涵呢？依學理來說，所謂「授權」（Delegation of Authority），係指一位主管將某種職權（Authority）及職責（Responsibility），指定某位下屬擔負，使下屬可以代表他從事管理決策或管理行政的權力。簡單來說，被授權的下屬具有批核公文的權力及開會做結論的權力。

一個正確的授權應包括三項要素：1.授予他人完成工作的責任；2.賦予完成工作所必須的資源、條件與權力，以及3.依照既定目標要求下屬，對其所負責的工作，克盡義務與擔負責任。

二.授權的優點

授權的利益是相當明顯的，從下列幾點可以得知：

(一)減少瑣碎負擔：可減輕高階主管日常瑣碎工作負擔，而使其多思考並做些重大決策性的事情。高級主管只要掌握重點即可。

(二)節省時間：可節省不必要的溝通，只要下屬向他定期報告結果就可以了。

(三)因應機動需求：可適合各單位實際上作業的機動需求，讓第一線人員能夠立即應變市場狀況。

(四)培養人才：可藉此培育組織未來的高階管理人才。

三.阻礙授權的因素

儘管授權有其事實上的必要與利益，但並非每個組織都能成功。阻礙授權的因素有下面五項：

(一)屬員能力尚不足：如不顧一切，授權予其負責，結果不是被授權者仍然一再請示，就是有導致重大差錯之可能。這是因為部屬的決策能力、專業能力及經驗，尚不足以擔當大任，獨當一面。

(二)權力慾望放不開：高級主管不願授權，因可以自己發號施令，滿足權力慾望。

(三)恐懼犯錯：有時屬下有恐懼犯錯的心理，一旦做錯或成效不佳，將受到處罰，或危及原有地位。因此，寧可由上級主管決定，自己只奉命行事。這也是經常看到的。

(四)缺乏激勵：只授權，但無激勵回饋，則授權只徒然增加任務及工作壓力。

(五)有名無實：屬員常發現，或由過去經驗發現，他們不可能獲得真正的授權；實際上，一切仍由上級決定，對於此種有名無實之授權，不感興趣，並儘量少接受。

組織授權的優點及阻礙

授權意義

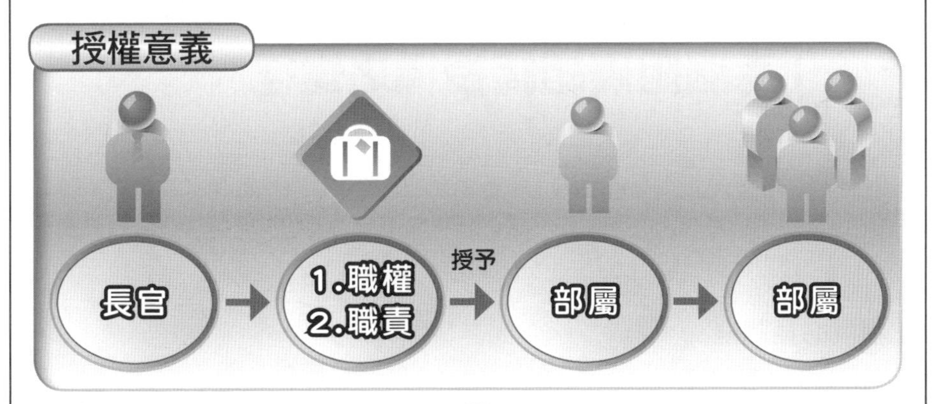

授權三大好處

授權好處

1. 減輕日常事務，多思考重大決策
2. 第一線人員能夠立即因應變化
3. 培育未來中、高階領導人才

授權受阻五大原因

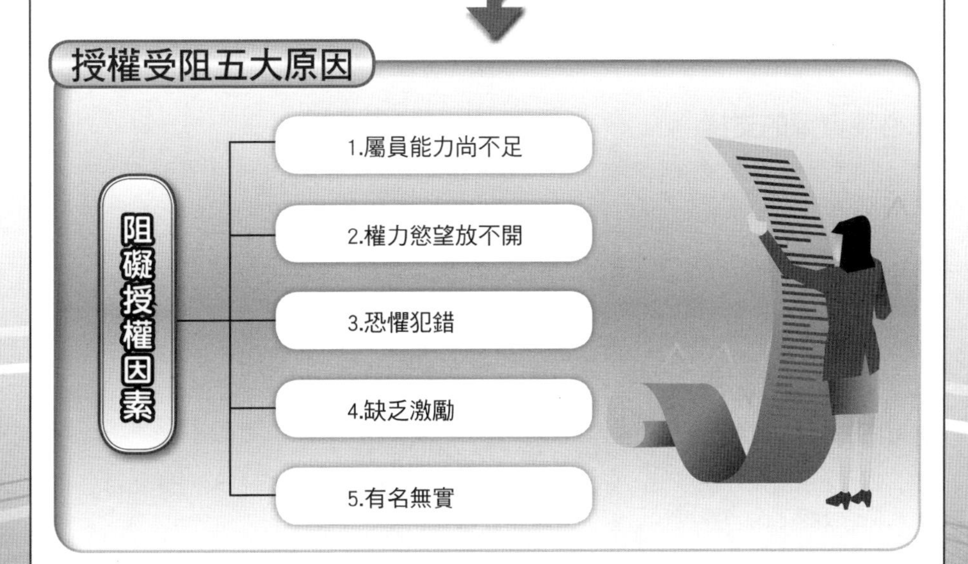

Unit 3-16 克服阻礙組織授權之途徑

前文提到組織建立一套正確合理的授權制度，可以減輕高階主管日常瑣碎的負擔，並藉此培育未來中、高階領導人才等優點，但仍會遇到內部保守人員的不願配合而失敗。既然組織授權乃時勢所趨，這時管理者便要思考如何針對這些反對聲浪，逐步克服其為何阻礙的原因了。

一.提供必要訓練

屬員專業能力不足，才會導致對自我決策能力的疑慮，這時應針對屬下之需求，給予必要之訓練、鼓勵及指導，以培養其擔當責任之能力。這需要一些時間、安排及過程。

二.有效激勵屬員

如果只授權卻無激勵回饋，屬員難免會有工作多但沒好處的現實想法，這時應給予完成職責之屬員，有足夠之獎勵及回饋，讓他願意接受授權，勇於挑戰目標，全力達成任務。

三.建立適當的控制與支援

組織應發展良好之控制系統，當屬員遇到問題或困難時，可以迅速獲知並協助，使其不致於產生偏差或重大挫折，失去信心。

四.明示權力及責任

組織應訂定詳實及合理之「權責劃分表」，以明確各級主管應有權力及應負責任。從上而下均按此授權機制而執行，就不會瞻前顧後了。

五.必要資源的支援

既然授權，就不能有名無實，應給屬員擔負任務所必要的資源；否則巧婦難為無米之炊，對有意願及能力的屬員無異是一種士氣及向心力的雙重打擊。

六.容許有限失誤

有時屬下有恐懼犯錯的心理，害怕會危及既有地位，這時應對初次授權的屬員，容忍有限度與非故意性之失誤，在失敗中求取成功。

七.組織結構設計改變

當組織推展授權制度時，如一再遇有阻礙，就應考慮組織結構的設計是否有利於授權，或者開始即考慮周詳，否則應改變組織結構。

克服阻礙授權七大途徑

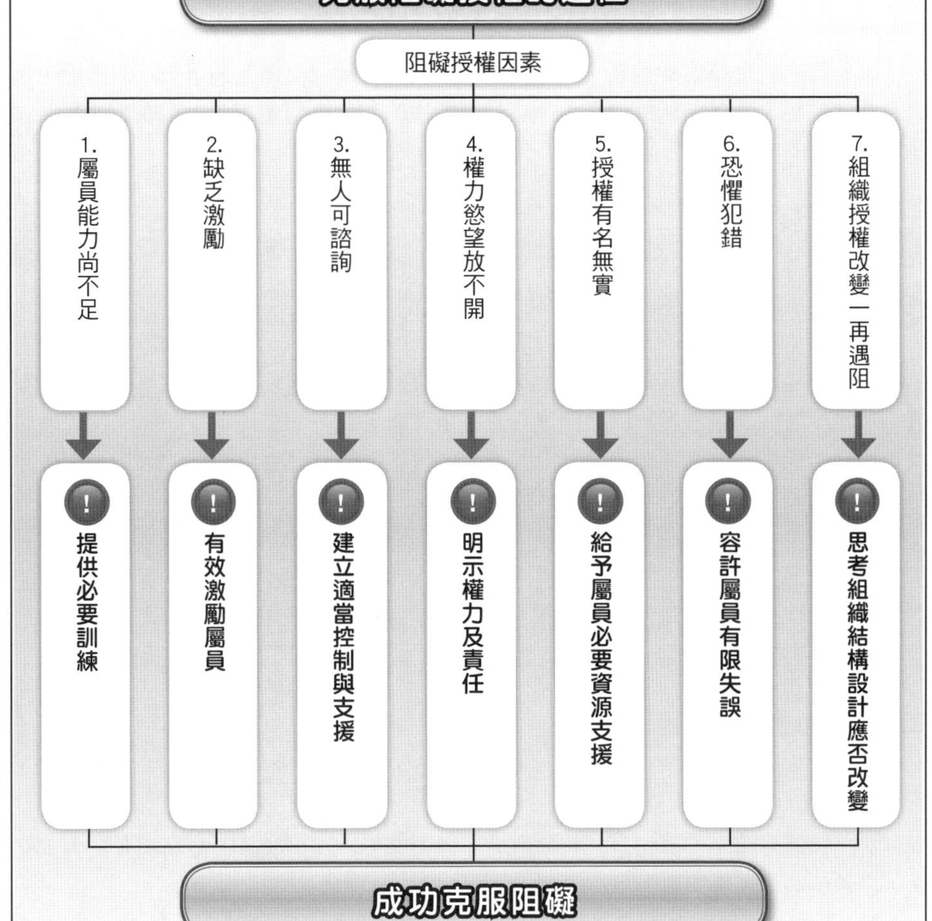

知識補充站

什麼是反授權？

反授權乍看之下會以為「職場關係生存術」中最常被提及的「向上管理」，其實有很大的不同。

反授權是指下級把自己所擁有的責任和權利反授給上級，即把自己職權範圍內的工作問題與矛盾推給上級，「授權」上級為自己工作。這樣，便使理應授權的上級領導反被下級牽著鼻子走，處理一些本應由下級處理的問題，使上級領導在某種程度和某種方面上「淪落」為下級的下級。對此，如果不警惕，不僅使上級領導工作被動，忙於應付下級請示、彙報，而且還會養成下級的依賴心理，從而使上下級都有可能失職。

Unit 3-17 管理幅度的意義及決定

為何要有管理幅度的控制？乃是因為企業為因應瞬息萬變及競爭激烈的市場，讓組織朝向扁平化發展，所以就產生一套分層授權的制度。但是如何授權對組織發展才是正面影響的呢？此乃茲事體大，需要謹慎思考設計。

一.管理幅度的意義

「管理幅度」又稱為「控制幅度」（Span of Control），係指一位主管人員所能有效監督屬員的人數，是有一定限度的。

管理幅度與管理層次是進行組織設計和診斷的關鍵內容，組織結構設計包括縱向結構設計和橫向結構設計兩個方面。縱向結構設計即管理層次設計，就是確定從企業最高一級到最低一級管理組織之間應設置多少等級，每一個組織等級即為一個管理層次；橫向結構設計即管理幅度設計，就是透過找出限制管理幅度設計的因素，來確定上級領導人能夠直接有效管理的下屬數量。

但事實上，沒有所謂的最佳解答。管理幅度的大小應考量其影響因素，如組織結構、工作規範、工作內容、產業環境、管理者能力等。例如：能力強的管理者，所能管理的部屬比較多；複雜度高的工作，管理幅度會變小；工作規範及內容愈清楚者，管理幅度則會增加。因此，管理幅度應視組織及管理需求的不同而有所調整。

二.決定管理幅度的因素

以今日觀點，一個特定主管之有效管理控制限度大小，應考慮三方面因素：

(一)個人因素：

1.主管個人偏好：例如他有較強烈之「權力需要」，可能希望控制幅度較大；反之，則希望屬員人數不要太多。

2.主管能力：能力較強之主管，控制幅度可較大。

3.屬員能力：如果屬員能力較強，則主管之控制幅度也可望增加。

(二)工作因素：

1.主管本身工作性質：如果一位主管須花相當時間在規劃或部門間協調時，很顯然地，他將無法有太多時間去監督屬下的人。因此，控制幅度必須小一些。

2.屬員工作性質：屬員的工作性質，是否必須經常和主管商討；如果是，則主管之控制幅度自然會減少。

3.屬員工作之相似及標準化程度：如果相似程度及標準化程度愈高，則主管之控制幅度可相對擴大。

(三)環境因素：通常是技術問題。在大量生產方式之下，控制幅度可以增加；反之，控制幅度可縮小。

管理控制幅度

1.管理幅度與管理層次是進行組織設計和診斷的關鍵內容。

2.組織結構設計包括縱向結構設計和橫向結構設計兩個方面。

3.縱向結構設計即管理層次設計，就是確定從企業最高一級到最低一級管理組織之間應設置多少等級，每一個組織等級即為一個管理層次。

4.橫向結構設計即管理幅度設計，就是透過找出限制管理幅度設計的因素，來確定上級領導人能夠直接有效管理的下屬數量。

決定幅度因素

1.個人因素
- 主管個人偏好如何
- 主管能力強或弱
- 屬員能力強或弱

2.工作因素
- 主管本身工作性質如何
- 屬員工作性質如何
- 屬員工作標準化程度如何

3.環境因素
- 技術標準化程度如何

知識補充站

要管多少人呢？

依古典組織理論看，一位主管之管理控制幅度不應太大，否則他將不能有效監督。

例如以一個課長而言，該課直接隸屬於其職掌的課員有5名，則可稱該課長的管理幅度為5。一般而言，建議管理幅度為7左右。

又如一家大公司總經理，他因管理控制幅度，亦不應超過副總經理級20人以上。超過了，就代表他管的太細了，或是部屬能力不足。

Unit 3-18 新世紀組織人才應備條件 Part I

台積電董事長張忠謀先生（已退休）在國內一場演講中，提出新世紀中所謂的人才，應具備四種價值觀與六種迎接挑戰的做事能力。此內容深具價值，特別摘述內容分成Part I與Part II 兩單元介紹，因此亦屬於管理實務的一環。

一.正直與誠信

這是很老的價值觀，但幾十年來已消失很多。例如：美國安隆公司作弊案後，很多相似案子也陸續爆發，造成景氣復甦的停頓。安隆案中的會計師都是聰明、有能力的人，但他們查出公司有問題卻不說，就是沒有誠信；人沒有誠信，就算有聰明、能力，永遠只是個危險人物、定時炸彈。以安隆案來看，爆炸的結果是幾萬人失業、幾百億元的股東財富灰飛煙滅。

二.重振舊價值的「大我」

小我的觀念是「I am number one」（我的利益擺第一），但大我是在個人之上，還有一個大於我的利益，也就是團隊或國家利益大於個人利益。

三.勤奮

這是臺灣經濟奇蹟最重要的因素。美國三十多年前就有有識之士鼓吹，美國若要維持國家競爭力，每週工時要提高，不能只有四十小時。

四.有待重振「長期耕耘」的舊價值

真的值得做的事，就值得長期耕耘。但很多人都是暴發戶心態，總是想如果我能有好點子、好機運、懂得權謀，我就可以在幾年內賺大錢，然後遊山玩水，這就是放棄了長期耕耘的價值。

小博士解說

安隆事件

安隆公司是美國第七大產業，破產前為美國最大能源供應商，它的財務報表非常良好，實際上是負債累累，因為它借用會計上預付帳款的技巧掩飾公司實際財務狀況，而引爆一場對財務會計可信度的質疑風暴。安隆公司在2001年12月2日申請破產以來，除震驚各界外，在媒體窮追猛打下，漸漸披露出：安隆違規經營、營利報告作假及政商勾結等不法情事，甚至有人把矛頭指向白宮，影響所及可見一斑。負責安隆公司簽證的Arthur Andersen會計師事務所，為全球五大會計師事務所之一，該所因涉及協助偽造不實資訊、逃稅，並銷毀會計資料，而受到美國司法部的起訴。

不可或缺的四種價值觀

台積電公司董事長張忠謀先生對新世紀中所謂人才的看法

四種價值觀

1.正直與誠信

人沒有誠信，就算有聰明、能力，永遠只是個危險人物、定時炸彈。

2.大我價值

小我是我的利益擺第一，但還有一個大於我的利益，也就是團隊或國家利益大於個人利益。

3.勤奮

這是臺灣經濟奇蹟最重要的因素。美國三十多年前就有有識之士鼓吹，美國若要維持國家競爭力，每週工時要提高，不能只有四十小時。

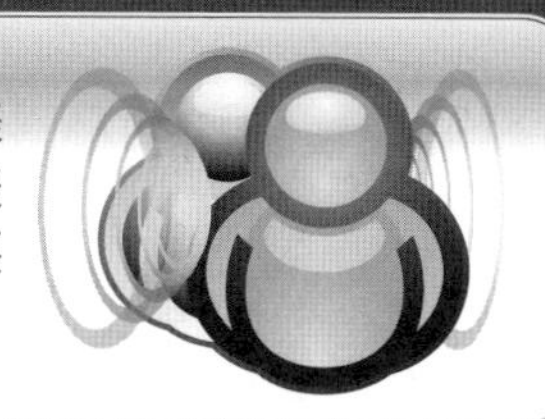

4.長期耕耘

很多人都是暴發戶心態，認為只要好點子、好機運、懂得權謀，就可在幾年內賺大錢，然後遊山玩水，這就放棄長期耕耘的價值。

知識補充站

堅持道德，社會才能美好

這是摘錄自陳家聲教授於2002年5月《*Cheers*》雜誌所發表一篇〈安隆事件的反思〉。文中他提到除可將此事件作為管理個案的討論教材，了解企業興衰並與組織管理理論交互印證外，也希望這個案例對社會、政府有一些啟示。在企業管理上，過去僅重視中、基層員工的倫理教育，只要求他們要遵守公司法令，但這些要求卻未及於高層主管或經營者，導致某些利慾薰心的高層主管可以為所欲為。如果加上報章媒體等公器也被收買，自然更加深社會的黑暗。對政府機關而言，是否有人主動從事這類專案研究，並將研究結果作為企業監督、證券管理及法令改善的參考。企業及政府的經營需要展現遠見及倫理美德，遠見固然需要建立共識，但是倫理美德更需要堅持道德勇氣，特別是違法事件，員工也應善盡告知義務，如果高階主管仍不願改善，也應予以舉發，藉以保障自己及社會大眾；當然主管機關對於舉發者也要善盡保護之責，這樣才有美好的社會。

Unit 3-19 新世紀組織人才應備條件 Part II

除要重振舊價值觀外，張忠謀先生也提到新世紀人才應有的六種能力。

一.要有獨立思考的能力

這是培養出來的人才。人的智慧可以像金字塔，分成一層一層，最底層是Data（資料），這些是未經整理的東西；往上一層是Information（資訊），這些是經過整理、評判的資料；而要更上一層成為智慧，就必須靠獨立思考。獨立思考的意思是不要輕信權威，不要相信你看到的資訊，下任何結論之前，要儘量參考更多的資訊，幫助自己判斷，所以獨立思考又稱批判性思考，也就是經常批判自己所下的結論。

二.創新的能力

這是指跳出框框的思想。這能力每個行業都需要，每個人、公司，甚至國家，都有自設的框框，如果不跳出來，框框會愈來愈牢固，變成習慣；事實上，人常常有機會創新，例如：一個從來不做運動的人，開始每天運動，也是一種創新。通常有壓力才會開始創新，政府當然也要創新，且壓力應來自於人民。

三.自動自發、積極進取的精神

人不要都只是被動做，或只把本分的事做好，如果看到有利益的事，沒要求你做就不做，這就是沒有自動自發的精神。有人一開始自動自發，但一遇到挫折就退縮，這則是不積極進取。積極進取是一旦開始，就要想辦法成功。積極進取就是Entrepreneurship，但這個字被翻譯成創業精神，其實是誤翻，因為創業不見得都樂觀進取，而在公司不創業的人，卻可以很樂觀進取。

四.專業訓練加上商業知識

一門都不精的人，很難在新時代立足；但21世紀是個商業世紀，每個人都不能不有商業知識。例如：要看懂資產負債表，而且懂得其中巧妙；資產負債表雖只有一頁，但附錄通常十幾頁，巧妙就在附錄，要看是否「話後有話」、「話外有話」。

五.溝通的能力

這是兩面的，別人與你溝通時，你也要有能力回應。聽、說、讀、寫都很重要，通常聽是最不受重視，但也許是最重要的。有成就的人與別人最大的不同，在於他聽的通常比別人來得多。

六.能力是「英文」

因為地球村裡，英文還是強勢語言，在臺灣如果不讀英文，會損失很多資訊。臺灣雖有很多翻譯書，但錯誤也很多，且常常抓不到重點，如果英文不好，會很吃虧。

迎接挑戰六種工作能力

1.要有獨立思考能力

就是不要輕信權威，不要相信你看到的資訊，下任何結論之前，要儘量參考更多的資訊，幫助自己判斷。

2.要有創新能力

也就是跳出框框的思想。這能力每個人、公司，甚至國家都需要，如果不跳出來，框框會愈來愈牢固，變成習慣。通常每個人都有機會創新，而且有壓力才會開始創新。

3.積極進取精神

積極進取是一旦開始，就要想辦法成功。積極進取就是Entrepreneurship，但被譯成創業精神，其實是誤翻，因為創業不見得都樂觀進取，而在公司不創業的人，卻可以很樂觀進取。

4.專業訓練＋商業知識

在這個商業世紀，除專業技術外，也要具有商業知識，看得懂資產負債表，而且懂得其中巧妙。資產負債表雖然只有一頁，但附錄有十幾頁，巧妙就在附錄，要看其中是否暗藏玄機。

5.溝通能力

這是兩面的，別人與你溝通時，你也要有能力回應。有成就的人與別人最大的不同，在於他聽的通常比別人來得多。

6.英文能力

目前英文還是強勢語言，臺灣雖有很多翻譯書，但常常抓不到重點，如果英文不好，會損失很多資訊。

Unit 3-20 讓組織會議有效的八個步驟

如何讓組織會議有效呢？請務必掌握以下步驟，即能順利達成會議效果。

一.確定主題與時間

在會議通知中，簡潔說明開會緣由，開會時間要協調，萬一大家都忙的時候，出席恐寥寥無幾。如果開會人來心不來，或者委託沒有決定權者代表，容易造成議而不決的結果。

二.明確訂定會議議程

任務導向會議的彈性大，但一個有效率的例行性會議而言，議程依序分成四個步驟：前次會議待辦事項說明、本次會議布達及報告事項、討論事項，最後臨時動議。

三.選擇合適與會人員和主席

如果承辦人員沒有到場，或是濫發會議通知，形成該來的沒來、不該來的卻來太多，就容易提高會議成本。另外，主管不見得一定是主席，可由負責該案的員工擔任主席，或鼓勵員工輪值擔任主席，可藉此訓練員工，提高員工參與感。

四.準備完善會議資料

很多產銷協調會議開得再多次，結果還是倉庫有的客戶不想要、客戶要的倉庫沒有，就是因為業務部門沒有完整報告客戶資訊、生產部門也沒有告知庫存狀況。為了讓會議有效進行，須準備完善資料，以確保會議溝通順暢。

五.主席控制時間並決議

主席必須分配時間，掌握每個人發言內容，以免偏離主題。更重要的是，主席得適時做出結論裁決，若無法產生決議，「那麼會議等於白開」。

六.會議紀錄立即完成

許多會議的通病是無紀錄或紀錄拖太久。最好會後三天內，將紀錄發給與會成員，而紀錄內容，只需記載決議、結論、待辦事項等重點，毋須把過程細節都寫出。

七.落實追蹤待辦事項

開完會後的另一個通病是，待辦事項沒人追蹤，造成決而不行或執行不力的弊病。一定要指派專人會後負責追蹤、跟催，並且下次會議時，第一個議程要追蹤上次會議待辦事項；一旦追蹤例行化後，與會人員自然會重視待辦事項，提高執行效果。

八.公布會議重要決議

開會後的第三項通病是，決議事項的效力往往出不了會議室門口。因為與會者並未把決議轉達部門成員，以致訊息斷層，基層執行者根本不知決議或待辦事項為何。

有效會議八個步驟

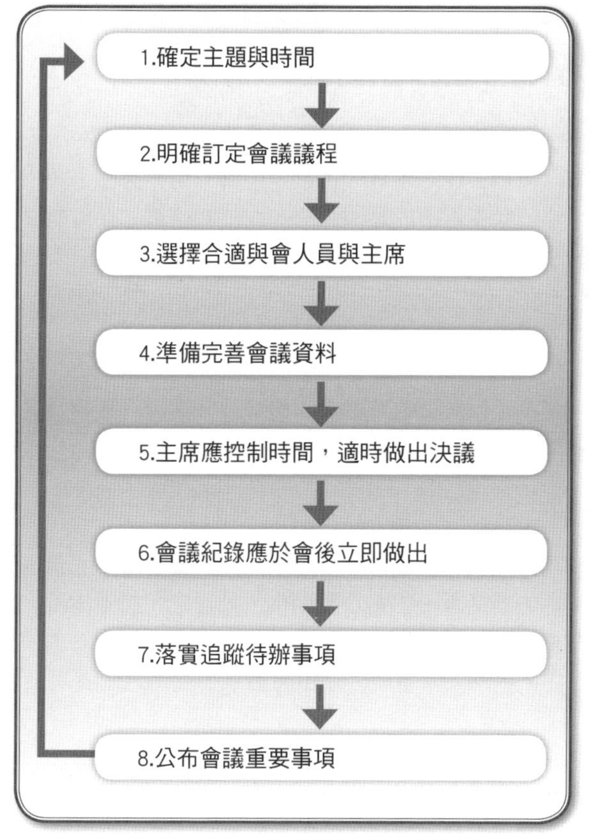

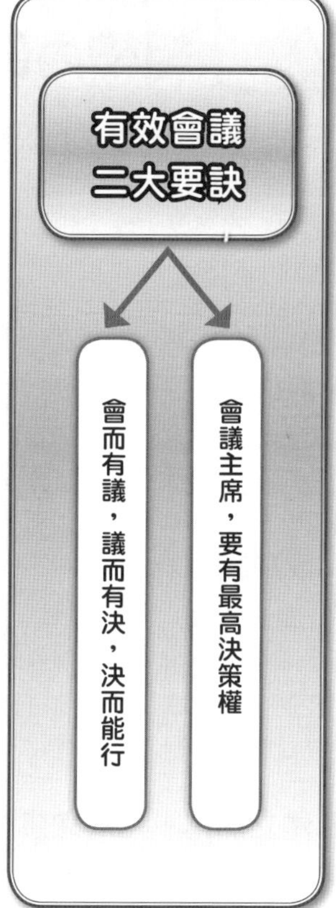

知識補充站

如何開好會議呢？

要開好一項會議，必須先了解這項會議有沒有必要開？因為時間就是金錢，企業絕對不開沒有必要的會議。

再來是參加會議的人員是否適當？企業可以依不同性質的功能，而將與會人員分開，以避免人員枯坐在會議上，浪費時間。

同時與會人員的心態也很重要。因為會議目的在發展及解決問題，所以與會人員必須講真話，不要報喜不報憂，只會歌功頌德，盡拍馬屁。所有一級主管也必須認清，會議不是鬥爭大會，無須畏懼。

最重要的是，會議一定要「會而有議，議而有決，決而能行」，因此會議主席要有最高決策權。

最後還要追蹤會後的執行效果，不要形同沒有開會而失信全體與會人員。

Unit 3-21 組織內部如何避免樹敵

在一個充滿勾心鬥角的組織中，如果太紅，一不留意，很可能就樹立潛在敵人，隨時想扳倒你，你會突然有一種危機且不保的感覺。這就是中國「物極必反」與「執兩用中」的深厚哲理。如果各單位一級主管不能透澈深悟，太紅的結果，很可能消失得也快。政治上有政治黑暗面的鬥爭，私人企業雖不如政治面鬥爭激烈，但只要有人存在的組織中，勢必不能免於有限度的鬥爭。因此我們要來談如何避免樹大招風。

一.放低姿勢

觀諸國內政壇高階人事異動，愈喜歡譁眾取寵的人，愈無法升大官。私人企業也是同樣道理，當你愈紅，愈要謙讓，勿太倨傲，保持永遠的低姿態，不讓敵人產生。

二.成功歸諸別人

最成功的人，就是能把「成功歸諸於他人」的人。把別人挪到自己面前，讓別人享受掌聲，如此，別人就會成為你的禁衛軍，很難攻擊到你。換言之，如果你是一個很紅的業務區域經理，你可把業績成長，歸功於老闆的政策指導有方，歸功於幕僚單位人員的全力配合，才有今天的你。中國人常言：「功不唐捐」，就是這個道理。

三.建立熱情，化解敵意

當你愈紅愈要放下身段，與相同業務主管或不同業務主管，多電話聯繫或請客吃飯，以建立友情，無形中化解別人潛在敵意；縱使無法成為好朋友，也不要樹敵。

四.主動協助及關心

當然，最成功的就是透過你的主動協助及精神關心，讓別人感受到你的真誠與好處，那麼你的敵人反而會成為與你同一陣線上的朋友。

五.降低紅的程度

最根本的作法，就是降低自己火紅熱度，將自己實力及資源逐漸發揮，不要一口氣使用或衝過頭。如此一來，你才不會影響到別人的既得利益。俟各種時機都臻成熟時，此刻，你已跳升到他們頂頭上，他們必要向你靠攏逢迎。情況發展至此，已不是如何避免樹敵的問題了，而是如何指揮、領導及激發他們的另一個組織上的問題。

六.不要塑造敵人

不論國與國的往來，或是人與人的相處，必然會因觀念、利益、教育、血源、個性的不同，而無法每個國家或每個人，都成為肝膽相照、生死與共的共同體。但是，有一個最根本的原則必須掌握住，不是朋友的，想辦法讓他跟你站在同一陣線；無法成為好友，也不要刻意變成敵人，讓他保持中立，雖幫不了你，至少也不會妨礙到你。

組織內部避免樹敵六大訣竅

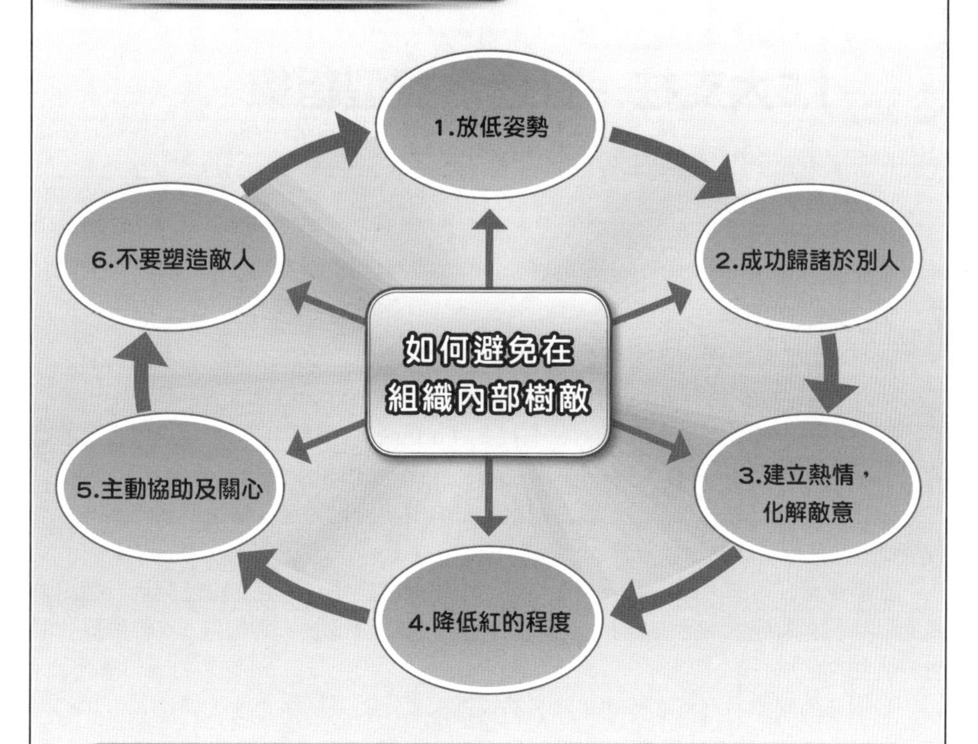

知識補充站

卡內基的人際關係學

一.處理人際關係的基本技巧：1.切莫批評、責難或抱怨；2.真心誠意地感謝，以及3.激發對方熱切的想望。

二.讓別人喜歡你的訣竅：1.真正對旁人感到興趣；2.保持微笑；3.能叫出對方名字；4.作個好的傾聽者；5.談對方感興趣的話題，引起他的注意，以及6.真心讓對方覺得受到重視。

三.如何讓旁人接受你的想法：1.避免爭論；2.對他人的意見表示尊重；3.坦白承認犯錯；4.永遠以友善的方式開始談話；5.蘇格拉底的智慧——儘量讓對方說是；6.讓對方暢所欲言，減輕抱怨；7.讓對方覺得點子是他們想出來的；8.嘗試以他人的觀點看待事情；9.以同理心推想旁人的想法和目標；10.訴諸對方崇高的目標；11.以戲劇化的方式呈現你的點子，以及12.當無計可施的最後一招時，就是提出挑戰。

四.如何改變他人卻不激怒對方：1.如果你一定要指出別人的錯誤，就永遠以讚美和感謝他人開始；2.以間接迂迴的方式指出錯誤；3.先談自己的錯誤；4.提出問題，而非下命令；5.保留對方的顏面；6.大方稱讚每一點進步以激勵對方；7.為對方建立好名聲，讓他必須名副其實；8.經常鼓勵好讓錯誤看起來很容易改正，以及9.讓人心甘情願地做你想要他們做的事，就是讓對方做他想做的事。

Unit 3-22 5大支柱，打造敏捷型組織

用來描述企業經營環境的本質：

・波動性：變化速度變快

・不確定性：缺乏可預測性

・複雜性：因果關係互相關聯

・模糊性：誤判的風險增大

競爭、需求，技術和政策都在快速變化，迫使企業必須快速回應，做出調整。因此近年來，越來越多企業開始追求「組織敏捷性」（organizational agility）。

例如：人才顧問公司光輝國際最近針對《Fortune》2018年全球最受推崇企業進行調查，發現高達95%業者都把提升敏捷性當成公司策略上的優先要務。

敏捷性是什麼？最簡單的定義，是企業針對環境變化，進行快速偵測和回應，以維持或提升其市場地位的能力。

而麥肯錫公司則提出了更詳細的界定：「組織敏捷性」是面對瞬息萬變、模糊動盪的環境，快速調整策略、結構、流程、人員和科技，以獲得創造價值（和保護既有價值）機會的能力。

最重要的關鍵，真正敏捷的組織，必須既穩又快：兼具穩定性（韌性、可靠和有效率）和活動力（快速、靈活、能適應）。

	1.策略	2.結構	3.流程	4.人員	5.技術
特徵	引領企業的北極星	自主團隊組成的網絡	快速的政策和學習週期	激發熱情的用人模式	下一代的賦能科技
敏捷模式的實踐措施	・共同的目的和願景 ・偵測和發掘機會 ・靈活的資源配置 ・可執行的策略指示	・清楚的扁平架構 ・明確、可問責的角色 ・實際參與的治理 ・強大的實務社群 ・積極的夥伴關係和生態系 ・開放的實體和虛擬環境 ・特定用途的績效小組	・快速疊代和實驗 ・標準化的工作方式 ・績效導向 ・資訊透明 ・持續不斷學習 ・行動導向的決策	・高凝聚力的社群 ・共享的、僕人式的領導 ・創業的動力 ・角色流動	・不斷演進的技術架構、系統和工具 ・下一代的技術開發和交付

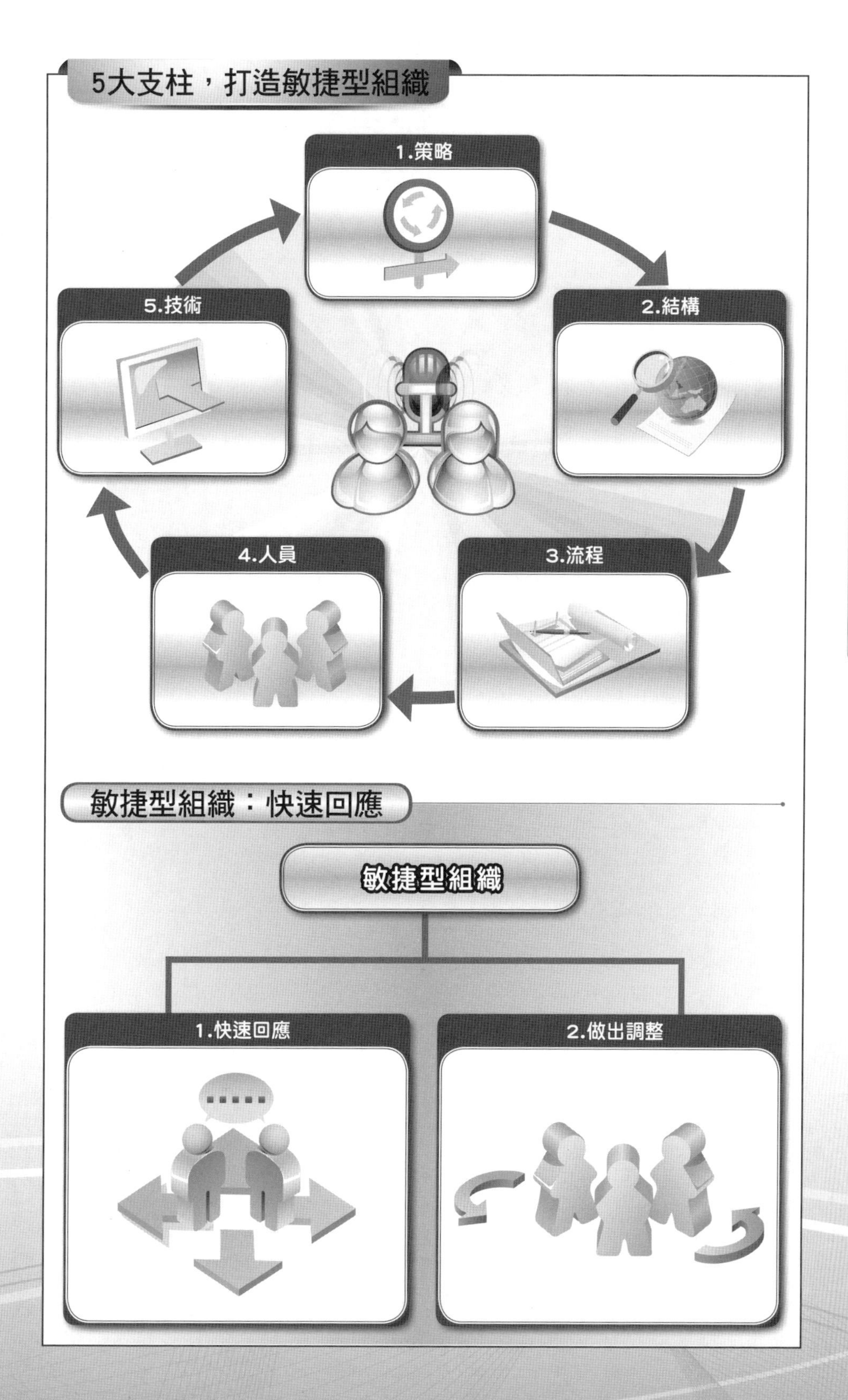
5大支柱，打造敏捷型組織
1.策略
2.結構
3.流程
4.人員
5.技術
敏捷型組織：快速回應
敏捷型組織
1.快速回應
2.做出調整

第4章

規劃

章節體系架構 ▼

Unit 4-1 規劃的特性及好處

我們常聽到很多規劃種類，舉凡生涯規劃、理財規劃、節稅規劃、營運規劃等，從自然人到法人，無不需要規劃，有了規劃意味著會是一個好的開始。

這表示規劃乃是「未雨綢繆」、「謀定而後動」之意，從企業管理來看，擬定一套良好的規劃，可使管理者在面對多變的環境時，能具有主動影響未來的能力，而不是被動地接受未來。

一.規劃的基本特性

從管理觀點來看，規劃（Planning）乃代表一種針對未來所擬定採取的行動，進行分析與選擇的程序，包含：定義組織目標、建立整體策略，以及發展全面性的計畫體系，來整合與協調組織的活動。基本上，規劃具有以下特性：

(一)基本性：規劃乃係管理循環之首先步驟，規劃做不好，接下來的組織領導、協調、考核等就會有所偏差，可見規劃乃是管理之基本。

(二)理性：規劃是全憑事實客觀根據，經過科學化與邏輯性分析、評估所形成，可說是相當理性而不夾雜人情或情緒。

(三)時間性：規劃具有時間性之構面，此乃係指規劃應具有時效性與優先次序之考量。

(四)繼續性：規劃要前後連貫，不可中斷或分歧；有一套短、中、長期持續規劃，才能發揮其累積的效用。

(五)前瞻性：規劃如果不能掌握前瞻特性，在面對大好機會時，可能因此無法先搶占市場，而錯失商機。

二.規劃的好處

企業可透過規劃研擬的過程中，進一步地開發新的商機和擬定策略，也可藉此防止封閉思維、協助企業及早因應可能的風險。因此善於規劃的企業，將可能蒙受以下潛在益處：

(一)使管理階層能有效適應環境之改變：規劃能提供環境變化的立即訊息供高階人員參考，使其能思考對策方案，以使高階管理有效掌握環境之動態演變。

(二)可增進成功之機會：規劃針對環境演變而提出因應之選擇方案及執行步驟，亦即面對動態，也能不出其掌握範圍內，因此，可增進企業各方面成功之機會。

(三)可促使各成員關注組織的整體目標：平常各部門只忙於各自目標，對於公司整體目標未所知悉，也無暇顧及，因此可能會損害整體績效。因此，乃有賴於企劃單位做好整體目標之規劃，促使各成員關注組織之整體目標。

(四)有助於其他管理功能之發揮：有了第一步的規劃，爾後之執行、督導、激勵與考核等管理過程，才能有一個根據遵循依憑，故會有助其他管理功能之發揮。

規劃的特性及好處

規劃五大基本特性

1.規劃的必要性

2.規劃要具理性與邏輯性

3.規劃要有時間觀念

4.規劃要有連貫性

5.規劃要有前瞻性

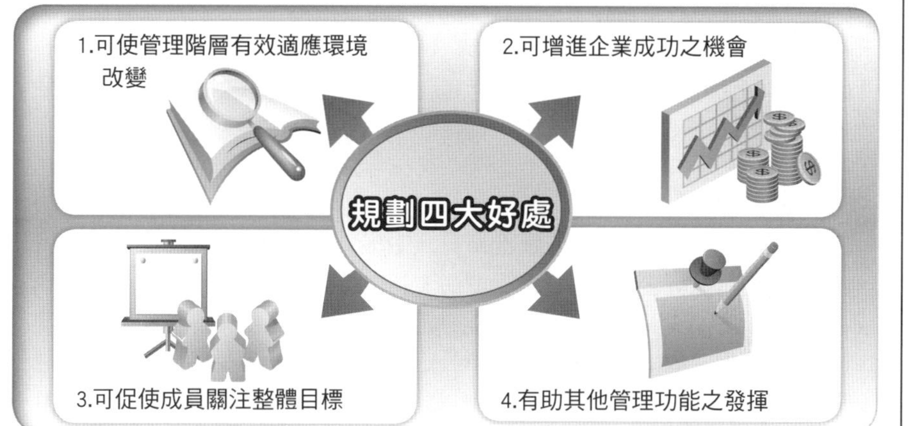

知識補充站

何謂企業資源規劃？

企業資源計畫或稱企業資源規劃，簡稱 ERP（Enterprise Resource Planning），是由美國著名管理諮詢公司Gartner Group Inc.於1990年提出的，最初被定義為應用軟體，但迅速為全世界商業企業所接受，現已經發展成為現代企業管理理論之一。

企業資源計畫系統，是指建立在資訊技術基礎上，以系統化的管理思想，為企業決策層及員工提供決策執行手段的管理平臺。企業資源計畫也是實施企業流程再造的重要工具之一，是個屬於大型製造業所使用的公司資源管理系統。

Unit 4-2 規劃的原因及程序

企業面對多變的市場，稍有疏忽，便成為落後者。常言道：「機會是留給準備好的人」，因此善於規劃的企業便能掌握市場脈動，這也是近幾年規劃興起的原因。

一.規劃功能採行因素

數年來，企劃的精神在實務上廣泛被使用，主要植基於以下六因素：

(一)企業不再是完全受市場宰割的無力羔羊：企業若能善用成員之腦力，包括積極冒險精神及冷靜分析能力，不僅能夠適應並跟隨趨勢，尚能創造有利局勢。

(二)技術革新的採用率大大提高：第二個因素是技術革新，在各行各業採用成功的比率大大提高，所以為了競爭，不得不及早計畫未來。

(三)企管工作愈來愈複雜：因此不能不多做規劃。尤其企業規模擴大，產品線及市場區隔日益多角化，所以必須依賴團隊的計畫、執行及控制，才能順利運作。

(四)同業競爭壓力滋長不息：同業競爭壓力，促使企業必須妥善計畫未來，不可坐以待斃。

(五)環境變化及社會責任：企業經營的生態愈來愈複雜、企業社會責任日受重視等，均使企劃分析日益重要。

(六)決策時間幅度愈來愈長：長期性規劃的系列性甚屬重要。因此，企劃工作成為企業經營管理的首要機能。

二.規劃程序

有關規劃程序（Planning Procedure），茲概述如下：

(一)界說企業之經營使命：此經營使命，乃在說明企業所能提供社會與客戶之效用或服務。有此經營使命之後，企業才能確定本身的生存理由與發展方向。

(二)設定目標：依據經營使命，必須設定企業想達成的各種目標，以為努力之指標。

(三)進行有關環境因素之預測：一企業要有效達成設定之各目標，必受到環境因素影響頗大，因此，必須努力減低對環境之依賴性，並進行評估與預測，此包括經濟景氣、消費者變化、市場競爭、政治社會之改變等。

(四)評估本身資源條件：要認真評估自己所擁有之資源條件是否足以支持所設目標、手段與方法；否則眼高手低，目標必然無法順利達成，而且徒然浪費資源。

(五)發展可行方案：目標確立、條件充足之後，再來要研訂幾套不同的可行方案，供為決定最適方案。當然，執行的結果或許會有差異，必要時應以備案支援。

(六)實施該計畫方案：經慎思擇定之計畫方案，便要全力投入，不可半途而廢、虎頭蛇尾，或是同時分散力量，做太多計畫方案。

(七)評估修正及再出發：針對執行之結果，必須評估其成效如何，有必要更改處，應予修正，以符實際需要，並創造更可觀之績效。

規劃的原因及程序

企業採行規劃六大原因

1. 企業不再成為無力羔羊
2. 技術創新大大提高
3. 企管工作日益複雜
4. 同業競爭壓力大
5. 企業環境日益複雜且變化大
6. 決策時間愈來愈長

規劃七大程序

1. 界說企業經營使命
2. 設定目標
3. 進行環境因素預測
4. 評估本身資源條件
5. 發展可行方案
6. 實施計畫方案
7. 評估、修正及再出發

知識補充站

如何進行環境預測

企業擬定規劃之前的市場環境預測，實屬必要。但如何進行呢？即是運用因果性原理和定性與定量分析相結合的方法，預測國內外的社會、經濟、政治、法律、政策、文化、人口、科技、自然等環境因素的變化，對特定的市場或企業的生產經營活動會帶來什麼樣的影響（包括威脅和機會），並尋找適應環境的對策。

Unit 4-3 目標管理的優點及推行

「目標管理」一詞最早於1954年，由管理學之父彼得．杜拉克（Peter Drucker）所寫的《彼得・杜拉克的管理聖經》（*The Practice of Management*）一書中出現的，目前已從當初的觀念漸漸落實到成為一種技術。

可見目標管理已是企業必然的管理趨勢，將目標管理有系統的應用於企業內，必可獲得很好的效果。

一.目標管理的意義

所謂目標管理（Management by Objective, MBO），是以團隊精神為根本，以提高績效為導向。擬達成向上目標，必須全員集思廣益，貢獻力量。因此唯有主管充分授權，造就民主參與氣氛，才能實現。

基本上，目標管理具有以下涵義：1.它設定要求目標，各級單位均應以此目標為達成使命；2.它強調有手段、有計畫、有方法的去達成，而非漫無方式；3.在設定目標過程中，充分讓部屬參與意見溝通，以及4.它具有考核獎懲的後續作為，而非做多少算多少。

二.目標管理的優點

依據管理學家的研究，一個有目標的人，其成就通常比沒有目標的人為高。因此目標管理對於企業界提振工作效率，有相當重要的影響。其優點如下：1.讓屬下有目標可循；2.讓部屬參與訂定目標，可幫助目標之有效執行；3.目標成為考核之依據，也是賞罰分明之判斷，有助公正、公開、公平之管理精神建立；4.有助發掘優秀人才；5.目標管理有助於授權與分權之徹底落實；6.讓部屬自己管理自己，建立單位主管擔當責任，並賦予權力的良性組織氣候，以及7.透過以上優點，可有助於高階主管與其部屬間之合作共識。

三.目標管理之推行

為使目標管理之有效推展，應包括以下步驟：1.清晰說明公司採行MBO之目的何在；2.明列實施MBO之部門與單位；3.釐清在MBO中各部門之權責關係；4.明列各部門及單位應完成之目標責任；5.明列實施MBO之時程進度，以及6.明列獎懲措施並定期考核。

四.預算管理是核心

對國內大型企業或上市上櫃公司而言，在執行目標管理的落實上，經常採用的方法就是年度預算、季預算或月預算的目標設定及追蹤考核，而這些財務預算包括了營業收入、營業成本、營業費用及營業淨利等在內。因此「預算管理」可說是目標管理的核心。

目標管理

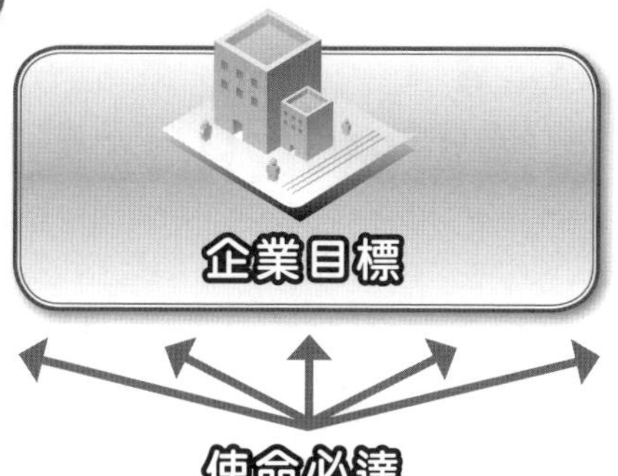

使命必達

目標管理六大優點

1.讓屬下有目標可循

2.目標可成為考核及賞罰依據

3.有助授權與分權之貫徹

4.有助發掘優秀人才及優秀單位

5.有助公司營運績效提升

6.有助企業競爭力提升

目標管理的核心

在實務上，「預算管理」是目標管理日常執行的核心焦點。

知識補充站

預測哪些市場環境呢？

例如：人口總量和人口結構的變化，對產品的需求會帶來哪些影響；人口老齡化意味著什麼商機；產業政策、貨幣政策、就業政策、能源政策等調整，對企業的生產經營活動有何影響，應如何利用這些政策；國際政治動盪、經濟危機、地區衝突對國內企業有何衝擊，應採取哪些對策等，都是市場環境預測的具體內容。

Unit 4-4 企劃案撰寫5W/2H/1E原則 Part I

當撰寫任何一個企劃案時，必須審慎思考及注意企劃案內容與架構，是否已包含5W/2H/1E的精神及內涵。由於本主題內容豐富，故分Part I 與Part II 兩單元介紹。

一.What：何事、何目的、何目標

首先要注意這次企劃案撰寫的最主要核心目的、目標及主題為何，而且一定要界定得相當清楚明確，範圍也不能太大。因此，當主題、目的、目標確立之後，就可以環繞在這個主軸上，展開企劃案的架構設計、資料蒐集、分析評估及撰寫工作了。

二.How：如何達成

再來，就是你要陳述如何達成前面提到的企劃案的主題、目的與目標。在這個階段要特別注意到：1.有哪些假設前提？2.這些假設前提，有何客觀科學數據支持？3.這些客觀科學數據的來源及產生，又是如何？4.要如何說服別人相信這些想法與作法，是可以有效達成的？以及5.是否能展現一些創新與突破，而不是只有傳統作法？

三.How Much：多少預算

大部分的企劃案，一定都要有數字出現，不能只有文字。因為任何企劃案，最後都要付諸執行；只要是執行，就一定會有預算出現。因此，How Much是一個企劃案的表現重點之一。因為，很多決策必須依賴最後數字，才能做決策；否則沒有客觀數據分析為基礎，常無法做決策或誤導成錯誤的決策。在預算方面，包括營收、成本、資本支出、管銷費用、人力需求、廠房規模、損益以及資金流量等預算預估。

四.When：何時計畫與安排

這個階段一定要陳述計畫的執行時程安排如何？包括何時開始正式啟動？何時應該依序完成哪些工作項目？最後總完成時間大概何時？假設某銀行信用卡部門將推出新上市的信用卡行銷活動，因此必須列出信用卡新上市所有工作時程表，包括卡片設計、審卡、記者會、廣告CF上檔、促銷活動、新聞報導、贈品採購、業務組織與推展、客服中心等數十個工作事項，均應列入工作時程表內，然後依時程全面展開工作。因此，企劃案中的時間點，應該非常明確。

五.Who：組織配置

一個企劃案沒有人力組織，就無法執行。因此，企劃案中對於將來執行本案的組織、人力及相關配置需求，也要說明清楚。這包括公司內部既有的組織與人力，以及外部待聘的組織及人力。特別是一個新廠擴建案，必然會帶動新組織與新人力需求的增加。在這個階段，應該注意到必須專責專人來負責特別的企劃案，這樣權責一致，才能有效推動任何的企劃案。

企劃案撰寫八大原則

企劃案內容撰寫的重要原則

1.What

做何事？何目的？何目標？何主題？

- 當主題、目的、目標確立之後，就可以環繞在這個主軸上，展開企劃案的架構設計、資料蒐集、分析評估及撰寫工作。

2.How

如何做？如何讓人相信是可以達成的？

- 有哪些假設前提？
- 這些假設前提，有何客觀科學數據支持？
- 這些客觀科學數據的來源及產生，又是如何？
- 要如何說服別人相信這些想法與作法，是可以有效達成的？
- 是否能展現一些創新與突破，而不是只有傳統的作法？

3.How Much

要多少預算、要花多少錢？

- 包括營收預算、成本預算、資本支出預算、管銷費用預算、人力需求預算、廠房規模預算、損益預算及資金流量預估等。

4.When

何時做？時程計畫安排為何？

- 何時開始正式啟動？何時應該依序完成哪些工作項目？最後總完成時間大概何時？

5.Who

何人做？哪些組織、人力及配置？

- 包括公司內部既有的組織與人力，以及外部待聘的組織及人力。

6.Where

何地做？國內或國外？單一地或多元化？

7.Why

為什麼要這麼做？

8.Evaluation

評估有形或無形的效益

Unit 4-5 企劃案撰寫5W/2H/1E原則 Part II

由前文Part I 我們得知，一份完整周詳的企劃案撰寫，是要考慮到各種面向，缺一不可；事實上，這也是理所當然的。

試想如果紙上作業都不完善了，哪來具體執行的可能呢？以下我們繼續介紹其他三種原則。

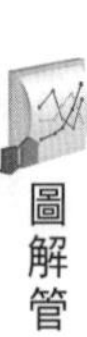

六.Where：何地

這個階段必須對企劃案內容的地點加以說明，究竟其中所涉及到的地點是在國內或國外，單一地點或多元地點。例如：某電子廠到大陸投資生產，其據點可能包括上海、昆山、深圳等多個地點；再如：很多公司提到要全球布局及全球運籌，那麼究竟要在哪些國家及城市，設立生產據點、研發據點、物流倉庫、採購據點或行銷營業中心呢？

七.Why：為何

企劃案撰寫中，經常要自己問自己很多的Why。唯有能夠很正確有力的答覆Why，企劃案才不會怕別人的挑戰與批評。例如：撰寫企劃案後，常會被人挑戰說：1.為什麼對產業成長數據如此樂觀預估？2.科技變化的速度是否列入考慮了？3.競爭者難道不會取得核心技術能力？4.美國經濟環境會如期復甦嗎？5.自身的核心競爭力已是對手難以追上的嗎？以及6.市場需求會有跳躍式的成長嗎？

為了回答這一連串的Why，企劃人員必須很深入的做好產業分析、市場分析、競爭者分析、顧客分析、自我分析、科技分析、法令分析及外部政經環境分析。

企劃人員如果真能掌握這些複雜的分析情報，那麼在撰寫企劃案中，將對How如何達成目標的問題，更加有自信與看法。

八.Evaluation：效益評估

企劃案最後一個重要原則，必須對本案的效益評估做出說明，以作為結論引導。對企業的效益可以區分為「有形效益」及「無形效益」兩種：

(一)有形效益：指的是可以明確衡量的效益。例如：帶動營收額增加、獲利增加、市占率上升、生產成本大幅下降、股價上升、顧客滿意度上升、品牌知名度上升、組織人力精簡、資金成本降低、生產良率提高、專利權申請數增加、關鍵技術突破順利上線等。

(二)無形效益：指的是難以用立即呈現眼前的數據衡量。例如：1.策略聯盟所帶來的戰略效益；2.企業形象變好，對企業銷售的無形助力；3.技術研發人員送國外受訓，其所增加的研發技術與知識的潛在增加；4.公益活動所帶來的社會良好口碑與認同，以及5.出國考察參訪及見習所感受到的創新、點子與模仿。

企劃案撰寫八大原則

企劃案內容撰寫的重要原則

1.What

做何事？何目的？
何目標？何主題？

2.How

如何做？如何讓人相信是可以達成的？

3.How Much

要多少預算、要花多少錢？

4.When

何時做？時程計畫安排為何？

5.Who

何人做？哪些組織、人力及配置？

6.Where

何地做？國內或國外？單一地或多元化？

- 國內或國外？
- 單一地點或多元地點？
- 全球布局時，究竟要在哪些國家及城市，設立生產據點、研發據點、物流倉庫、採購據點或行銷營銷中心呢？

7.Why

為什麼要這麼做？

- 為什麼對產業成長數據如此的樂觀預估？
- 科技變化的速度是否列入考慮了？
- 競爭者難道不會取得核心技術能力？
- 美國經濟環境會如期復甦嗎？
- 自身的核心競爭力已是對手難以追上的嗎？
- 市場需求會有跳躍式的成長嗎？

8.Evaluation

評估有形或無形的效益

▶ 有形效益：指的是可以明確衡量的效益。例如：帶動營收額增加、市占率上升、生產成本下降、顧客滿意度上升、品牌知名度上升、組織人力精簡、生產良率提高等。

▶ 無形效益：指的是難以用立即呈現眼前的數據衡量。例如：

- 策略聯盟所帶來的戰略效益。
- 企業形象變好，對企業銷售的無形助力。
- 技術研發人員送國外受訓，其所增加的研發技術與知識的潛在增加。
- 公益活動所帶來的社會良好口碑與認同。
- 出國考察參訪及見習所感受到的創新、點子與模仿。

Unit 4-6 企劃案撰寫步驟 Part I

企業內部每天都在營運，有些是固定工作（Routine Work），有些是會面臨變化與挑戰，有些則是要思考較長遠未來的工作。但不管如何，都要做企劃。而企劃案的點子從哪裡來？撰寫時有哪些步驟？由於內容豐富，分三單元介紹。

一.企劃案的來源

通常企劃案來源的管道，並不是單一，而是多元，這種多元的管道大致有三種：

(一)老闆（董事長或總經理）交代的：老闆的人際關係比底下的人多且廣，每天接觸不少高層次的人，他的想法與點子，自然比員工更快、更廣與更多。尤其董事長制，一人發號施令的公司，更是如此。不過，也不能太多；否則底下的人會疲於奔命，分散力量，變成在應付老闆個人化的需求或是難以達成的要求。

不過，總結來看，老闆有點子、有想法，終是好事，總比沒有的平庸老闆強些。我們看看今日有成的企業，像廣達電腦、仁寶電腦、華碩電腦、鴻海精密、台積電、宏碁、東森媒體、聯發科、台塑、統一食品、中國信託、統一超商、遠東集團、奇美集團、國泰金控、星巴克、台灣大哥大、裕隆汽車、聯電等企業最高負責人，都是滿腦子充滿點子、想法與遠見的企業家。

(二)部門主管交代的：各部門主管在各自工作崗位上，每天必然會有做不完的事，舊的過去了，新的任務與挑戰又來。因為要使企業部門永保第一，那是要比別人花費更多時間與精力，做更多、更強、更快與更好的事。因此，企業的功能，可以說是冬去春又來，永不止息。很多戰術層次的企劃案，都是由部門主管或上級主管交辦的。

(三)專責企劃部門提出的：一般中大型公司通常都會設置綜合企劃部門或經營企劃部門或其他類似名稱的部門，專責從事各種層次與層面的分析專案、企劃案或評比專案等，因為他們的工作就是負責各種企劃案的研究提報。

二.界定明確問題

有了案子來源以後，企劃人員必須先界定或明確企劃案的主題及問題是什麼，你才能對症下藥。企劃人員必須不斷問自己：1.問題是什麼？2.真的是問題嗎？背景如何？3.會影響多大層面與程度？4.是大問題還是小問題？5.多久之後才會產生影響？是即刻影響？不久後影響？還是要很久後才會影響等問題，唯有先界定已明確存在的問題，才能有效尋求解決方案或是接著繼續撰寫未完成的企劃案。

不過，從另一個角度看，有時界定問題與明確問題，也不是一件簡單的事。因為有些問題，確實難以界定、估計或判斷，因為這些問題可能仍很混沌，難以估計，或是太複雜。此時企劃單位的企劃人員，必須找公司內部其他部門的專業人員，共同加入企劃案的撰寫與分析討論，或是求助於外部專業人才。萬一無法百分之百界定明確問題時，仍要持續進展下去，到某個階段時，問題也許會更清晰。

企劃案的來源

1.老闆交代的

- 老闆的人際關係比底下的人多且廣，每天接觸不少高層次的人，他的想法與點子，自然比員工更快、更廣與更多。
- 尤其董事長制，一人發號施令的公司，更是如此。
- 不過，也不能太多；否則底下的人會疲於奔命，分散力量，變成在應付老闆個人化的需求或是難以達成的要求。

2.部門主管交代的

- 要使企業部門永保第一，就要比別人花費更多時間與精力，做更多、更強、更快與更好的事情。因此，企業的功能，可以說是冬去春又來，永不止息。
- 很多戰術層次的企劃案，都是由部門主管或上級主管交辦的。

3.專責企劃部門提出的

- 一般中大型公司通常都會設置綜合企劃部門或經營企劃部門或其他類似名稱的部門，專責從事各種層次與層面的分析專案、企劃案或評比專案等。

界定問題・明確問題

1.問題是什麼？
2.真的是問題嗎？背景如何？
3.會影響多大層面與程度？
4.是大問題還是小問題？
5.多久之後才會產生影響？是即刻影響？不久後影響？還是要很久後才會影響？

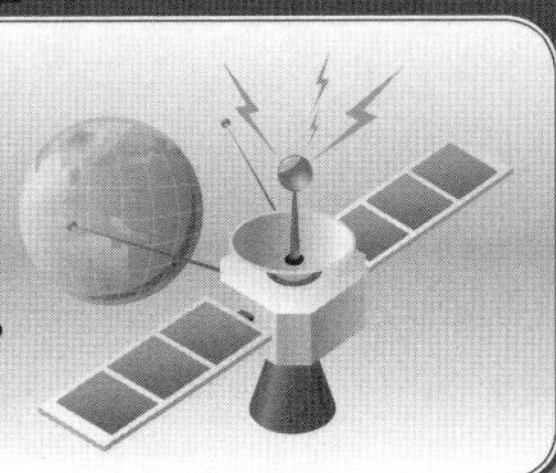

知識補充站

大陸進口產品對臺灣會有何影響？

【案例】上級交代研究中國大陸進口的速食麵或是啤酒或是家電產品，它們會影響本國廠商的營運與市場嗎？

【問題界定】大陸低價產品對臺灣本土產品是否會造成影響？這的確是一個問題。但是，影響到哪些層面？影響力多大？時間多久會開始發酵影響？我們又如何因應呢？我們該打哪些行銷戰？或是與狼共舞合作呢？

Unit 4-7 企劃案撰寫步驟 Part II

前文Part I 提到了撰寫企劃案兩個基本步驟，即企劃案來源與界定明確問題後，接著介紹擬定內容及其依據。

三.架構綱要項目

研擬企劃案的架構綱要，這是在主題及目的界定清楚後，首先要做的工作有以下幾種：1.你會知道要蒐集哪些資料對應所要撰寫的內容，因為你要把這些資料填進各項架構綱要裡面；2.有了架構綱要後，不會不知如何著手；3.有架構綱要才知道這個企劃報告的分工分組撰寫的協調。一個企劃人員絕不可能獨立完成一個超大案，尤其案子涉及財務預測、工程技術或第一線業務戰況時，作為幕僚角色的企劃就必須透過專業與分工後，最後才能組合完成報告，以及4.有架構綱要後，才會有助於未來在撰寫企劃報告時，發現內容項目上的有所遺漏或不足。

四.蒐集資料

資料的蒐集，可區分公司內外部及原始／次級資料兩類，四種資料來源：

(一)公司內部資料：包括公司各部、室、處、廠等一級單位，都是取得內部資料的來源。例如：要業績資料，就跟業務部拿；要生產資料，就跟生產部拿。

(二)公司外部資料：這包括國內及國外的資料來源。例如：產業、技術、市場、競爭者、產品、工程及法令等外部資料內容。

(三)原始資料：透過民調、市調、訪談、觀察、試驗等所得到的第一手資料，不是參考別人的，這就是原始資料。例如：某家公司想推出一項新產品或新服務時，並不太能掌握市場接受度比例多少，因此可能必須委外市調，以得到較為科學的統計數字。

(四)次級資料：指經由國內外網站搜尋下載，或經由國內外報紙、雜誌、專刊、研究報告、公開年報、公司簡介、政府出版品、公會出版品等二手管道所得到的資料。

五.資料的整理、過濾與運用

資料蒐集之後，必須進行資料的整理、過濾與運用，將有用要用的資料留下，並運用到企劃案的相關內容。此項工作，看似簡單，其實不易。因為這涉及到每個人「判斷」能力有所不同。因此，企劃人員必須具有判斷能力，才能夠在紛亂而多的文字資料及數據資料，抓出想要的資料，並且用到企劃案上。現在不少進步的企業，大都把公司各部門的重要事項資料都上傳到公司的網站（B2E），供全體員工輸入密碼，進入查詢，而有些機密資料，只有特定的人才能讀取。

架構企劃案綱要的好處

為何要先擬定企劃案綱要

1. 你會知道要蒐集哪些資料對應所要撰寫的內容。
2. 有了架構綱要後，不會不知如何著手。
3. 有了架構綱要才知道這個企劃報告的分工分組撰寫的協調。
4. 有助於未來在撰寫企劃報告時，發現內容項目上的有所遺漏或不足。

資料蒐集管道

公司內外部區分

1.公司內部資料

- 財務部
- 研發部
- 資訊部
- 採購部
- 業務部
- 生產部
- 客服中心
- 海外據點

2.公司外部資料

- 上游供應商
- 下游供應商
- 同業
- 銀行
- 學術單位
- 證券公司
- 國外各種單位
- 研究機構
- 政府單位

原始／次級資料區分

1.原始資料

- 民調、市調
- 當面訪談
- 焦點團體座談會
- 現場觀察
- 試驗

2.次級資料

- 出版品
- 專書
- 報紙
- 公開年報
- 研究報告
- 期刊
- 雜誌
- 專刊

知識補充站

企劃人員應有的特色

坦白說，要架構一個大企劃案的綱要項目，也不是每個企劃人員輕易做得到的，而是需要幾項特色：1.必須有長時間的企劃經驗；2.必須具備的學理知識與一般知識；3.必須有戰略性的視野與思路，凡事可從高、寬、深來看，這是一種企劃內功的歷練，不是一蹴可幾的；4.必須能夠即刻掌握重點、看清問題與解決問題的特殊秉賦及特有的專長與興趣，以及5.別人過去的智慧結晶，應多加見習與運用。因此企劃人員可多參考一些過去成功的企劃案，從中有所學習。

Unit 4-8 企劃案撰寫步驟 Part III

前文介紹企劃案的擬定架構及數據依據，再來要說明點子的發起及決策執行。

六.提出可行解決方案及好創意

除了上述之外，還要針對企劃案提出解決問題的可行方案以及創意好點子。這是企劃案的靈魂核心所在，當然也是最困難的部分。例如：大陸八吋晶圓代工即將完工生產，此對臺灣的八吋晶圓代工者將會產生更大競爭力不足的問題。那麼，公司有何可行解決方案？可行方案通常可以是唯一的一種，但也可能是多個可行方案，須待最高層決策者拍案選定。實務上，企劃人員應該多提一些不同角度、不同花費與不同結果的可行方案給最高經營者，他才能從各種觀點做最後決定。

七.展開跨部門小組討論後修正

當企劃案撰寫完成後，或是完成組合各部門的撰寫資料後，應該跟著召開跨部門或跨小組的討論會。針對企劃案內容、數據的正確性、方案可行性或尚缺哪些報告內容，集體開會一、二次，並進行必要修正。然後形成共識，並爭取其他部門共同支持本案。有些企劃人員常悶頭寫，但沒有經過跨部門討論而受批評，這是必須注意的。

八.向最高決策者提報討論修正及定案

經過跨部門討論後，即可安排向最高決策者進行專案提報，共同討論、辯論、修正，最後正式定案。依筆者經驗，最高決策者的決策風格有三種：

(一)權威式的決策風格：由我一人來做決策，底下都是奉令辦事。這種決策風格，雖然速度較快，但也冒了決策粗糙或可能失誤的風險。

(二)民主式的決策風格：由最高經營者找相關一級主管共同交換意見，各陳己見，可以容納不同的聲音，絕不是一言堂。

(三)民主中帶點權威決策感：這種決策風格也經常出現在國內本土企業。

九.展開執行

企劃案經最高決策者定案後，即依照計畫時程表，展開執行。執行是很重要的一環，有些案子企劃得很好，但執行起來，就有落差，並沒有完全按照當初規劃去做，使得企劃案的效果不佳，最後可能成為失敗的企劃案。另外，執行是跨部門行動，絕不能單靠企劃部，而是要結合每個部門不同專長的人才與分工，全面落實執行。

十.執行後隨即檢討修正策略與方案

執行一段時間後，應即展開檢討分析報告，到底是否為有效的企劃案？如否，哪裡出問題？如何改才有效？因此，再修正是必然的過程。企劃案就是能夠面對市場、產業與競爭者的激烈變化，而立刻自我調整，然後再出發，直到效果出現為止。

企劃案撰寫十大步驟

1.企劃案來源

- 老闆交代的
- 主管交代的
- 專責企劃部門所提出

2.界定問題，明確問題

3.架構綱要項目

4.蒐集資料

- 公司內部資料
- 公司外部資料
- 原始資料
- 次級資料

5.資料整理、過濾與運用

6.提出可行解決方案及創意好點子

7.展開跨部門、跨小組討論及修正

8.向最高決策者提報，討論、修正、定案

9.展開執行

10.隨時檢討、再修正計畫與策略

知識補充站

不得不的失序

在此先聲明，雖然連續三單元説明撰寫企劃案十大步驟及其注意要點，看來頗有次序的；但實務上，經常為了應付急迫的時間或老闆的限時指令，常會把這十大步驟急速壓縮成兩步併一步走，或者幾個步驟同時分頭進行，這也是迫不得已的狀況。

但不管再如何急迫，這些步驟及精神原則仍是存在的。對企業而言，時間就是代價與金錢，企劃案的時間，亦須配合公司的現實與競爭壓力，加以快速濃縮，這也是必要的。

Unit 4-9 企劃人員的基本技能與商管知識

就筆者多年來工作經驗及觀察顯示，企劃人員應具備學理知識與技能中，一般對於相關產業的知識與專業功能知識，比較熟悉而上手。對於一般化企劃技能及跨領域學理技能，就無法百分百勝任，有待加強。以下特別針對這兩點說明之。

一.「一般化」企劃技能

一般化企劃技能，是指在撰寫企劃案時，如何撰寫以及呈現企劃案的總體表現：

(一)組織能力：包括架構能力、組織結合能力、邏輯分析能力。你對於任何一種企劃案，是不是能夠很快的「組織架構」出整個企劃案撰寫內容綱要的邏輯、內容與順序？還是覺得毫無頭緒或紛亂雜陳？

(二)文字能力：包括文字撰寫能力、下標題能力。你是否具有無中生有或有中更美的文字撰寫能力與下標題能力？能讓企劃案看起來很順暢，重點明確，不必人家說明就能看得懂？

(三)蒐集能力：蒐集資料的能力。你是否具有各種包括公司內外部來源管道的資料蒐集能力？

(四)判斷能力：包括重點判斷能力、決策建議能力、替身角色扮演想像力。你是否對於蒐集到的資料，經過你或小組成員共同分析、討論後，能夠對企劃案撰寫重點有效掌握？並且對於報告內容的重要決策與方案，有能力提出建議或對策？

(五)工具能力：電腦美編作業軟體應用能力。你是否有能力使用包括Power Point簡報等電腦美編作業軟體？

(六)口語表達能力：簡報表達能力。你是否能很穩健、清晰、不會緊張的做企劃案口頭報告或簡報表達？

二.「跨領域」學理技能

有六大跨領域學理知識對企劃人員在企劃時會有助益，即：

(一)策略領域：對制定集團、公司或專業群總部之策略方向、目標、競爭策略與計畫步驟內容，會有助益。

(二)行銷領域：對如何創造公司營收成長的原因、方向、步驟、計畫，會有助益。

(三)經濟學領域：對產業結構、產業競爭、規模經濟等分析與規劃，會有助益。

(四)財會分析領域：對財務分析、會計報表分析、數據來源的前提假設與營運效益等分析，會有助益。

(五)企業經營與管理概念領域：對企業經營循環與管理循環之內容與計畫之分析、規劃，會有助益。

(六)國內外各種環境構面知識領域：掌握國內外競爭環境的變化，對擴大企劃案的思考架構及背景分析，會有助益。

一般化企劃六大技能

1.組織能力

・你對於任何一種企劃案，是不是能夠很快的「組織架構」出整個企劃案撰寫內容綱要的邏輯、內容與順序？

2.文字能力

・你是否具有無中生有或有中更美的文字撰寫能力與下標題能力？
・你是否能讓企劃案看起來很順暢，重點明確，不必人家說明就能看得懂？

3.蒐集能力

・你是否具有各種包括公司內外部管道來源的資料蒐集能力？

4.判斷能力

・你是否對於蒐集到的資料，經過你或小組成員共同分析、討論後，能夠對企劃案撰寫重點有效掌握？
・你是否對於報告內容的重要決策與方案，有能力提出建議或對策？

5.工具能力

・你是否有能力使用包括Power Point簡報等電腦美編作業軟體？

6.口語表達能力

・你是否能很穩健、清晰、不會緊張的做企劃案口頭報告或簡報表達？

六大跨領域學理知識之助益

學理知識

1.策略領域
對企劃人員制定集團、公司或專業群總部之策略方向、目標、競爭策略與計畫步驟內容，會有助益。

2.行銷領域
對企劃人員如何創造公司營收成長的原因、方向、步驟、計畫內容，會有助益。

3.經濟學領域
對企劃人員之產業結構、產業競爭、規模經濟等分析與規劃，會有助益。

4.財會分析領域
對企劃人員之財務分析、會計報表分析、數據來源的前提假設與營運效益等分析，會有助益。

5.企業經營與管理概念領域
對企劃人員之企業經營循環與管理循環之內容與計畫之分析、規劃，會有助益。

6.國內外各種環境構面知識領域
對企劃人員在掌握及分析國內外政治、經濟、法令、社會、文化、人口、結構、科技、競爭動態等環境變化，擴大企劃案的思考架構及背景分析，會有助益。

Unit 4-10 好的規劃報告要點

既然規劃意味著「未雨綢繆」、「謀定而後動」之意，那麼善於規劃的企業，就會蒙受有效適應環境改變、促使成員關注整體目標並增進企業成功機會等潛在益處。也就是說，好的開始就是成功的一半。那麼怎樣的規劃是好的呢？而一份好的規劃報告要包含哪些內容？以下歸納整理說明之。

一.什麼才是好的規劃

實務上，一份好的規劃必須包含十三個要點：1.案子能夠立即、有效解決公司當前的問題；2.案子能夠帶給公司獲利、賺錢的商機；3.案子能夠顯著及大幅度改善公司事業或產品戰略結構，並且影響深遠；4.案子具有可行性及可執行性；5.企劃案是能夠做對的事情，做出正確的事情；6.案子能夠解決公司面臨的重大危機，轉危為安；7.案子具有高度及全局的洞見思維；8.案子結構性完整、邏輯性嚴謹以及具有創新之作；9.案子能夠維繫公司領導地位與領先地位；10.案子能夠反敗為勝；11.案子能夠超越競爭對手；12.案子能夠持續強化公司的核心競爭力，以及13.案子能夠累積公司的無形資產價值，如形象案子能夠超越競爭對手、品牌案子能夠超越競爭對手、專利案子能夠超越競爭對手、智產權案子能夠超越競爭對手，以及顧客資料庫等。

二.規劃報告應備要點

有了以上縝密思考，確定案子的可行後，就要開始將思考的內容以書面報告呈現，著手撰寫規劃報告並付諸行動。完整的規劃報告內容應具備十七個要點：1.What：要做什麼、什麼目標與目的；2.Why：為何如此做，是何原因；3.Where：在何處做；4. When：何時做，何時完成；5.Who：誰去做，誰負責；6.How to Do：如何做，創意為何；7.How Much Money：要花多少錢做，預算多少；8.Evaluate：評估有形及無形效益；9.Alternative Plan：是否有替代方案及比較方案；10.Risky Forecast：是否想到風險預測、風險多大；11.Market Research：是否有進行市調、行銷研究；12.Balance Viewpoint：是否有平衡觀點，沒有偏頗；13.Competitive：是否具有贏的競爭力；14.How Long：要做多長；15.Logically：是否具合理性及邏輯性；16.Comprehensive：是否完整性及全方位觀，以及17.Whom：對象、目標是誰。

小博士解說

你的態度／形象如何呢？

簡報成功的關鍵可以歸納為內容、態度／形象和聲音三部分。試問哪項是簡報成功的關鍵？或許有人會說是內容囉！錯，我們辛苦準備的內容只占7%；簡報成功最主要的關鍵是態度／形象，占58%；其次是聲音，占35%。回想一下所謂的名嘴，那麼這層道理也就不說自明了。

好的規劃案要素及報告要點

好的規劃案十三要素

1. 案子能夠立即、有效解決公司當前的問題
2. 案子能夠帶給公司獲利、賺錢的商機
3. 案子能夠顯著改善公司事業或產品戰略結構
4. 案子具有可行性及可執行性
5. 企劃案是能夠做對的事情，做出正確的事情
6. 案子能夠解決公司面臨的重大危機，轉危為安
7. 案子具有高度及全局的洞見思維
8. 案子結構性完整、邏輯性嚴謹以及創新性
9. 案子能夠維繫公司領導地位與領先地位
10. 案子能夠反敗為勝
11. 案子能夠超越競爭對手
12. 案子能夠持續強化公司的核心競爭力
13. 案子能夠累積公司的無形資產價值

規劃報告十七要點

1. What：要做什麼、什麼目標與目的？
2. Why：為何如此做，是何原因？
3. Where：在何處做？
4. When：何時做，何時完成？
5. Who：誰去做，誰負責？
6. How to Do：如何做，創意為何？
7. How Much Money：要花多少錢做，預算多少？
8. Evaluate：評估有形及無形效益。
9. Alternative Plan：是否有替代方案及比較方案？
10. Risky Forecast：是否想到風險預測、風險多大？
11. Market Research：是否有進行市調、行銷研究？
12. Balance Viewpoint：是否有平衡觀點，沒有偏頗？
13. Competitive：是否具有贏的競爭力？
14. How Long：要做多長？
15. Logically：是否具合理性及邏輯性？
16. Comprehensive：是否完整性及全方位觀？
17. Whom：對象、目標是誰？

第5章

領導

章節體系架構

Unit 5-1 領導的意義及力量基礎

有人說「領導」是一種藝術，既是藝術，就要不斷學習；而藝術也千變萬化，各有特色。身為領導者要如何將多樣的團隊成員歸於一心，進而發揮每個團隊成員的才智，以匯集成一股力量，是領導者和成員都必須深思的問題。

真正的領導者，不一定是自己能力有多強，只要懂得信任、下放權力、尊重專業、珍惜其他成員的長處等，必能凝聚超越自己N倍的力量，從而提升自己及企業的身價。

一.領導的意義

管理學家對「領導」之定義，有些不同的看法。

戴利（Terry）認為：「領導係為影響人們自願努力，以達成群體目標所採之行動。」

坦邦（Tarmenbaum）則認為：「領導係一種人際關係的活動程序，一經理人藉由這種程序以影響他人的行為，使其趨向於達成既定的目標。」

而另一種對「領導」比較普遍性的定義是：「在一特定情境下，為影響一人或一群體之行為，使其趨向於達成某種群體目標之人際互動程序。」

換句話說，領導程序即是：領導者、被領導者、情境等三方面變項之函數。

用算術式表達：即為：$L=f(l, f, s)$

l: leader, f: follower, s: situation

二.領導力量的基礎

從管理學者對主管人員領導力量之來源或基礎，可含括以下幾種：

(一)傳統法定力量（Legitimate Power）：一位主管經過正式任命，即擁有該職位上之傳統職權，即有權力命令部屬在責任範圍內應所作為。

(二)獎酬力量（Reward Power）：一位主管如對部屬享有獎酬決定權，即對部屬之影響力也將增加，因為部屬的薪資、獎金、福利及升遷均操控於主管手中。

(三)脅迫力量（Coercive Power）：透過對部屬之可能調職、降職、減薪或解僱之權力，可對部屬產生嚇阻作用。

(四)專技力量（Expert Power）：一位主管如擁有部屬所缺乏之專門知識與技術，則部屬應較能服從領導。

(五)感情力量（Affection Power）：在群體中由於人緣良好，隨時關懷幫助部屬，則可以得到部屬之衷心配合之友誼情感力量。

(六)敬仰力量（Respect Power）：主管如果德高望重或具正義感，因此備受部屬敬重，而接受其領導。

領導的意義

領導力（Leadership） ＝ **領導者（leader）** ＋ **跟隨者（follower）** ＋ **情境（situation）**

領導力量六大基礎

1.傳統法定力量

一位主管經過正式任命，即擁有該職位傳統職權，即有權力命令部屬在責任範圍內應所作為。

2.獎酬力量

一位主管如對部屬的薪資、獎金、福利及升遷享有獎酬決定權，即對部屬之影響力也將增加。

3.脅迫力量

透過對部屬之可能調職、降職、減薪或解僱之權力，可對部屬產生嚇阻作用。

4.專技力量

一位主管如擁有部屬所缺乏之專門知識與技術，則部屬應較能服從領導。

5.感情力量

隨時關懷幫助部屬，則可以得到部屬之衷心配合之友誼情感力量。

6.敬仰力量

主管如果德高望重或具正義感而使部屬對他敬重，而接受其領導。

知識補充站

影響作用之表現方式

領導者要如何才能完全發揮其領導效能，除了有上述基礎外，尚有以下方式可資運用：1.身教：以身作則，言行如一，成為部屬模仿的典範，所謂身教重於言教、言教不如身教，即為此意；2.建議：提出友善的建議，期使部屬改變作為；3.說服：必須以比建議更直接的表達方式，具有某些壓力或誘因，以及4.強制：具體化的壓力，此乃不得已的下下策之手段。

Unit 5-2 領導三大理論基礎

管理學者對領導之看法，曾提出三大類的理論基礎，茲概述如下，提供參考。

一.領導人「屬性理論」或稱「偉人理論」

此派學者認為成功的領導人，大多由於這些領導人具有異於常人的一些特質屬性，包括：外型、儀容、人格、智慧、精力、體能、親和、主動、自信等。當然也有其缺失，即：1.忽略被領導者的地位及其影響；2.屬性特質很多，相反的屬性也有成功的事例，因此，對於到底哪些屬性是成功屬性很難確定；3.各種屬性之間，難以決策彼此之重要程度（權數），以及4.這種領袖人才是天生的，很難描述及量化。

二.領導行為模式理論

此派學者認為領導效能如何，並非取決領導者是怎樣一個人，而是取決於他怎樣做，也就是他的行為。因此，行為模式與領導效能就產生了關聯，其類型如下：

(一)懷特與李皮特的領導理論：即指權威式領導、民主式領導，以及放任式領導。

(二)李氏的工作中心式與員工中心式理論：管理學者李克將領導區分為兩種基本型態：1.以工作為中心：任務分配結構、嚴密監督、工作激勵及依詳盡規定辦事，以及2.以員工為中心：重視人員的反應及問題，利用群體達成目標，給員工較大裁量權。依其實證研究顯示，生產力較高的單位，大都以員工為中心；反之，則以工作為中心。

(三)布萊克及墨頓的管理方格理論：此係以「關心員工」及「關心生產」構成領導基礎的二個構面，各有九型領導方式，故稱之為管理方格，即：1-1型：對生產及員工關心度均低，只要不出錯，多一事不如少一事；9-1型：關心生產，較不關心員工，要求任務與效率；1-9型：關心員工，較不關心生產，重視友誼及群體，但稍忽略效率；5-5型：中庸之道方式，兼顧員工與生產，以及9-9型：對員工及生產均相當重視，既要求績效，也要求溝通融洽。

三.情境領導理論

費德勒提出他的情境領導理論，其情境因素有三：1.領導者與部屬關係：部屬對領導者信服、依賴、信任與忠誠的程度，區分為良好及惡劣；2.任務結構：部屬工作性質，清晰明確，結構化、標準化的程度區分為高與低，例如：研發單位的任務結構與生產線的任務結構，就大不相同，後者非常標準化及機械化，前者就非常重視自由性與創意性，而且也較不受朝九晚五約束，以及3.領導者地位是否堅強：此係指領導主管來自上級的支持與權力下放之程度，區分為強與弱，愈由董事長集權的企業，領導者就愈有地位。將這三項情境構面各自分為兩類，則將形成八種不同情境，對其領導實力各有其不同的影響程度。

領導理論及基礎

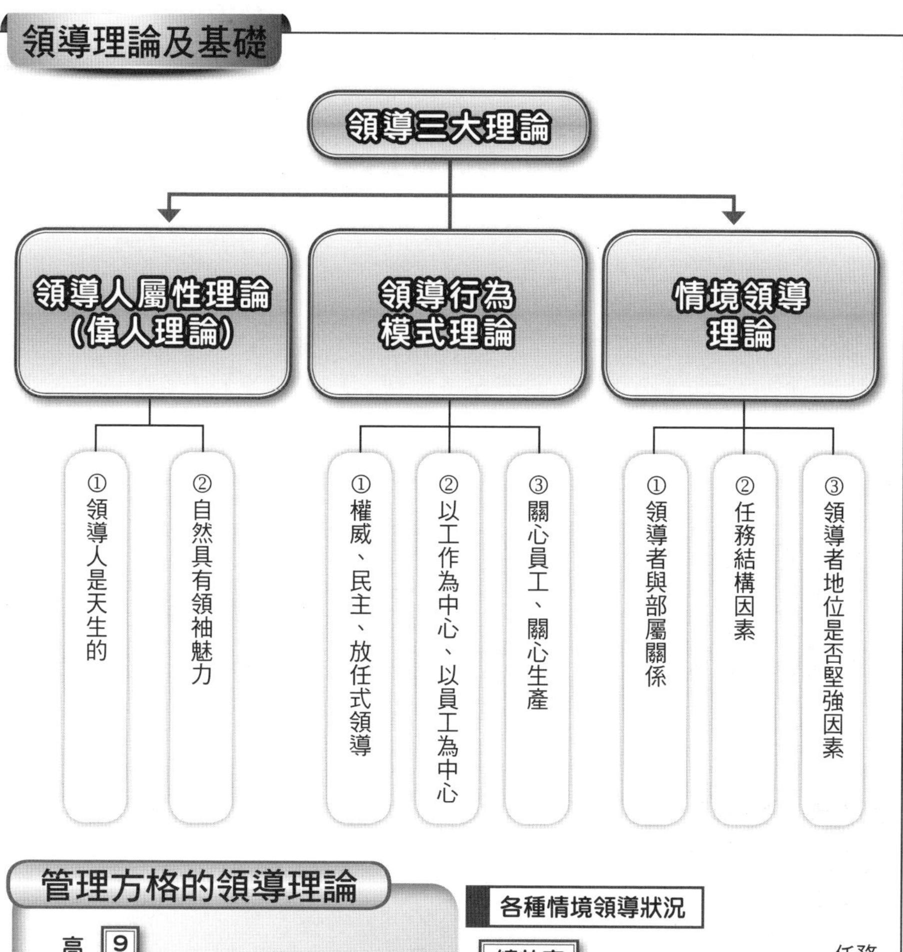

管理方格的領導理論

各種情境領導狀況

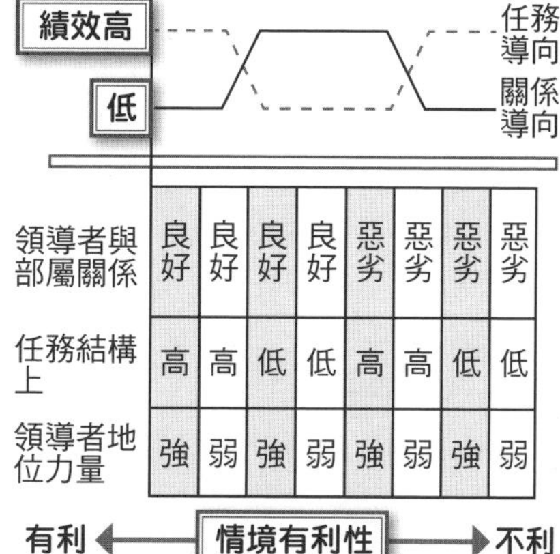

領導者與部屬關係	良好	良好	良好	良好	惡劣	惡劣	惡劣	惡劣
任務結構上	高	高	低	低	高	高	低	低
領導者地位力量	強	弱	強	弱	強	弱	強	弱

有利 ← 情境有利性 → 不利

在此種理論下，沒有一種領導方式是可以適用於任何情境都有高度效果，而必須求取相配對目標。費德勒認為當主管對情境有很高控制力時，以生產工作為導向的領導者，其績效會高。反之，只有中等程度控制時，以員工為導向的領導者，其會有較高績效。費德勒的理論，一般又稱為「權變理論」。

Unit 5-3 領袖制宜與適應性領導理論

關於領導有三大理論基礎，綜合而言，「特質論」僅在重視領導者之特質屬性；「行為論」則兼容並蓄領導者與被領導者之互動；而「情境論」則考量領導者、被領導者以及情境因素等三構面。

每種理論都不盡相同，甚至很不同，但可以確定的是都有一個共同點，就是領導者要如何評估自己的領導是屬於何種風格？而了解領導風格後，又要如何與所處情境產生好的連結效果？

一.領袖制宜技巧

費德勒發展一套技巧，可幫助管理階層人員評估他們自己的「領導風格」和「所處情境」，藉以增加他們在領導上之有效性，此係「領袖制宜」。

費德勒之領袖制宜的基本觀念乃是：1.須先了解自己的領導風格；2.再透過對三項情境因素（主管與成員間關係、工作結構程度、職位權力）之控制、改善與增強，以及3.最終得以提高領導績效。

也就是說，費德勒認為一個領導者之績效絕大部分乃取決於：你的領導風格對工作情境之控制力，在這兩者間尋求制宜配合。例如：有些高級主管是強勢領導風格，其情境因素也必然有些相配合之條件存在。

二.適應性領導理論

美國著名管理學家阿吉利斯（Argyris），曾綜合各家領導理論，而以整合性觀點提出他的「適應性領導」。

阿吉利斯認為所謂「有效的領導」，是基於各種變化的情境而定；因此沒有一種領導型態被認為是最有效的，此必須基於不同的現實環境需求。

因此，他提出以「現實為導向」的「適應性領導理論」。這從國家領導人及企業界領導人等身上，都可以看到這種以現實為導向的領導模式與風格。

小博士解說

如何強化領導者效果

阿吉利斯認為，實務上，沒有一種領導型態被認為是最有效的，領導者常會因應現實環境而有所改變。

因此當領導效果低時，要如何強化呢？以下幾點可供參考，即：1.修正並增強領導者的地位權力；2.重新設計工作內容，以有利於領導人的權力及表現，以及3.重新組合群體之成員，以使與領導者一致，讓團隊成員都能支持新的領導人。

情境領導理論

領袖制宜技巧

1. 須先了解自己的領導風格（Leadership Style）。
2. 再透過對三項情境因素（主管與成員間關係、工作結構程度、職位權力）之控制、改善與增強。
3. 最終得以提高領導績效。
4. 你的領導風格對工作情境之控制力，在這兩者間尋求制宜配合（Match）。

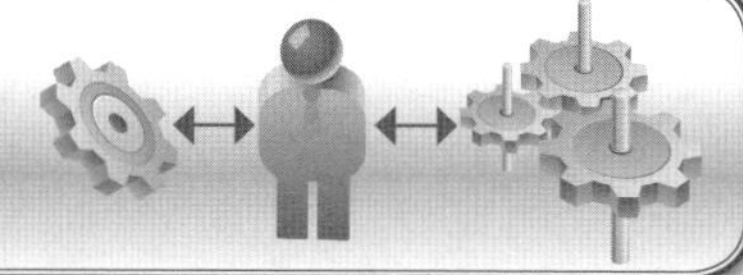

適應性領導理論

1. 所謂「有效的領導」，是基於各種變化的情境而定；因此沒有一種領導型態被認為是最有效的，此必須基於不同的現實環境需求。
2. 這從國家領導人及企業界領導人等身上，都可以看到這種以現實為導向的領導模式與風格。

知識補充站

費德勒簡介

弗雷德・費德勒（Fred Fiedler），美國當代著名心理學和管理專家。於芝加哥大學獲得博士學位，現為美國西雅圖華盛頓大學心理學與管理學教授。他從1951年起由管理心理學和實證環境分析兩方面研究領導學，提出了「權變領導理論」，開創了西方領導學理論的一個新階段，使以往盛行的領導型態學理論研究轉向了領導動態學研究的新軌道，對以後的管理思想發展產生了重要影響。

他的主要著作和論文包括《一種領導效能理論》（1967）、《讓工作適應管理者》（1965）、《權變模型領導效用的新方向》（1974），以及《領導遊戲：人與環境的匹配》等。

在許多研究者仍然爭論究竟哪一種領導風格更為有效時，費德勒在大量研究的基礎上提出了有效領導的權變模型，他認為任何領導型態均可能有效，其有效性完全取決於所處的環境是否適合。

Unit 5-4 參與式領導

所謂參與式領導（Participative Leadership）係指鼓勵員工主動參與公司內部決策之規劃、研討與執行。

一.參與式領導的優點

但為何要參與式領導，當然有其優點所在，我們會發現讓部屬參與有關公司之決策時，會有意想不到的凝聚力與創新力產生，因為：

1.參與決策之各單位部屬，對該決策會較有承諾感及接受感，而減少排斥。

2.參與決策可讓員工自覺身價與地位之提升，會求更優秀之表現。

3.廣納雅言對高階經營者而言，會做出比較正確之最後決策。

二.參與式領導的缺點

一個政策不會是完美無缺的，凡事總是一體兩面甚至多面，所以參與式領導也有可能產生以下落差：

1.參與決策雖提升部屬的期望，但是當他們的觀點未被採納時，士氣可能因此便大幅下降。

2.有些部屬並非都喜歡決策或做不同層次的事務，因為他們只希望接受指導；在如此意願下，參與式領導的成效即不會太大。

3.參與式領導對部屬而言，雖會讓他們更覺地位之重要，但不表示一定會有高度績效產生，有時在不同環境下，集權式領導反而來得成功。

三.參與程度的情境

要決定參與程度，須視下列七項情境狀況而定：

1.決策品質之重要性程度為何？

2.領導者所擁有可獨自做一個高品質決策之資訊、知識、情報是否十足充分？

3.該問題是否例行化或結構化？還是複雜模糊？

4.部屬之接納或承諾的程度，對此決策未來執行之重要性為何？

5.領導者的獨裁決定，過去被部屬接納的可能性為何？

6.部屬們反對領導者想要方案的可能性？

7.部屬們受到激勵解決問題，而達成組織目標的程度為何？

四.參與程度的決定

管理學者汝門（Vroom）認為，從以生產為主的集權領導到以員工為主的參與式領導，會有以下五種參與程度，即：無參與、少量參與、多量參與、更多參與及全面參與，可說員工參與程度愈高，其自由程度愈高，管理者可以視組織狀況決定讓員工參與管理的程度。

參與式領導

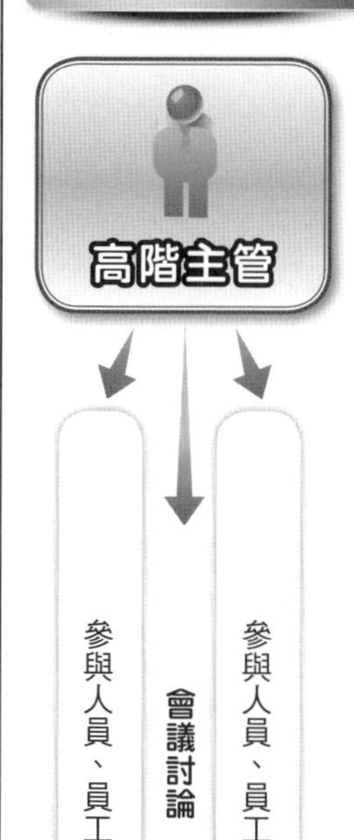

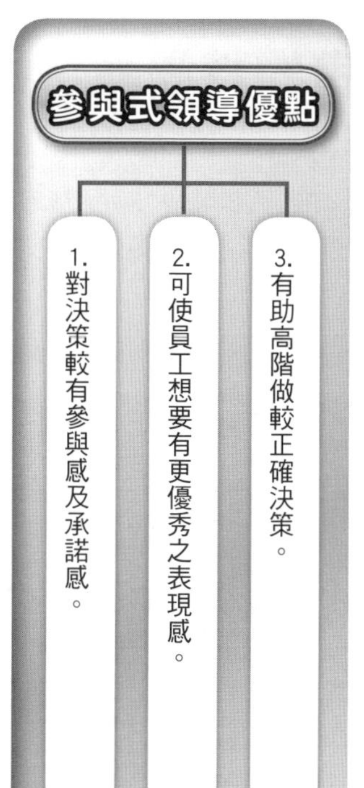

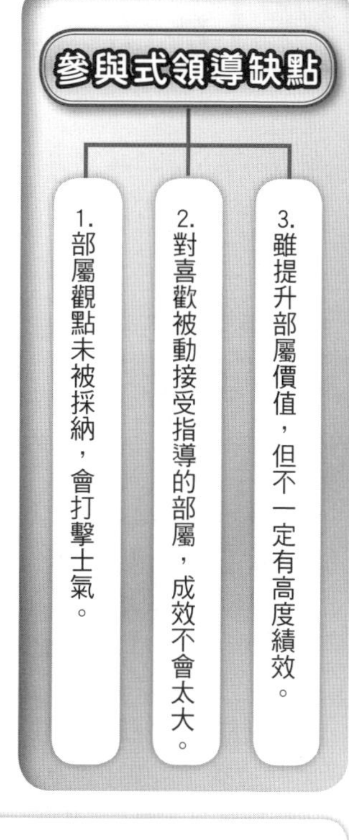

參與程度之要素

1.決策極重要程度與層次程度？

2.領導者擁有資訊情報充分性？

3.部屬參與對影響未來執行程度？

4.例行決策或非例行性決策？

集權式與參與式領導

1.集權式：以工作(生產)為中心的領導

2.參與式：以員工為中心的領導

主管運用權力

部屬具有自由程度

無參與｜少量參與｜多量參與｜更多參與｜全面參與

Unit 5-5 成功領導者的特質與法則

現在成功的領導人及經理人須把整個組織的價值及願景，帶進他們所領導的團隊並與團隊分享，而且指揮若定、全心投入以達成公司的策略目標。

為實踐分享式的管理，並在組織內成為一位價值非凡的領導人，需要具備以下重要特質及領導原則。

一.成功領導人五種特質

(一)使員工適才適所：了解下屬的新責任領域、技能及背景，以使其適才適所，與工作搭配得天衣無縫。若你想透過授權以有效且有用的方式執行更廣泛的指揮權，就需要把握下屬資訊。

(二)應隨時主動傾聽：這涵蓋了傾聽明說或未明說之事。更重要的一點是，這意味著你以一種願意改變的態度，就等於是送出願意分享領導權的訊號。

(三)要求部屬工作應目標導向：你與下屬間的作業內容，與整個部門或組織目標之間應存在一種關係。在交付任務時，你應作為這種關係的溝通橋梁。下屬應了解其作業程度，才能主動做出可能是最有效率的決策。

(四)注重員工部屬的成長與機會：無論何種情況，領導人及經理人必須向下屬提出樂觀的遠景，以半杯水為例，你得鼓勵員工注意半滿的部分、不要看半空的部分。

(五)訓練員工具批判性與建設性思考：在完成一項工作後，鼓勵下屬馬上檢視一些指標，包括如何及為何進行以及要做些什麼，並讓他們發問（例如：過去如何完成這項工作），鼓勵他們想出新的作業流程、進度或操作模式，使其工作更有效率與效能。

二.成功領導者六大法則

(一)尊重人格原則：主管與部屬間雖有地位上之高低，但在人格上完全平等。

(二)相互利益原則：相互利益乃是「對價」原則，亦即互惠互利，雙方各盡所能各取所需，維持利益之均衡化，關係才會持久。上級的領導，也必須注意下屬的利益。

(三)積極激勵原則：人性擁有不同程度及階段性之需求，領導者必須了解其真正需求，而多加積極激勵，以激發下屬的充分潛力。

(四)意見溝通原則：透過溝通，上下及平行關係才能得到共識，從而團結，否則必然障礙重重。順利溝通，是領導的基礎。

(五)參與原則：採民主作風之參與原則，乃是未來大勢所趨，也是發揮員工自主管理及潛能的最好方法。這也是集思廣益的最佳方法。

(六)相互領導：以前認為領導就是權力運用，是命令與服從關係，其實不是，現代進步的領導乃是影響力的高度運用。而主管並非事事都懂，有時部屬會有獨到見解。

成功領導者五大特質

1.使員工適才適所

了解下屬新責任領域、技能及背景，使其適才適所，與工作搭配得天衣無縫。

2.應隨時主動傾聽

涵蓋傾聽明說或未明說之事，意味著領導者以一種願意改變的態度，等於是送出願意分享領導權的訊號。

3.要求部屬工作應目標導向

作為下屬的溝通橋梁，使下屬主動做出最有效率的決策。

4.注重員工部屬成長與機會

無論任何情況，領導人必須向下屬提出樂觀的遠景。

5.訓練員工具批判性思考

部屬完成一項工作後，鼓勵馬上檢視如何進行、為何進行，以及要做些什麼的指標，並給機會發問，鼓勵他們想出更有效率與效能的作業方式。

成功領導者六大法則

1.尊重人格原則

職位雖有高低，但人格無貴賤，一律平等，所謂敬人者，人恆敬之。

2.相互利益原則

即對價原則，互惠互利，各盡所能，各取所需，維持利益平衡。

3.積極激勵原則

了解個人不同程度的需求，以積極的激勵激發成員之最大潛力。

4.意見溝通原則

透過垂直與平行關係的溝通，得到共識，促成團結，破除障礙。

5.參與原則

民主作風為未來之大趨勢，發揮成員自主管理及潛能，更能達到集思廣益之效。

6.相互領導

現代的領導是影響力的高度運用，主管未必事事精通，因此，主管要有雅量接納部屬比自己高明的意見。

Unit 5-6 分權的好處及考量

由一個組織授權程度的大小，可以形成組織結構面上一個重要問題，那就是分權與集權。如果一個組織各級主管授權程度極少，大部分大小職權，均集中在很少數的高階主管，則稱為集權組織；反之，各項權力均普及到各階層指揮管道，則稱為分權組織。事實上，從分權主導集權角度上來看，正反映這個企業經營者之經營管理風格。

一.分權組織的利益

一個分權化的組織，可產生利益如下：1.各單位主管可因地制宜，即時有效解決各個經營與管理問題，具有決策快速反應的效果；2.相當適合大規模、多角化及全球化經營組織體，依各自的產銷專長，發揮潛力；3.各階層主管擁有完整的職權及職責，將會努力完成組織目標，以及4.能夠有效培養獨當一面之各級優秀主管人才。

二.分權的環境趨勢及條件

(一)分權的環境趨勢：基本上，當企業考量環境趨勢要朝多角化、國際化及生產科技自動化等三種方向發展時，正是有利於分權化組織之採行。

(二)分權的條件：1.組織屬大規模；2.產品線繁多，多角化程度高；3.市場結構分散且複雜；4.工作性質多變化；5.外在環境難以精確預測；6.決策者面臨彈性需求，以及7.海外事業單位繁多者。

(三)分權的原則：1.產品愈多樣化，分權化愈大；2.公司規模愈大，分權化愈強；3.企業環境變動愈快，企業決策愈分權化；4.管理者應當對那些耗費大量時間，但對自己權力及控制損失極小的決策，讓部屬執行；5.對下授的權力予以充分及適時控制，本質上就是分擔，以及6.產業市場及科技快速變化時，企業組織就愈分權。

三.集權與分權的考量因素

(一)組織規模：這是最基本的因素。因為分權化的發生，也是為因應組織規模擴大後，實質管理上分工的高度需求。

(二)產品組合：產品線愈多或多角化程度日益升高，為因應對不同產品之產銷作業，是以分權化獨立營運的要求也就增加。

(三)市場分布：市場區域分布愈廣，也就迫使走上分權化組織。例如：國際化發展下，全球就是一個大市場，各市場距離如此遙遠，實在難以使用集權化組織。

(四)功能性質：企業各部門因其功能不同，故也可能採取不同權力方式組織。例如：財務、企劃及稽核單位就傾向集權，而業務、廠務及海外事業單位則較分權化。

(五)人員性質：人員程度不同，也會影響組織方式。例如：研發人員自主性較高，故採分權化組織；而廠務工作人員工作較標準化，故採集權化組織。

(六)外界環境：組織面臨環境變動較大，採分權組織；變動較小，採集權組織。

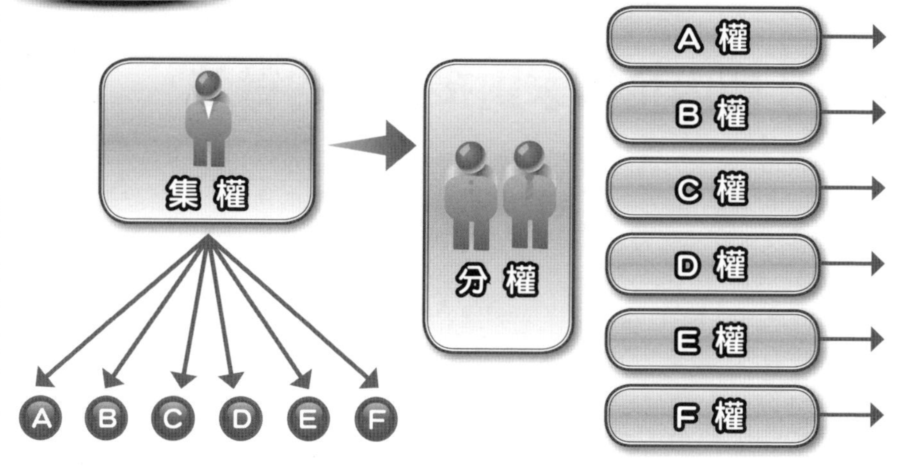

分權的利益

1. 各單位可因地制宜，迅速反應
2. 各單位努力完成自己目標
3. 有助培養獨當一面的人才
4. 適合大規模企業不斷發展

分權的條件

1. 組織規模大
2. 多角化程度高
3. 海內外事業單位多
4. 外部環境變化快且大
5. 面對決策要快且彈性高
6. 產品線繁多且複雜

選擇集權或分權的考量

1. 組織規模大或小
2. 產品組合多或少
3. 市場分布大或小
4. 組織部門功能的差別
5. 人員性質的差別
6. 外界環境變化大或小

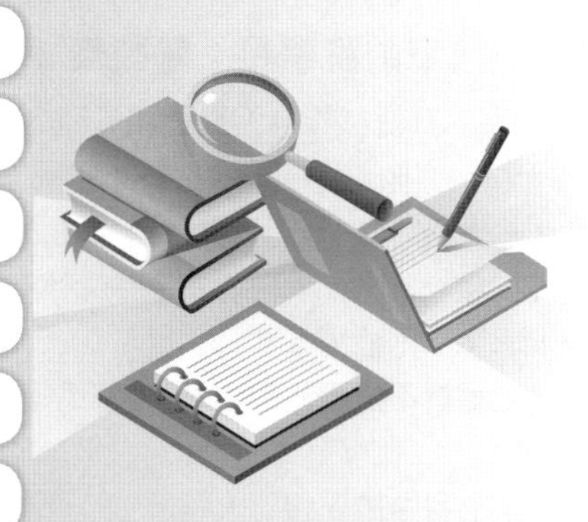

Unit 5-7 國內企業家對接班人的看法

企業的成功，經營團隊當然很重要；但團隊的舵手或領航者，也是同樣重要。

公司總經理或執行長（CEO）即是扮演團隊舵手的角色。但要成為大企業集團的接班人或最高負責人，不是一般人可以勝任的，必須要有特殊優秀的條件配合才可。

根據國內知名雜誌《商業周刊》對國內知名大型企業負責人，專訪他們對選擇接班人的條件看法，得到以下的結論，茲摘述重點如下，以利有識之士參考。

一.宏碁集團榮譽董事長：施振榮

施榮譽董事長認為接班人最應該具備的「人格特質」、「核心能力」、絕對「不能觸犯的大忌」與他心目中的「接班人輪廓」如下：

(一)人格特質：1.領袖魅力；2.正面思考，以及3.自信。

(二)核心能力：1.創新能力；2.經營能力，以及3.溝通能力。

(三)絕對不能觸犯的大忌：1.停止學習；2.違反誠信，以及3.沒責任感。

(四)心目中的「接班人輪廓」：具領袖魅力，能夠開發舞臺和人才，長、短效益並重。

二.統一企業集團前總裁：高清愿（已故）

高前總裁認為接班人最應該具備的「人格特質」、「核心能力」、絕對「不能觸犯的大忌」與他心目中的「接班人輪廓」如下：

(一)人格特質：1.品德第一，以及2.領袖魅力，要能夠帶領一大群人。

(二)核心能力：1.做好內部溝通及跨部門協調；2.開創新的賺錢事業，以及3.充分了解自己經營的事業。

(三)絕對不能觸犯的大忌：1.沒有辦法賺錢；2.沒有誠信，以及3.投機取巧。

(四)心目中的「接班人輪廓」：具有全方位的功能。

三.裕隆汽車前董事長：嚴凱泰（已故）

嚴董事長認為接班人最應該具備的「人格特質」、「核心能力」、絕對「不能觸犯的大忌」與他心目中的「接班人輪廓」如下：

(一)人格特質：1.心地善良；2.正面思考，以及3.具有經營事業的熱忱。

(二)核心能力：1.研發創新，沒有研發，什麼都完了；2.精確判斷產業的發展趨勢，以及3.溝通能力。

(三)絕對不能觸犯的大忌：1.策略錯誤；2.搞小圈圈，破壞組織的機制，以及3.停止學習。

(四)心目中的「接班人輪廓」：不斷創新，創造新的市場與商機。

企業接班人應具備的條件

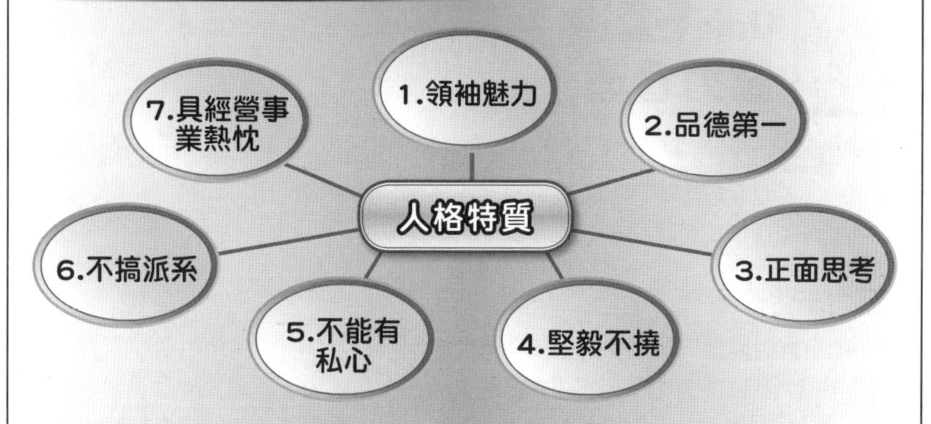

好的接班人=七大人格特質+七大核心能力

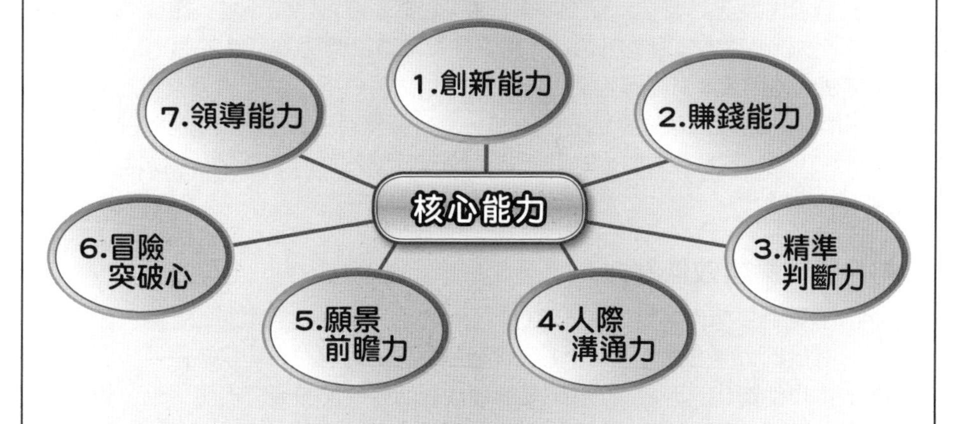

知識補充站

接班人必須創新與好品格

除左述外，還有遠東集團董事長徐旭東與光寶集團董事長宋恭源兩位對接班人的條件看法。

徐董事長認為接班人最應該具備的「人格特質」為創新、堅毅不撓及正面思考。而應具備的「核心能力」是創新能力、判斷能力及讓專業人才做他們認為對的事情。認為絕對「不能觸犯的大忌」是不懂用人唯才及授權管理的藝術。而他心目中的「接班人輪廓」要有眼光和願景，知道帶領企業往哪裡去。

宋董事長認為接班人最應該具備的「人格特質」為不能有私心、要很雞婆，能夠招呼很多人，以及要有耐心。而應具備的「核心能力」是賺錢能力、要站出來做判斷，不能躲在後面及高科技隨時在變，要有創新能力。認為絕對「不能觸犯的大忌」是搞派系、待人不公正及操守不佳。而他心目中的「接班人輪廓」要性格正直，勇於承諾、敢於創新。

Unit 5-8 壓力管理

組織中員工難免會遇到一些壓力，不管高、低階員工大都避免不了。因此，員工或是幹部的自我壓力管理，就成為現代上班族一件重要的事。如果不能做好壓力管理，那麼員工個人或組織的成效，就會受到損害。

一.壓力產生原因

(一)組織的因素：1.太多的工作量；2.角色的衝突：個人角色衝突來源有二，一是由於指揮系統之所需，而不得不採嚴厲措施，二是由於正式組織與非正式組織間目標與利益之兩相衝突；3.角色的混沌：當職掌不明、權責未清、任務未知時，角色混沌即會產生，壓力不安感也會隨之而來；4.工作令人厭煩：此為工作倦怠症或工作缺乏新的挑戰，而無法突破；5.工作環境不佳：包括高溫、燈光不足、過於嘈雜等都會產生員工壓力，以及6.官階愈升愈高，但責任及業績目標壓力卻愈來愈沉重。

(二)個人的因素：1.經濟生活上的不足：包括薪資不足以支應全家開支；2.情感生活上的挫敗：情感或家庭生活的不順利，也會影響到工作上的表現；3.在某時段內的身體狀況不佳，經常要看醫生吃藥，以及4.工作及家庭的難以兼顧（例如：要照顧小孩或年老的父母）。

二.如何管理高績效低壓力

然而管理者要如何讓員工的高壓化為正面壓力，進而屢戰屢勝的達到組織高績效的目標，有以下七種方法可運用：1.主管應評估部屬的能力、需求及個性，然後再配置適當的工作性質及工作量；2.當部屬有理由說明時，應該允許有說「不」的權利，並且予以適時調整工作要求；3.應對部屬之優良績效，迅速給予回饋；4.主管人員應對部屬工作之職權、責任與工作期待等，加以明確化；5.主管與部屬應建立雙向式溝通；6.主管應扮演教師角色，發展部屬之能力，並與其討論問題，以及7.主管應及時支援及協助部屬處理難以做到的事或難以見到的人；也就是說，應有效紓解部屬工作上的特殊困境。

三.壓力管理六個步驟

所謂壓力管理，可以分成兩部分：第一部分是針對壓力源造成的問題本身，加以分析處理；第二部分則是處理壓力所造成的反應，亦即針對情緒、行為及生理等三方面的反應加以紓解。

壓力管理有六個步驟，只要逐步跟著做，即能達到壓力減輕或消失的效果：1.掌握壓力源並釐清對壓力的反應；2.評估及掌握內心需求，調整價值觀之先後次序；3.修正信仰窗之原則，發展改善壓力的因應策略；4.訂定改善或消除壓力源的規則；5.確實執行預防行為模式，以及6.評估壓力源改善結果。如此一來，即能達到紓解壓力的功效，不妨試試。

壓力產生原因

組織原因

1. 目標挑戰太高
2. 太多工作量
3. 角色衝突
4. 角色混沌
5. 工作令人厭煩
6. 工作環境不佳

個人因素

1. 經濟因素
2. 情感因素
3. 家庭因素

管理高績效低壓力

1.評估部屬，給予適當工作量。

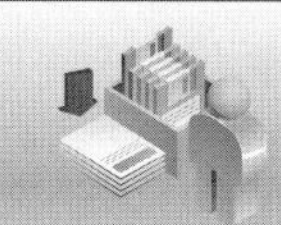

2.適時調整部屬工作。

3.即時回饋、獎勵與肯定。

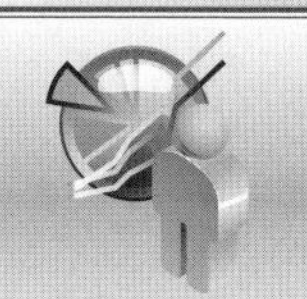

4.明確權責與目標。

5.加強雙向互動溝通。

6.即時支援部屬，為其解決難題。

壓力管理六大步驟

STEP 1

掌握壓力源並釐清對壓力的反應

STEP 2

評估及掌握內心需求，調整價值觀之先後次序

STEP 3

修正信仰窗之原則，發展改善壓力的因應策略

STEP 4

訂定改善或消除壓力源的規則

STEP 5

確實執行預防行為模式

STEP 6

評估壓力源改善結果

Unit 5-9 領導人vs.經理人

什麼是「領導」？領導人的特質有哪些？與經理人又有何不同？

一.領導與管理的定義不同

前文提到「領導」的定義是：「在一特定情境下，為影響一人或一群體之行為，使其趨向於達成某種群體目標之人際互動程序。」

而「管理」的定義則是：「管理者立基於個人的能力，包括事業能力、人際關係能力、判斷能力及經營能力；然後發揮管理機能，包括計畫、組織、領導、激勵、溝通協調、考核及再行動，以及能夠有效運用企業資源，包括人力、財力、物力、資訊情報力等，做好企業之研發、生產、銷售、物流、服務等工作，最終能達成企業與組織所設定的目標。」

雖然領導人與經理人的角色，乍看之下類似，但由上所述顯然有其不同之處，再經過以下仔細分類對照後，會發現真的很不同。

二.領導人與經理人的角色不同

(一)方向不同：經理人基本上「向內看」，管理企業各項活動的進行，確保目標的達成。領導人則多半「向外看」，為企業尋找新的方向與機會。

(二)面對問題不同：管理的工作，是要面對複雜，為組織帶來秩序、控制和一致性。領導卻是要面對變化、因應變化。企業組織裡，必然有一部分的高層職務需要較多的領導，另外一部分職位則需要較多的管理。

(三)兩者無法彼此取代：管理無法取代領導；同樣地，領導也不是管理的替代品，兩者其實是互補的關係。

(四)工作重點不同：管理的工作重點，是掌握預算與營運計畫，專注的核心是組織架構與流程，是人員編制與工作計畫、是控制與解決問題。而領導的重點卻是策略、願景和方向，專注的是如何藉由明確有力的溝通，激發出員工的使命感，共同參與創造企業的未來。正因為如此，管理與領導，兩者缺一不可。缺乏管理的領導，將引發混亂；缺乏領導的管理，容易滋生官僚習氣。

不過，面對不確定的年代，隨著變化的腳步不斷加快，為了因應多變的市場與競爭，領導對於企業組織的興衰存亡，已經愈來愈重要了。

小博士解說

什麼是經理人？

民法稱經理人者，謂有為商號管理事務，及為其簽名之權利之人。公司法則規定公司得依章程規定設置經理人。實務上，經理人包含總經理、副總經理、協理、經副理等職；至於協助總（副）經理的特別助理，位階略高於經理。而計畫主持人、專案經副理等職也屬於經理人。

領導人與經理人的區別

特質＼角色	經理人的角色	領導人的角色
1	管理	創新
2	維持	開發
3	接受現實	探究現實
4	專注於制度與架構	專注於人
5	看短期	看長期
6	質問 how & when	質問 how & why
7	目光放在財務盈虧	目光在公司未來
8	模仿	原創
9	依賴控制	依賴信任
10	優秀的企業戰士	自己的主人

領導與管理的差異

1.出發點不同

- 管理是找出員工個人的特質與能力，將人擺在適當的位置，以正確有效的執行。
- 領導是找出追隨者的共同心理，而加以利用，以達到領導的目的。

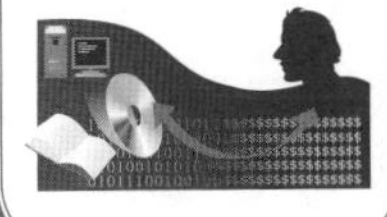

2.要求不同

- 領導是要求人按照基準的方法、制度、系統、規範、程序，正確執行工作。
- 領導是希望人更積極的發揮創意，改善現有的做事方法。

3.目的不同

- 管理講究的是執行力。
- 領導所要追求的是自發的創造力。

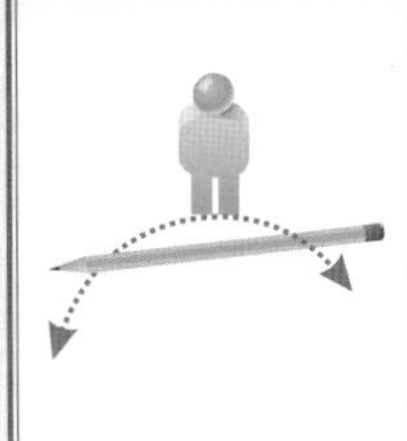

4.人力運用不同

- 管理是要有效的利用人力資源。
- 領導是要激發人力資源的潛在價值。

Unit 5-10 領導與決斷力

一.美國知名企業學者對美國企業領導與決斷的研究結果

如以下結論

· 華倫 · 班尼斯（Warren G. Bennis）&諾爾 · 提區（Noel M. Tichy）

1. 企業的成功與失敗，一切要歸因於決斷（Judgment）。
2. 領導的精髓就是決斷；領導人的所作所為最重要的事，做出好決斷。
3. 企業領導人藉由實踐良好的決斷，做出聰明的決定，而且確保有效的執行，以增添組織的價值。
4. 決斷是領導的核心。
   決斷做得好，其他重要的事情便不多。
   決斷做不好，其他事情便枉然，無關重要。
5. 追根究柢，領導力紀錄的是決斷力；這是領導人的寫照。
   好領導需要靠好決斷。
6. 領導與決策，唯一要緊的事是輸或贏，也就是只論成果，不談其他。
   亦就是要有好的營運績效。
7. 企業績效的好壞是管理階層終極考驗。成果，而不是知識，必然始終是管理階層能力的佐證，也是他們努力奮鬥的目標。企業領導人必須每年達成好的經營績效。
8. 好決策須靠好執行。
   一個人滿腔熱情、立意良善、工作勤奮，可能都有幫助，但是少了好成果、好績效，他們都成了無關緊要。
   ※如果遲遲不採取行動，優柔寡斷，往往是奇差無比的決斷。
9. 只有在結果真的達成公司所設定的年度目標或願景目標時，決斷才能算是成功，就這麼簡單。
10. 領導人是成是敗，取決於敏銳的決斷力；好決斷唯一的標記是長期的成功，只論成果，不談其他。
11. 小結：
    好決斷是好領導的精髓。

二.慎謀能斷：決策力

· 慎謀能斷：

不再是形容詞，而是決策品質與執行成果的具體展現。

1. 心態上
   需懷抱願景達成的使命承擔，以及不畏艱困的變革勇氣及意志。

2. 執行上

應培養邏輯分析及多元思考能力，藉由系統化的邏輯推理與思考判斷，就影響決策的元素，如利害關係人、成本、資源限制評估準則及決策環境等進行權衡，及解決方案的比較、取捨。

3. 避免決策盲點

以開放態度傾聽組織的聲音有其必要，避免高階主管過度主觀的抉擇，並提高各單位主管的參與感與認同感。

4. 決策後的執行期：魔鬼都在細節裡

必須嚴謹督促團隊執行，選擇正確的人力；動員物力、財力與技術加以支援，全面推動。

5. 動態微調及修正

由於環境隨時變化，必須依據各方資訊情報回饋及執行狀況，進行動態微調及修正，才能與時俱進，確保決策的執行成效。

三.各單位領導主管，如何養成決斷力

1. 除了專業能力外，要養成有跨領域的能力。
2. 自己多看書、多看專業報紙、雜誌、刊物、多上網搜尋資訊，要有廣泛的常識力。
3. 進修EMBA，從學術理論中培養看事情與解決問題的框架力、邏輯力、分析力與見解力。
4. 努力每天的做中學（learning by doing），從中累積更多經驗、教訓與啟發。
5. 努力會議學習。在大型會議中，學習老闆及高階主管的智慧、經驗、分析、判斷方案與決策力。
6. 遇有模糊、未確定或不知道的狀況時，多請教外部的在此領域的專家、顧問、學者們。
7. 蒐集更完整的資訊情報，以利做出更正確精準的決斷。
8. 平時多建立外部人脈關係存檔，隨時可電話或見面會談，以掌握決斷所需資訊與情報。
9. 多出國參展（國際展覽會）吸取新知，多出國參訪考察、見習國外先進公司的作法及原因。
10. 由公司付費購買國內外專業研究機構的研究報告。
11. 遇決斷時，必須召集相關單位主管及次級主管開會，集體討論，從各面向去看問題及分析問題；以集思廣益，博採周諮的團體智慧與看法。
12. 決策者做出決策時，必須自身多做分析，多做思考、面向更周全些，並且從多個解決方案去做思考及抉擇。

養成決斷力十二要點

養成決斷力

1. 自我養成跨領域能力
2. 多看書、報章雜誌，要有廣泛常識力
3. 進修EMBA，培養邏輯分析力
4. 努力每天做中學，累積更多經驗
5. 努力於公司多種會議學習
6. 請教外部專家
7. 多建立外部人脈存摺
8. 多出國參展、參訪、考察
9. 付費購買研究報告
10. 蒐集更多資訊情報
11. 集體開會討論，集思廣益
12. 決策者自身要多分析、常思考

領導與管理的差異

層級	職位	薪資
6.	董事會	第六層：分配股利及紅利
5.	董事長	第五層：$250,000~$350,000
4.	最高階主管 CEO或總經理 負責公司成敗	第四層：$150,000~$250,000
3.	副總及高階主管 創新領導　成長領導　培養人才領導	第三層：$100,000~$150,000
2.	副理、經理、協理主管加給： 領導及管理部屬	第二層：$40,000~$100,000
1.	基本專業能力或技術	第一層：$25,000~$50,000（臺幣月薪）

Unit 5-11 大師對領導力的看法

一.學習型組織管理大師彼得・聖吉(Peter Senge)對領導力與成功領導的看法

1. 要能帶領眾人，踏出未知的每一步，迎向全新境界。
2. 領導人率眾跨越門檻時，還要讓他們拋下恐懼的包袱，才能真正前進一步。
3. 領導人要培養智慧，需要一輩子的努力。
4. 領導人還要培養傾聽能力，聆聽時不只是接收聲音及影像，還能主動思考，進一步闡釋資訊，與過去的經驗感覺相結合。
5. 領導人透過「聽」加上「思考」，可以將知識重新組合，同時進行判斷，才能了解收聽到的資訊。
6. 領導人還要有創造力，進入更深一層的「渴望」，把不存在的事物，一舉變為事實。

   EX: Apple公司賈伯斯前董事長

   iPod→iPhone→iPad→？

   持續創造新產品，改變產業、改變事業
7. 領導者要運用系統性思考能力，才能突破表面的現象，把看似分離的部分，完整連結在一起，並透澈事件的完整性。
8. 領導力是一輩子的修練，每個人自身要不斷提升自我，才能率領眾人，走上企業對的旅程。
9. 小結：

   領導者漫長修練路，想修成正果，必須透過傾聽與思考，還得有創造力，才能解決問題，帶領企業前進。

二.中國大陸阿里巴巴（B2B網站）及淘寶網董事長馬雲先生：團隊勝利，才是領導的成功

1. 馬雲能夠擁有今天的成就，他號召管理團隊的能力，也是成功關鍵之一。
2. 企業的最上層領導幹部群，永遠都是讓CEO最頭痛的問題。
3. 對任何一個成長型企業來說，打造自己的優秀管理團隊都是首要重點。
4. 之所以要組織團隊，是因為我們希望這個方式能激發出每個人的最大潛力，然後透過協調與合作，做到我們個人無法完成的事情。

   EX: 交響樂團與單獨合奏二者效果是不同的。
5. 團隊的作用還在於，透過團隊的形式，讓成員達到1+1>2的效果，若團隊合作不良或缺一角，便會形成嚴重內耗，非但不能1+1>2，反而會1+1<2。
6. 一個優秀的團隊領導人，至少應具備六個條件

   ①能夠描繪遠景。

②對成員有很高的期望。期望定得高，團隊成員才會往上走。
③個性化的關懷。
④以身作則。自己所提倡的事，自己一定要能做到。
⑤鼓勵團隊合作。
⑥團隊領導人不應過度強調自己，不要凡事功在自己。

7. 一個卓越的團隊應具備條件
①有優秀的領導人。
②有高度的向心力及凝聚力。
③有良好有效的溝通及明確職責分工。
④團隊目標一致、士氣高漲、充滿積極向上的氛圍。
⑤是一個不斷學習、不斷創造及不斷分享的團隊。
8. 領導人應該：「用人用長處，管人管到位」。
9. 領導僅憑一人之力，將永遠做不大。團隊是否已到位，是成長型企業必須突破的瓶頸。

三.美國領導學大師約翰・麥斯威爾(John Maxwell)：領導組織邁向成功之路

1. 真正具有影響力的正確領導認知
① 領導者必須從頂峰下來。
你必須從頂峰下來，把人帶上去。
② 領導者不用在每一項領域都表現非常傑出。
領導問題不在自己能不能，而是一個團隊中，如何幫助擅長這些領域的人把事情做好。
③ 不一定要有經驗的人，才能當領導者。
經驗並非好的老師，而是從經驗中學到什麼。
2. 好的領導者會找出每個人的動機，而且因此因材施教。此外，只有集合眾人智慧的人，才能收最大之效果。
3. 怎樣的領導者是好的領導者呢？
答案是：做個好的傾聽者。
4. 做決定的重要
機會可能從各種面貌四面八方而來，但是只有一件事情是確定的，只有當下才看得到、抓得到。
5. 小結：領導人的責任應該是幫助他人成功，也就是把對的人放在對的位子上，並指導他們做對的事情。

四.瑞姆・夏藍(Ram Charam)的看法

1. 並非人人都能成為領導者。
2. 領導能力是透過不斷磨練與自我修正而發展出來的。
3. 學徒模式可以有效培養接班領導人。

如何養成好的領導幹部

如何養成好的領導幹部

1. 拔擢具有優質領導潛力的各階層幹部人才。
2. 培訓、教育訓練他們基本的領導力課程知識。
3. 歷練更大單位組織的考驗及經驗。
4. 調整、改善自身的領導風格及自己的缺失。
5. 考核他們的領導績效、單位績效及對公司的貢獻。
6. 各部門主管領導優點的相互學習。
7. 格局、視野、遠見、前瞻、創新的訓練。

強而有力經營團隊或管理團隊

Management Team

董事長

總經理

12.高階幕僚群（企劃、特助）

1. 研發副總
2. 設計副總
3. 採購副總
4. 製造副總
5. 業務副總
6. 行銷副總
7. 財務副總
8. 法務副總
9. 資訊副總
10. 人資副總
11. 管理副總

第 6 章

溝通與協調

章節體系架構 

Unit 6-1 溝通的程序與管道

現代人凡事講求溝通，無非是希望透過溝通而達到情感交流或合作協議及目的等效果。但什麼是「溝通」？溝通要如何進行才能達到效果？當組織的溝通途徑有一些隱而不見、似是而非的訊息散布時，又要如何因應？以下本文將探討之。

一.溝通的意義與程序

所謂溝通係指一人將某種想法、計畫、資訊、情報與意思傳達給他人的一種過程。溝通學家白羅（Berio）認為溝通程序應包括：溝通來源、變碼、訊息、通路、解碼及溝通接受者等六要素。所以溝通不是僅透過文字、口頭訊息傳遞給某人就好了，更重要的是要求對方有沒有正確無誤的了解你的意思，而且要有某種程度接受，不能全然拒絕；否則這種無效的溝通，稱不上是真正的溝通。

二.正式與非正式溝通

實務上，溝通的途徑有兩種，即正式溝通與非正式溝通，茲分述如下：

(一)正式溝通：係指依公司組織體內正式化部門及其權責關係而進行之各種聯繫與協調工作，其類別有以下幾種：1.下行溝通：一般以命令方式傳達公司決策、計畫、規定等訊息，包括各種人事命令、內部刊物、公告等；2.上行溝通：是由部屬依照規定向上級主管提出正式書面或口頭報告；此外，也有像意見箱、態度調查、提案建議制度、動員月會主管會報或E-Mail等方式，以及3.水平溝通：常以跨部門集體開會研討，成立委員會小組；也有用「會簽」方式執行水平溝通。

(二)非正式溝通：係指經由正式組織架構及途徑以外之資訊流通程序，此種途徑通常無定型、較為繁多，而訊息也較不可靠，常有小道消息出現。

組織管理學者戴維斯（Davis）對非正式溝通區分四種型態：1.單線連鎖：即由一人轉告另一人，另一人再轉告給另一人；2.密語連鎖：即由一人告知所有其他人，猶如其為獨家新聞般的八卦；3.集群連鎖：即有少數幾個中心人物，由他們轉告若干人，以及4.機遇連鎖：即碰到什麼人就轉告什麼人，並無一定中心人物或選擇性。

三.對非正式溝通的管理

面對非正式組織溝通帶給公司之困擾，可採取以下對策：1.最基本解決之道，應尋求部屬對上級各主管之信任，願意相信公司正式訊息，而拒斥小道消息；2.除少數極機密之人事、業務或財務外，均無不可對所有員工正式公開，謠言自可不攻而破；3.應訓練全體員工對事情正確判斷及處理方法；4.勿使員工過於閒散而無聊到傳播訊息；5.公司一切運作，均應依制度而行，而不操控於某個人，如此就會減少不必要揣測，以及6.應徹底打破及嚴懲製造不正確消息之員工，建立良好組織氣候。

白羅溝通程序六要素

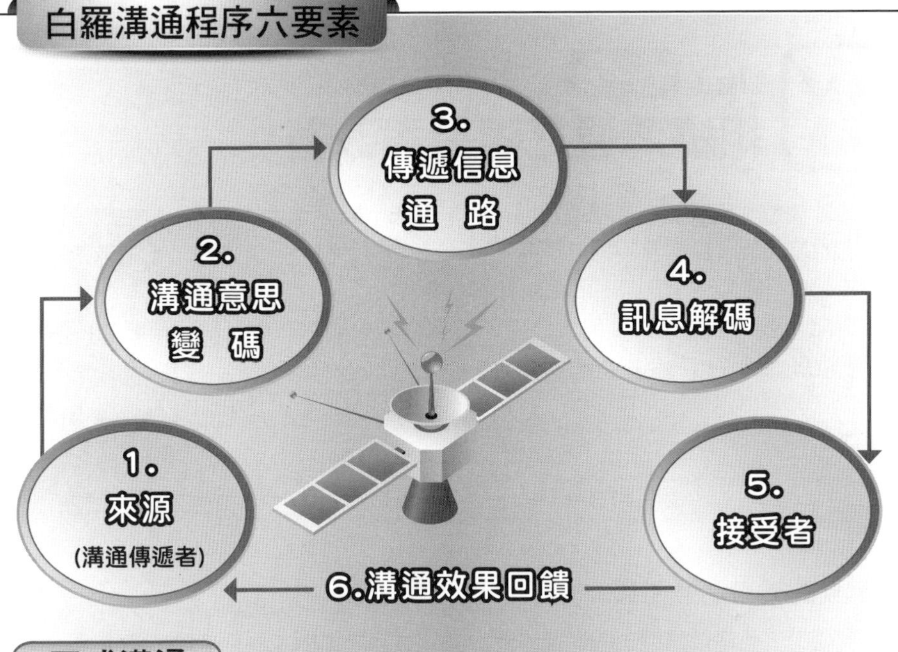

正式溝通

戴維斯非正式溝通四型態

1.單線連鎖

即由一人轉告另一人，另一人再轉告給另一人。

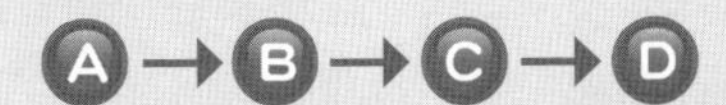

2.密語連鎖

即由一人告知所有其他人，猶如其為獨家新聞般的八卦。

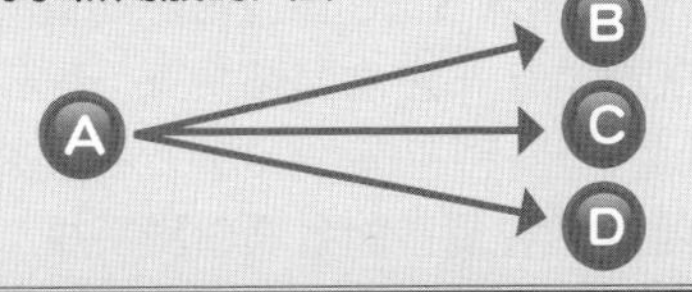

3.集群連鎖

即有少數幾個中心人物，由他們轉告若干人。

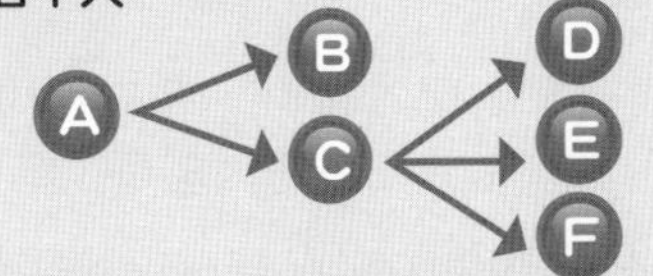

4.機遇連鎖

即碰到什麼人就轉告什麼人，並無一定中心人物或選擇性。

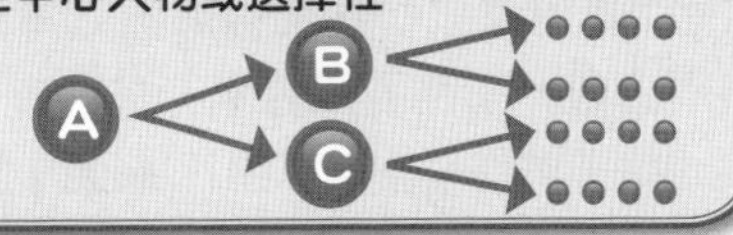

Unit 6-2 組織溝通之障礙與改善

環顧周遭不論我們身處哪個環節，幾乎都離不開「溝通」；萬一產生說者與聽者理解上的差異時，我們會說這是溝通不良所導致的。輕則一笑置之，重則老死不相往來，甚至兩國開戰。可見溝通的頻繁性與重要性。

有學者說：「溝通是人與人之間、人與群體之間思想與感情的傳遞和反饋的過程，以求思想達成一致和感情的通暢。」

既然人是溝通中的主要元素，就難免會有失序的時候。這套用在組織上也是一樣的道理。

然而當組織中產生溝通不良時，管理者要尋求哪些途徑解決並改善呢？以下有精闢解說。

一.常見的組織溝通障礙

實務上，組織最常發生的溝通障礙，大致有以下原因：

(一)訊息被歪曲：在資訊流通過程中，不管是向上或向下或平行，此訊息經常被有意或無意的歪曲，導致收不到真實的訊息。

(二)過多的溝通：管理人員常要去審閱或聽取太多不重要且細微的資訊，而不見得每個人都會判斷哪些是不需要看或聽的。

(三)組織架構的不健全：很多組織中出現溝通問題，但其問題本質不在溝通，而是在組織架構出了差錯，包括指揮體系不明、權責不明、過於集權、授權不足、公共事務單位未設立、職掌未明、任務目標模糊，以及組織配置不當等。

二.如何改善組織溝通

要徹底改善組織溝通障礙，可從幾個方向著手：

(一)溝通管道機制化：將溝通管道流程化與制度化，即以「機制」代替隨興。

(二)將P-D-C-A落實在資訊流通上：將管理功能（規劃、組織、執行、控制、督導）的行動，加以落實而改善資訊流通。

(三)建立上下左右回饋系統：應建立回饋系統，讓上、下、水平組織部門及成員都能知道任務將如何執行？執行的成果如何？將如何執行下一步？

(四)應建立員工對各項建議系統：如此將有助於組織成員能把心中不滿、疑惑、建言等意見，讓上級得知並予處理。

(五)發行組織文宣加以宣導：運用組織的快訊、出版品、光碟、廣播等，作為溝通之輔助工具。

(六)善用資訊科技加強溝通效率：運用資訊科技來改善溝通，例如：跨國的衛星電視會議、網路視訊會議、電話會議等。此外，亦經常使用公司內部員工網站或E-Mail電子郵件系統，以傳達溝通內容並達成溝通效果。

組織溝通障礙三大原因

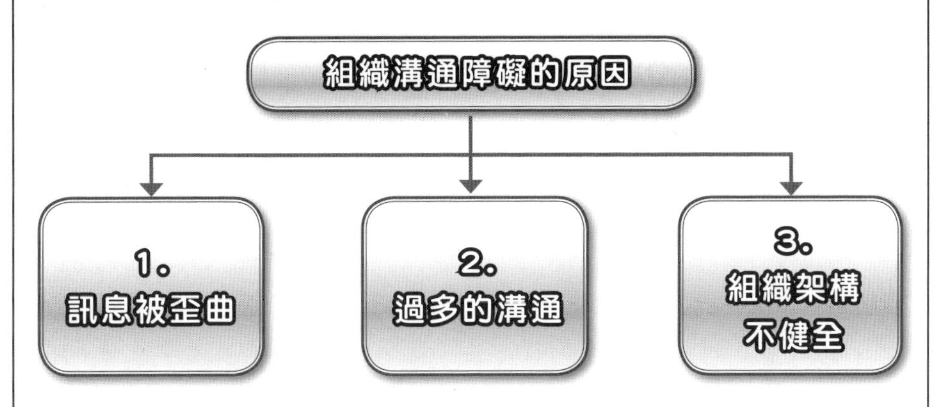

改善組織溝通六大方法

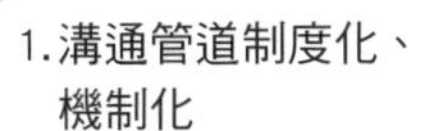

1. 溝通管道制度化、機制化

2. 將P-D-C-A落實在資訊流通上

3. 建立上、下、左、右回饋系統

4. 建立員工對各項建議系統

5. 發行快訊、出版品、光碟、廣播

5. 運用資訊工具，例如E-Mail、視訊會議、電話會議

知識補充站

你的身體會說話

溝通的模式，基本上有語言及肢體語言兩種方式。

可是企業組織溝通大多著重在語言溝通方面，即一般我們熟知的有效溝通方式：口頭語言、書面語言、圖片、圖形，甚至現在用得很多的E-Mail等。但卻忽略了可能也會是重大的影響關鍵，即肢體語言的溝通。

肢體語言其實非常廣泛又豐富，包括我們的動作、表情、眼神，甚至說話的聲調，這都是肢體語言的一部分。

總括來說，語言溝通的是訊息，肢體語言則是溝通人與人之間的思想和情感。

Unit 6-3 協調的技巧與途徑

協調與溝通有何不同呢？就表面字義來說，協調是協議調和，使意見一致；溝通是彼此間意見的交流或訊息的傳遞。因此，兩者是不同的。然而組織為何需要協調？協調時要有哪些技巧？有何管道可以有效達成協調目的？本文將說明之。

一.協調的意義

協調活動是一種將具有相互關聯性的工作，化為一致行動的活動過程。基本上，只要有兩個或以上相互關聯的個人、群體、部門，希望達到共同目標時，都需要協調活動。例如：政府為推動重大政務的各部會協調功能，或是企業要推動某項重大事項，也必須協調組織內部各部門。

二.協調型態與技巧

團隊要成功，除了團隊本身努力之外，如何與組織內其他部門協調合作更是關鍵。專案經理人，更常需要透過縱向、橫向（上、中、下）的溝通，取得其他部門的配合與支援，才能達成專案目標。因此，管理階層人員擬獲得成功的協調，須對協調型態與技巧有所了解才行。

(一)協調型態：組織理論學者亨利・明茲伯格（Henry Mintzberg,1993）提出五種組織協調設計型態：1.監督簡單化：以直接監督為基礎，重視決策高層之簡單結構；2.流程標準化：以工作流程標準化為基礎，重視技術參謀之機械式科層組織；3.運作專業化：以技能與知識標準化為基礎，重視運作階層之專業化科層組織；4.生產部門化：以工作產出標準化為基礎，重視中層管理者之部門化形式，以及5.結構彈性化：以相互調適為基礎，重視支援幕僚之機動式組織。

(二)協調技巧：由上述理論得知，實務上的管理階層人員可以考慮使用以下協調方法，讓組織運作更為順暢：1.利用規則、程序、辦法或規章進行協調；2.利用目標與標的協調；3.利用指揮系統（組織層級）協調；4.經由部門化組織協調（即改善組織配置）；5.由高階幕僚或高階助理代表最高決策人進行協調；6.利用常設之委員會或工作小組協調，以及7.經由非正式溝通管道，達成整合者或兩個部門間的協調。

三.協調的途徑

協調的途徑因為科技進步，也跟著多元豐富起來。除一般傳統上常進行的會議協調方式，親自拜訪現場協調也大有所在，而網路的便利，以電子郵件快速往返溝通達成協調也頗為頻繁。為方便讀者參考，茲將組織常用的協調途徑，整理如下：1.利用召開跨部門、跨公司之聯合會議討論；2.利用電話親自協調；3.親自登門拜訪協調；4.利用E-Mail訊息協調，以及5.利用公文簽呈方式協調等。

協調的意義

・只要有兩個或以上相互關聯的個人、群體、部門，希望達到共同目標時，都需要協調活動。

・例如：政府為推動重大政務的各部會協調功能，或是企業要推動某項重大事項，也必須協調組織內部各部門。

協調設計型態

組織理論學者亨利・明茲伯格（Henry Mintzberg,1993）提出五種組織協調設計型態：

1.監督簡單化

・以直接監督為基礎，重視決策高層之簡單結構。

2.流程標準化

・以工作流程標準化為基礎，重視技術參謀之機械式科層組織。

3.運作專業化

・以技能與知識標準化為基礎，重視運作階層之專業化科層組織。

4.生產部門化

・以工作產出標準化為基礎，重視中層管理者之部門化形式。

5.結構彈性化

・以相互調適為基礎，重視支援幕僚之機動式組織。

協調途徑

1 召開面對面跨部門、跨公司會議協調

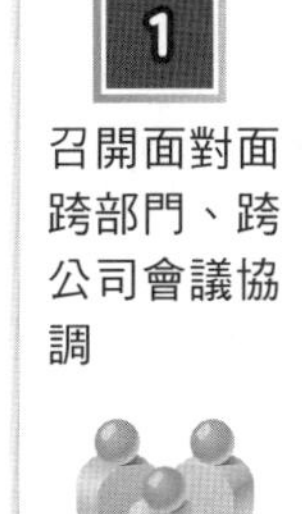

→ 2 利用電話親自協調

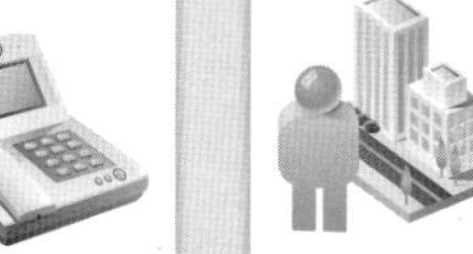

→ 3 親自登門拜會協調

→ 4 利用E-Mail訊息協調

→ 5 利用公文簽呈協調

第 7 章

激勵

章節體系架構 ▼

Unit 7-1 馬斯洛的人性需求理論

美國人本主義心理學家馬斯洛（Maslow）的需求層次理論，是研究組織激勵時，應用得最為廣泛的理論。他認為人類具有五個基本需求，從最低層次到最高層次之需求。這五種需求即使在今天，仍有許多人停留在最低層次而無法滿足。

一.生理需求

在馬斯洛的需求層次中，最低層次是對性、食物、水、空氣和住房等需求，都是生理需求。例如：人餓了就想吃飯，累了就想休息。人們在轉向較高層次的需求之前，總是盡力滿足這類需求。即使在今天，還有許多人不能滿足這些基本的生理需求。

二.安全需求

防止危險與被剝奪的需求就是安全需求，例如：生命安全、財產安全以及就業安全等。對許多員工來說，安全需求的表現如職場的安全、穩定以及有醫療保險、失業保險和退休福利等。如果管理人員認為對員工來說安全需求最重要，他們就在管理中強調規章制度、職業保障、福利待遇，並保護員工不致失業。

三.社會需求

一旦人們的生理與安全需求得到滿足後，這些需求再也不能激勵行為了。此時，社會需求就成為行為積極的激勵因子，這是一種親情、給予與接受關懷友誼的需求。例如：人們需要家庭親情、男女愛情、朋友友情等。

四.自尊需求

此需求是有關個人的自尊，亦即對自信、自立、成就、信心、知識、地位、尊敬與鑑賞的需求，包括個人有基本高學歷、公司高職位、社會高地位等自尊需求。

五.自我實現需求

最終極的需求是自我實現，或是發揮潛能，開始支配一個人的行為。每個人都希望成為自己能力所達成的人。達到這樣境界的人，能接受自己，也能接受他人。例如：成為創業成功的企業家。

小博士解說

高低需求的分界點

生理與安全需求屬於較低層次需求，而社會、自尊與自我實現，則屬於較高層次的需求。一般社會大眾，都只能滿足到生理、安全及社會需求。而社會上較頂尖的中高層人物，包括政治人物、企業家、名醫生、名律師、個人創業家或專業經理人等，才易有自我實現機會。

最高層次需求

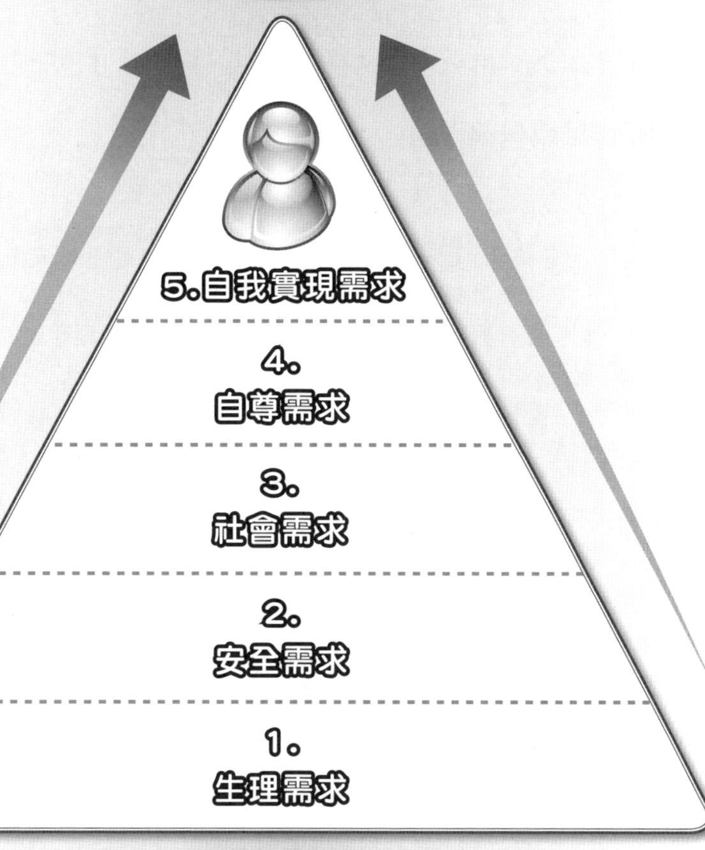

低層次需求

知識補充站

靈性需求

馬斯洛到了60年代開始感受到原先五種人性需求理論之分析仍有不足之處，最高層次的自我實現需求，似乎仍不足以說明人類精神生活所追求的終極目標，人們需要「比我們更大的東西」來超越自我實現。他在去世前一年（1969）發表一篇〈Theory Z〉文章，反省原先所發展出的需求理論後，提出了第六階段「最高需求」。他用不同字眼來描述這新加的最高需求，諸如超個人、超越、靈性、超人性、超越自我、神祕的、有道的、超人本、天人合一以及「高峰經驗」、「高原經驗」等都屬於這一層次。

Unit 7-2 其他常見激勵理論 Part I

除前文提到的馬斯洛五種人性需求的激勵理論外，還有其他學者專家提出的激勵理論六種，可資參考運用。由於內容豐富，分Part I 及Part II 兩單元說明之。

一.雙因子理論或保健理論

雙因子理論或保健理論是赫茲伯格（Herzberg）研究出來的，他認為保健因素（例如：較好的工作環境、薪資、督導等）缺少了，則員工會感到不滿。但是，一旦這類因素已獲相當滿足，則一再增加並不能激勵員工；這些因素僅能防止員工的不滿。另一方面，他認為激勵因素（例如：成就、被賞識、被尊重等），卻將使員工在基本滿足後，得到更多與更高層次的滿足。例如：對副總經理級以上高階主管來說，薪水的增加，已沒有太大感受，設若從每月10萬薪水，增加一成到11萬，並不重要。重要的是他們是否有成就感，是否被董事長尊重及賞識，而不是像做牛做馬一樣被壓榨。另外，他們是否有更上一層樓的機會，還是就此退休。

二.成就需求理論

心理學家愛金生（Atkinson）認為成就需求理論是個人的特色。高成就需求的人，受到極大激勵來努力達到成就工作或目標的滿足，同時這些人喜歡聽到別人對他們工作績效的明確反應與讚賞。此理論之發現為：1.人類有不同程度的自我成就激勵動力因素；2.一個人可經由訓練獲致成就激勵，以及3.成就激勵與工作績效有直接關係，即愈有成就動機之員工，其成長績效就愈顯著。

三.公平理論

公平理論認為每一個人受到強烈的激勵，使他們的投入、貢獻與他們的報酬之間，維持一個平衡；亦即投入與結果之間應有一合理比率，而不會有認知失調的失望。換言之，愈努力工作以及對公司愈有貢獻的員工，其所得到之考績、調薪、年終獎金、紅利分配、升官等，就愈為肯定及更多。因此，這些員工在公平機制激勵下，即會更加努力以獲得代價與收穫。例如：中國信託金控公司在2010年因盈餘達150億元，因此，員工年終獎金，即依個人考績獲得4至10個月薪資的不同激勵。

四.期望理論

期望理論認為一個人受到激勵努力工作是基於對於成功的期望。汝門（Vroom）對此提出三個概念：1.預期：表示某種特定結果對人是有報酬回饋價值或重要性，因此員工會重視；2.方法：認為自己工作績效與得到激勵之因果關係的認知，以及3.期望：努力和工作績效之間的認知關係；也就是說，我努力工作，必會有好的績效出現。

馬斯洛與赫茲伯格之比較

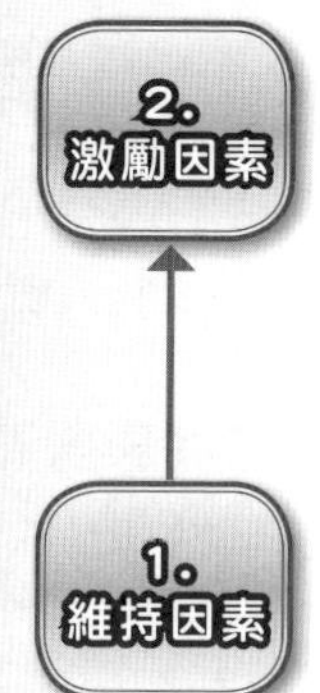

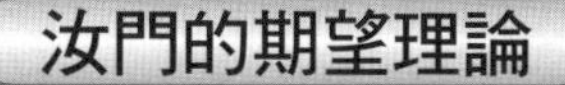

汝門的期望理論

- 員工付出努力
- 獲得高工作績效
- 依高績效能夠晉升、加薪、有獎金
- 這些對自己很重要，故有強大動機與激勵
- 所以更加努力付出，獲得好績效

知識補充站

期望理論下的激勵程序

汝門將激勵程序歸納為三個步驟：1.人們認為諸如晉升、加薪、股票紅利分配等激勵對自己是否重要？Yes。2.人們認為高的工作績效是否能導致晉升等激勵？Yes。3.人們是否認為努力工作就會有高的工作績效？Yes。

【關係圖】

努力 → 高的工作績效 → 導致晉升、加薪 → 對自己很重要

(一)期望　(二)方法　(三)預期

MF=動機作用力（MF=Motivation Force）MF=E×V；E=期望機率；V=價值

【案例】國內高科技公司因獲利佳，股價高，並且在股票紅利分配制度下，每個人每年都可以分到數十萬、數百萬，甚至上千萬元的股票紅利分配的誘因。因此，更加促進這些高科技公司的全體員工努力以赴。

Unit 7-3 其他常見激勵理論 Part II

前文Part I 已介紹了雙因子理論、成就需求理論、公平理論與期望理論等四種激勵理論，現在要繼續說明其他學者對激勵的看法了。

五.波特與勞勒動機作用模式

波特與勞勒（Porter & Lawler）兩位學者，綜合各家理論，形成較完整之動機作用模式。他們將激勵過程看作外部刺激、個體內部條件、行為表現和行為結果的共同作用過程。他們認為激勵是一個動態變化循環的過程，即：獎勵目標→努力→績效→獎勵→滿意→努力，這其中還有個人完成目標的能力，獲得獎勵的期望值，覺察到的公平、消耗力量、能力等一系列因素。只有綜合考慮到各個方面，才能取得滿意的激勵效果。

綜上所述，我們得知此理論的幾個要點：

1.員工自行努力乃因他感受到努力所獲獎金報酬的價值很高與重，以及能夠達成之可能性機率。

2.除個人努力外，還可能因為工作技能與對工作了解兩種因素所影響。

3.員工有績效後，可能會得到內在報酬（如成就感）及外在報酬（如加薪、獎金、晉升）。

4.這些報酬是否讓員工滿足，則要看心目中公平報酬的標準為何；另外，員工也會與外界公司比較，如果感到比較好，就會達到滿足了。

六.麥克里蘭的需求理論

學者麥克里蘭的需求理論（McClelland's Need Theory）乃放在較高層次需求，他認為一般人都會有三種需求：

(一)權力需求：權力就是意圖影響他人。有了權力就可以依自己喜愛的方式去做大部分的事情，並且也有較豐富的經濟收入。例如：總經理的權力及薪資就比副總經理高。

(二)成就需求：成就可以展現個人努力的成果，並贏得他人的尊敬與掌聲。例如：喜歡唸書的人，一定要有個博士學位，才覺得有成就感；而在工廠的作業員，也希望有一天成為領班主管。

(三)情感需求：每個人都需要友誼、親情與愛情，建立與多數人的良好關係，因為人不能離群而獨居。

麥克里蘭的三大需求理論與馬斯洛的五大需求理論有些近似，不過前者是屬於較高層次的需求，至少是馬斯洛的第三層以上需求。

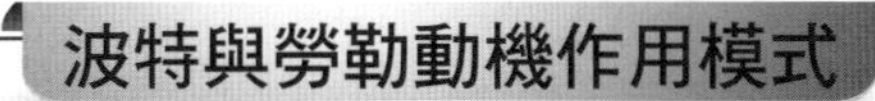
波特與勞勒動機作用模式

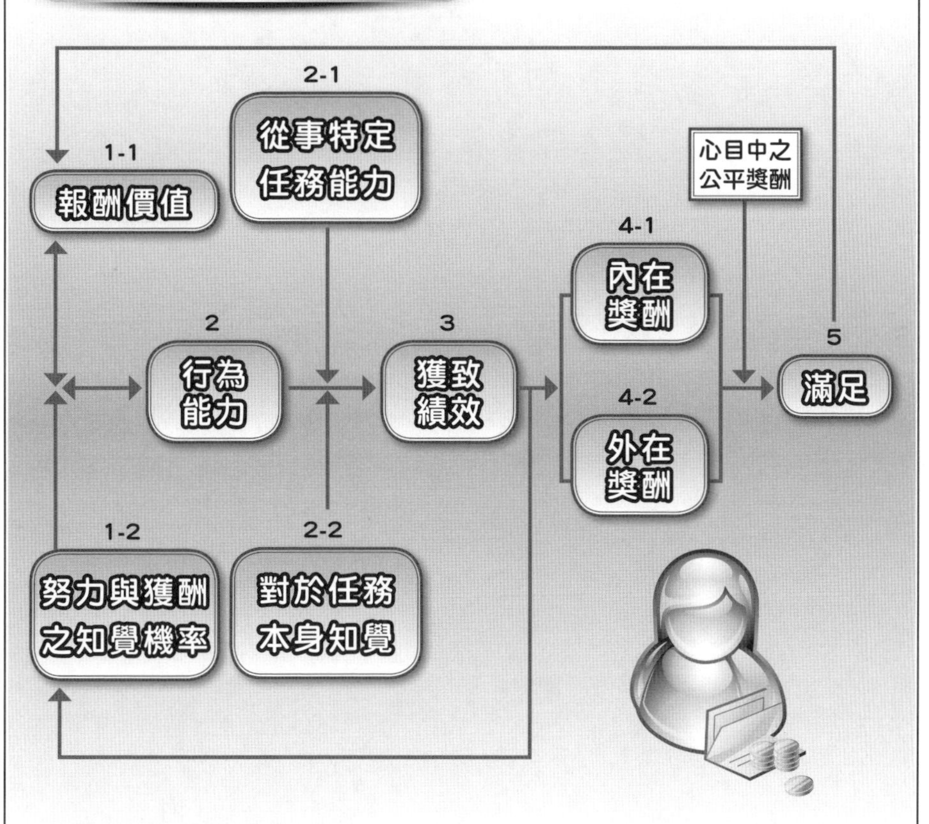
2-1
從事特定任務能力
1-1
報酬價值
心目中之公平獎酬
4-1
內在獎酬
2
3
5
行為能力
獲致績效
滿足
4-2
外在獎酬
1-2
2-2
努力與獲酬之知覺機率
對於任務本身知覺

麥克里蘭的需求理論

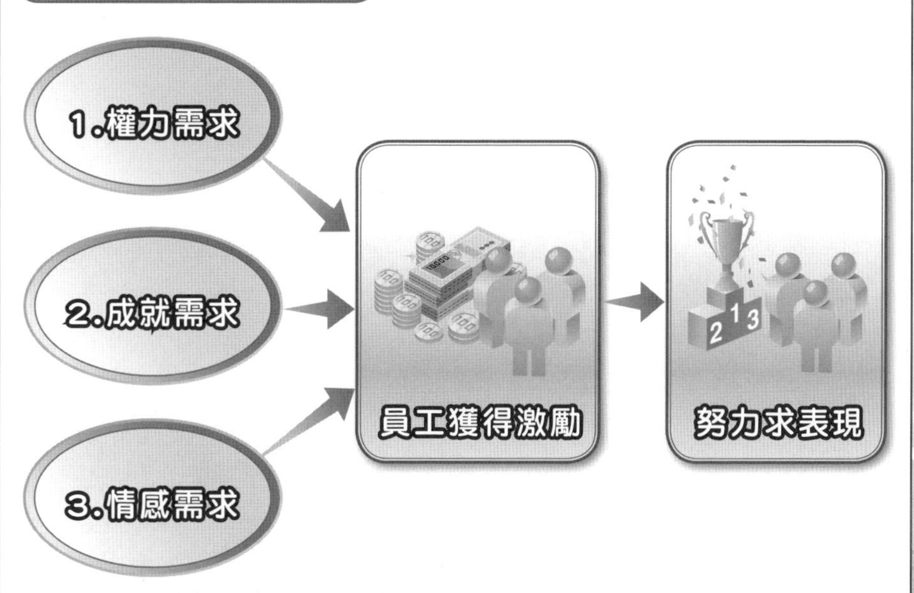
1.權力需求
2.成就需求
3.情感需求
員工獲得激勵
努力求表現

第 8 章

決策

章節體系架構 ▼

Unit 8-1 決策模式的類別與影響因素

決策是一個決策者在一個決策環境中所做的選擇；既然是選擇，就很難保證一定正確無誤，所以下決策時絕對不可輕忽可能會影響決策的每個環節及因素。

一.決策模式類別

決策程度模式可以區分為三種型態：

(一)直覺性決策：此是基於決策者靠「感覺」什麼是正確的，而加以選定。不過，這種決策模式已愈來愈少。

(二)經驗判斷決策：此是基於決策者靠「過去的經驗與知識」以擇定方案。這種決策在老闆心中，仍然存在。

(三)理性的決策：此是基於決策者靠系統性分析、目標分析、優劣比較分析、SWOT分析、產業五力架構分析以及市場分析等而選定最後決策。這是最常用的決策分析。

二.影響決策因素

哪些因素會影響決策呢？以下為決策分析應考量的六個構面：

(一)策略規劃者或各部門經理人員的經驗與態度：經理人員過去對企業發展成功或失敗的經驗，常造成首要的影響因素。而對環境變化的看法與態度也會影響決策之選擇，有些經理人員目光短淺只重近利，則與目光宏遠、重視短長期利潤協調之經理人員，自有很大不同。因此，成功的策略規劃人員及專業經理人，應該都受過策略規劃課程的訓練為佳。

(二)企業歷史的長短：若企業營運歷史長久，而且經理人員也是識途老馬時，對於決策選擇之掌握，會做得比無經驗或較新企業為佳。

(三)企業的規模與力量：如果企業規模與力量相形強大，則對環境變化之掌握控制力也會比較得心應手，亦即對外界的依賴性會較小。因此，大企業的各種資源及力量也比較厚實，包括人才、品牌、財力、設備、研發（R&D）技術、通路據點等資源項目。因此，其決策的正確性、多元性及可執行性，也就較佳。

(四)科技變化的程度：第四個構面是所處的科技環境相對的穩定程度，此包括環境變動之頻率、幅度、與不可預知性等。當科技環境變動多、幅度大，且常不可預知時，則經理人員對其所投下之心力與財力就應較大，否則不能做出正確決策。

(五)地理範圍是地方性、全國性或全球性：其決策構面的複雜性也不同，例如：小區域之企業，決策就較單純；大區域之企業，決策就較複雜；全球化企業的決策，其眼光與視野就必須更高、更遠。

(六)企業業務的複雜性：企業產品線與市場愈複雜，其決策過程就較難以決定，因為要顧慮太多的牽扯變化。若只賣單一產品，下決策就容易多了。

決策模式類別

1.直覺性決策 → 這種決策模式已愈來愈少。

2.經驗判斷決策 → 這種決策在老闆心中，仍然存在。

3.理性決策 → 這是最常用的決策分析。決策者會基於系統性分析、目標分析、優劣比較分析、SWOT分析、產業五力架構分析以及市場分析等決策。

影響決策六大構面因素

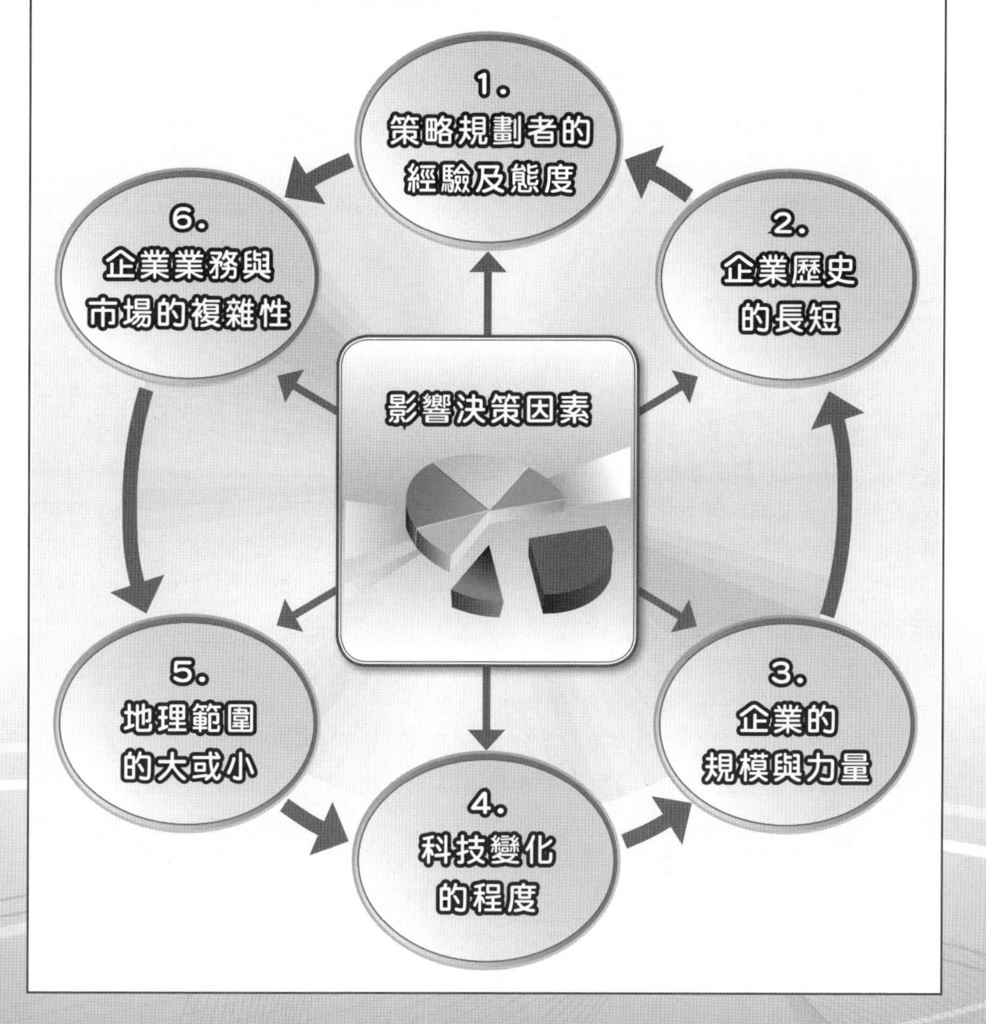

Unit 8-2 管理決策上的考量與指南

有效的管理決策，應考慮哪些變數才能讓決策有實質效果？以下我們探討之。

一.管理決策上的考慮點

一個有效的管理決策，應該考慮到以下幾項變數之影響：

(一)決策者的價值觀：一項決策的品質、速度、方向之發展，與組織之決策者的價值觀有密切關係，特別是在一個集權式領導型的企業中。例如：董事長式決策或總經理式決策模式。

(二)決策環境：包括確定情況如何、風險機率如何，以及不確定情況如何。

(三)資訊不足與時效的限制：決策有時有其時間上壓力，必須立即下決策，若資訊不足時會存在風險。此外，另一種狀況是此種資訊情報相當稀少，也存在風險。這在企業界也是常見的。因此，更須仰賴有豐富經驗的高階主管判斷了。

(四)人性行為的限制：包括負面的態度、個別的偏差，以及知覺的障礙。

(五)負面的結果產生：做決策時，也必須考量到是否會產生不利的負面結果，以及能否承受。例如：做出提高品質的決策，可能相對帶來更高的成本。

(六)對他部門之影響關係：對某部門的決策，可能會不利其他部門時，也應一併顧及。

二.有效決策之指南

要讓決策有實質效果，應該掌握以下幾點：

(一)要根據事實：有效的決策，必須根據事實的數字資料與實際發生情況訂定，切不可道聽塗說。因此，決策前的市調、民調及資料完整、數據齊全是很重要的。

(二)要敞開心胸分析問題：在分析的過程中，決策人員必須將心胸敞開，不能侷限於個人的價值觀、理念與私利，如此才能尋求客觀性與可觀性。另外，也不能報喜不報憂，或是過於輕敵與自信。

(三)不要過分強調決策的終點：這一次的決策，並非此問題之終結點，未來持續相關的決策還會出現，而且僅以本次決策來看，也未必一試即能成功；有必要時，仍要彈性修正，以符實際。實務上，也經常如此，邊做邊修改，沒有一個決策是十全十美可以解決所有問題，決策是有累積性的。

(四)檢查你的假設：很多決策的基礎是根源於已定的假設或預測，然而當假設預測與原先構想大相逕庭時，這項決策必屬錯誤。因此，事前必須切實檢查所做之假設。

(五)下決策時機要適當：決策人員跟一般人一樣，也有情緒起伏。因此為不影響決策之正確走向，決策人員應該於心緒最平和、穩定以及頭腦清楚時，才做決策。

管理決策上的考慮點

1.決策者的價值觀 → 例如董事長式決策或總經理式決策模式。

2.決策環境 → 包括確定情況如何、風險機率如何，以及不確定情況如何。

3.資訊不足與時效限制 → 這在企業界也是常見的，更須仰賴有豐富經驗的高階主管判斷。

4.人性行為的限制 → 負面的態度、個別的偏差，以及知覺的障礙。

5.負面結果產生 → 例如做出提高品質的決策，可能相對帶來更高的成本。

6.對他部門的影響 → 對某部門所做之決策，可能會不利於其他部門。

有效決策指南要點

1.要根據事實

決策之前的市調、民調及資料完整、數據齊全是很重要的。

2.要敞開心胸分析問題

決策人員不能侷限於個人的價值觀、理念與私利，如此才能客觀。也不能報喜不報憂，或過於輕敵與自信。

3.不要過分強調決策終點

實務上，也經常邊做邊修改，沒有一個決策是十全十美可以解決所有問題，決策是有累積性的。

4.檢查你的假設

為免假設與原先構想大相逕庭，故事前必須切實檢查所做之假設。

5.下決策時機要適當

決策人員應該於心緒最平和、穩定，以及頭腦清楚時，才做決策。

Unit 8-3 如何提高決策能力 Part I

作為一個企業家、高階主管、企劃主管，甚至是企劃人員，最重要能力是展現在他的「決策能力」或「判斷能力」。因為，這是企業經營與管理的最後一道防線。究竟要如何增強自己的決策能力或判斷能力？國內外領導幾萬名、幾十萬名員工的大企業領導人，他們之所以卓越成功，擊敗競爭對手，取得市場領先地位，不是沒有原因的。最重要的原因是——他們有很正確與很強的決策能力與判斷能力。

依據筆者工作與教學經驗，歸納十一項有效增強自己決策能力的作法，由於內容豐富，分Part I、Part II與Part III三單元提供讀者參考。

一.多吸取新知與資訊

多看書、多吸取新知，包括同業及異業資訊，是培養決策能力的第一個基本功夫。統一超商前總經理徐重仁曾要求該公司主管，不管每天如何忙碌，都應靜下心來，讀半個小時的書，然後想想看，如何將書上的東西，運用到自己的公司、自己工作單位。

依筆者的經驗與觀察，吸取新知與資訊大概可有幾種管道：1.國內外專業財經報紙；2.國內外專業財經雜誌；3.國內外專業研究機構的出版報告；4.專業網站；5.國內外專業財經商業書籍；6.國際級公司年報及企業網站；7.跟國際級公司領導人訪談、對談；8.跟有學問的學者專家訪談、對談；9.跟公司外部獨立董事訪談、對談，以及10.跟優秀異業企業家訪談、對談。

值得一提的是，吸收國內外新知與資訊時，除了同業訊息一定要看，異業的訊息也必須一併納入。因為非同業的國際級好公司，也會有很好的想法、作法、戰略、模式、計畫、方向、願景、政策、理念、原則、企業文化及專長等，值得借鏡學習與啟發。

二.掌握公司內部會議與自我學習機會

大公司經常舉行各種專案會議、跨部門主管會議或跨公司高階經營會議等，這些都是非常難得的學習機會。從這裡可以學到什麼東西呢？

(一)學到各個部門的專業知識及常識：包括財務、會計、稅務、營業（銷售）、生產、採購、研發設計、行銷企劃、法務、品管、商品、物流、人力資源、行政管理、資訊、稽核、公共事務、廣告宣傳、公益活動、店頭營運、經營分析、策略規劃、投資、融資等各種專業功能知識。

(二)學到資深報告臨場經驗：學到高階主管如何做報告及如何回答老闆的詢問。

(三)學到卓越優秀老闆如何問問題、裁示、做決策，以及他的思考點及分析構面：另外，老闆多年累積的經驗能力，也是值得傾聽。老闆有時也會主動拋出很多想法、策略與點子，也是值得吸收學習。

有效增強決策能力十一項要點

幹部人員增強決策能力與判斷力的十一項要點

1.多看書、多吸取新知與資訊（包括同業與異業）

2.應掌握公司內部各種會議的學習機會

3.應向世界級卓越公司借鏡

4.提升學歷水準與理論的精實

5.應掌握主要競爭對手與主力顧客的動態情報

6.累積豐厚的人脈存摺

7.親臨第一現場，腳到、眼到、手到、心到

8.善用資訊工具

9.思維要站在戰略高點與前瞻視野

10.累積經驗能量，養成直覺判斷力或直觀能力

11.有目標、有計畫、有紀律的終身學習

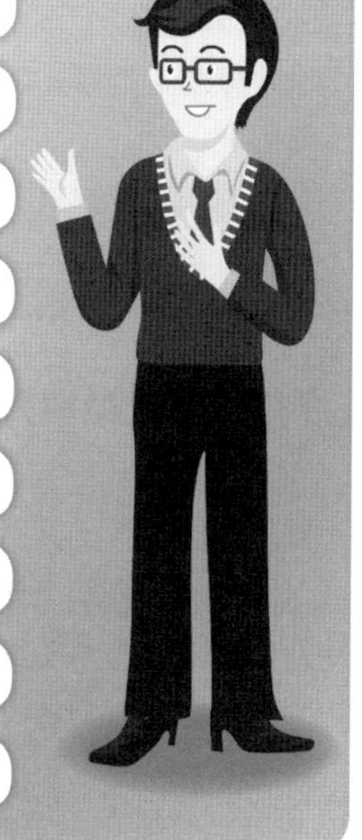

知識補充站

得勝的人生

人生不可避免的，每天必須面對大小問題，同時要成為一個得勝者。「得勝」的希臘文意思是「解決問題」，因此一個得勝者就是解決問題的人，其成功的祕訣在於面對問題、困難或壓力的心態。成功的人通常堅持正面的心態，有堅強的信念，相信自己不會被拉下去，可以超越並且成功的征服它，當情況愈來愈困難時，他們看到的永遠是機會。

Unit 8-4 如何提高決策能力 Part II

前文Part I 提到多吸取新知與資訊，以及掌握公司內部會議自我學習機會等兩種有效增強決策能力的要點，本單元繼續介紹其他三種，希望讀者能從中得到如何增強決策能力的啟示。

三.應向世界級卓越公司借鏡

世界級成功且卓越的公司一定有其可取之處，臺灣市場規模小，不易有跨國級與世界級公司出現。因此，這些世界級大公司的發展策略、人才培育、經營模式、競爭優勢、決策思維、企業文化、營運作法、獲利模式、組織發展、研發方向、技術專利、全球運籌、世界市場行銷、國際資金等，在在都有精闢與可行之處，值得我們學習與模仿。

借鏡學習的方式，可有幾種：1.展開參訪實地見習之旅，讀萬卷書，不如行萬里路，眼見為實；2.透過書面資料蒐集、分析與引用，以及3.展開雙方策略聯盟合作，包括人員、業務、技術、生產、管理、情報等多元互惠合作，必要時要付些學費。

四.提升學歷水準與理論精進

現代上班族的學歷水準不斷提升，大學畢業生滿街都是，進修碩士成為晉升主管的「基礎門檻」，進修博士也對晉升為總經理具有「加分效果」。這當然不是說學歷高就是做事能力高或人緣好，而是說如果兩個人具有同樣能力及經驗時，老闆可能會拔擢較高學歷的人或名校畢業者擔任主管。

另外，如果你是四十歲的高級主管，但三十多歲部屬的學歷都比你高時，你自己也會感受些許壓力。

提升學歷水準，除了增加自己的自信心之外，在研究所所受的訓練、理論架構的井然有序、專業理論名詞的認識、整體的分析能力、審慎的決策思維，以及邏輯推演與客觀精神建立等，對每天涉入快速、忙碌、緊湊的營運活動與片段的日常作業中，恰好是一個相對比的訓練優勢。唯有實務結合理論，才能相得益彰，文武合一（文是學術理論精進，武是實戰實務）。這應是最好的決策本質所在。

五.應掌握主要對手動態與主力顧客需求情報

俗稱「沒有真實情報，就難有正確決策」，因此，儘量周全與真實的情報，將是正確與及時決策的根本。要達成這樣的目標，企業內部必須要有專責單位，專人負責此事，才能把情報蒐集完備。

好比是政府也有國安局、調查局、軍情局、外交部等單位，分別蒐集國際、大陸及國內的相關國家安全資訊情報，是一樣的道理。

提升判斷力的十六項要點

如何提升判斷力的十六項要點

1.個人經驗要加速累積
2.具有經驗的長官要好好指導
3.個人要更加勤奮，勤能補拙
4.個人要累積更多的專長及非專長知識
5.個人要看更多的、更廣泛性的常識
6.個人要養成大格局／全局的觀念
7.個人要具有高瞻遠矚的眼光
8.個人要參考以前成功或失敗的經驗
9.要加強各種方式的訓練
10.要加強各種語言的充實
11.不懂的要多問
12.要多思考、深思考、再思考
13.要了解、體會及記住老闆的訓示
14.要接觸更多外部的人
15.要堅持科學化、系統化的數據分析
16.最後靠直覺也很重要

知識補充站

得勝者面對困境應有的態度

想成為一個得勝者，面對困難應有的基本心態是：1.困難是暫時的，沒有什麼問題是永遠存在，要永遠存有盼望；2.困難帶有好機會，每件事都有正反兩面，換個角度來看，就會帶來好處；3.困難試驗信心，如果自己的信心只在順境時堅強，這信心不是真的，以及4.困難能帶來成長，面臨困難時，不要讓自己因困境而變得苦惱，而要因此成長。

困難就好比舉重，不練習舉重就不會有肌肉；困境就像生命的重量，鍛鍊個人性格的肌肉。當面臨受傷、痛苦難過時，不必裝出快樂的樣子，受傷就是受傷了。但是在面對傷害的同時，還是可以選擇積極地面對，只有從對壓力的反應，才能更認識自己性格的深度。

當一切進行順利時，對別人好很容易；但更重要的是，當人對我們不公平的時候，我們是否仍然恩慈待人。

Unit 8-5 如何提高決策能力 PartIII

前文Part I 與Part II 已提到五種有效增強決策能力的要點，本單元繼續介紹其他六種。

六.累積豐厚的人脈存摺

豐厚人脈存摺對決策形成、決策分析評估及做出決策，有顯著影響。尤其，在極高層才能拍板的狀況下，唯有良好的高層人脈關係，才能達成目標，這不是年輕員工能做到的。此時，老闆就能發揮必要的臨門一腳效益。對一般主管而言，豐富的人脈自然要建立在同業或異業的一般主管。人脈存摺不必然是每天都會用到的，但需要用時，就能顯現它的重要性。

七.親臨第一線現場

各級主管或企劃主管，除了坐在辦公室思考、規劃、安排並指導下屬員工，也要經常親臨第一線，這樣才不會被下屬矇蔽，有助決策擬定。例如：想確知週年慶促銷活動效果，應到店面走走看看，感受當初訂定的促銷計畫是否有效，以及什麼問題沒有設想到，都可以作為下次改善的依據。

八.善用資訊工具提升決策效能

IT軟硬體工具飛躍進步，過去需依賴大量人力作業，又費時費錢的資訊處理，現在已得到改善。另外，由於顧客或會員人數不斷擴大，高達數十萬、上百萬筆等客戶資料或交易銷售資料，要仰賴IT工具協助分析。目前各種ERP、CRM、SCM、PRM、POS等，都是提高決策分析的工具。

九.思維要站在戰略高點與前瞻視野

年輕的企劃人員，比較不會站在公司整體戰略思維高點及前瞻視野來看待與策劃事務，這是因為經驗不足、工作職位不高，以及知識不夠寬廣。這方面必須靠時間歷練，以及個人心智與內涵的成熟度，才可以提升自己從戰術位置，躍升到戰略位置。

十.累積經驗能量成為直覺判斷力

日本第一大便利商店，前7-11公司董事長鈴木敏文曾說過，最頂峰的決策能力，必須變成一種直覺式的「直觀能力」，依據經驗、科學數據與個人累積的學問及智慧，就會形成一種直觀能力，具有勇氣及膽識下決策。

十一.有目標、有計畫、有紀律的終身學習

人生要成功、公司要成功、個人要成功，總結而言，就是要做到「有目標、有計畫、有紀律」的終身學習。

缺乏判斷力會造成的九大不利

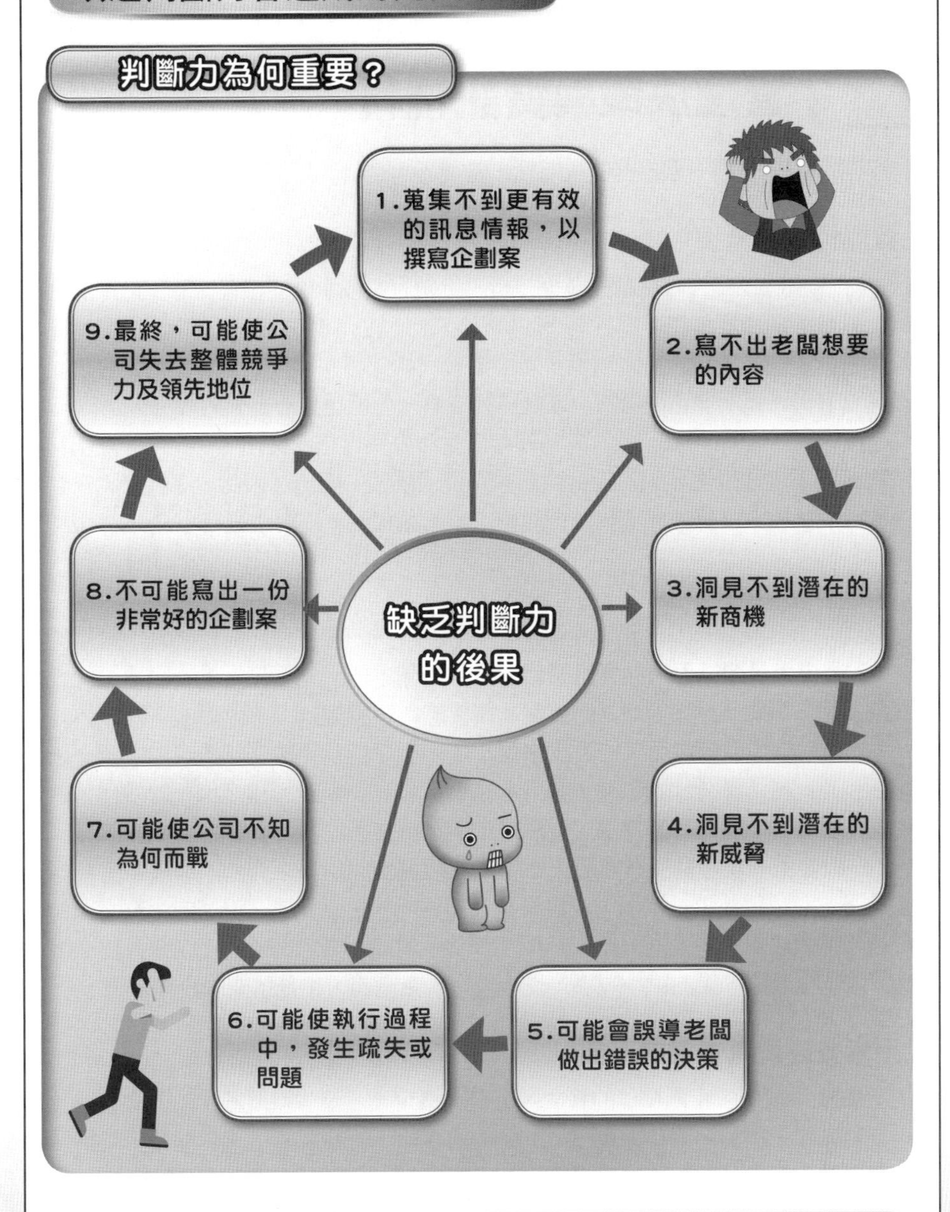

知識補充站

有助決策的第一現場

主管做決策時，最好常常親臨以下幾個第一線現場：1.直營店、加盟店門市；2.大賣場、超市；3.百貨公司賣場；4.電話行銷中心或客服中心；5.生產工廠；6.物流中心；7.民調、市調焦點團體座談會場；8.法人說明會；9.各種記者會；10.戶外活動，以及11.顧客所在現場等，如此才不會被屬下矇蔽。

Unit 8-6 管理決策與資訊情報

資訊情報對任何一個部門的重要性，當然不可言喻，以下我們將探討之。

一.資訊情報的重要性

過去筆者在撰寫經營企劃、競爭分析、行銷企劃或產業商機報告時，最感到困難之處，就是外部資訊情報的不容易準確與及時的蒐集。特別是競爭對手的發展情報，以及某些新產品、新技術、新市場、新事業獲利模式等；國外最新資訊情報，也是不容易完整取得，甚至要花錢購買，或赴國外考察，才能得到一部分的解決。

資訊情報一旦不夠完整或不夠精確時，當然會使自己或長官、老闆無法做出精確有效的決策，也連帶使你的報告受到一些質疑或重做的處分。因此，總結來說，企劃人員的一大挑戰，就是外部資訊是否能夠完整的蒐集到，這對企劃寫手是一大考驗。

二.資訊情報獲取來源

依筆者多年實務經驗，撰寫企劃案的資訊情報的主要來源，可歸納以下幾點：

(一)經由大量閱讀而來的資訊情報：這是最基本的。先蒐集大量資訊情報，透過快速的閱讀、瀏覽，然後擷取其中重點及所要的內容段落。

(二)親自詢問及傾聽而來的資訊情報：這是指有些資訊情報無法經由閱讀而來，必須親自詢問。這部分比例不少，只是必須有能力判斷是否正確？但不管如何，就顧客導向而言，詢問及傾聽其需求，當然是企劃案撰寫過程非常重要且必要的一環。

(三)親臨第一現場觀察與體驗：除了上述兩種資訊情報來源外，最後還有一個很重要的是，必須親赴第一現場，親自觀察及體驗，才可以完成一份好的企劃案，如果不赴現場，與現場人員共同規劃、分析、評估及討論，又怎麼能夠憑空想像出來呢？因此，走出辦公室，走向第一現場，從「現場」企劃起，也是重要的企劃要求。

三.平常養成資訊情報的蒐集

企劃高手或優秀企劃單位的養成，不是一蹴可幾，至少需要五年以上的歷練及養成，包括人才、經驗、資料庫及單位的能力與貢獻。筆者認為從平常開始，就應展開以下有系統的蒐集更多、更精準的各種資訊情報：

(一)不出門，而能知天下事──閱讀而來，大量閱讀：必須指定專業單位、專業人員閱讀，並且提出影響評估及因應對策上呈。

(二)詢問及傾聽而來──多問、多聽、多打聽：必須指定專業單位及專業人員去問去聽，並且提出報告上呈。

(三)現場觀察而得：經常、定期親赴第一線生產、研究、銷售、賣場、服務、物流、倉儲等據點仔細觀察，並且提出報告上呈。

(四)平時應主動積極的參與各種活動：藉此建立自己豐沛的外部人脈存摺。

資訊情報獲取三來源

1.閱讀來源

❶閱讀國內/國外各種專業、綜合財經與商業的報章雜誌、期刊、專刊、研究報告、調查統計等。

❷閱讀國內／國外同業及競爭對手的各種公開報告及非公開報告（包括上網閱讀）。

❸閱讀國內／國外重要客戶及其上、中、下游產業價值鏈等業者的動態資訊。

❹閱讀有關消費者研究報告。

2.詢問及傾聽

向下列單位或人員詢問及傾聽，包括：通路商、銀行、會計師、律師、投資銀行、外資、證券公司、同業記者、上游供應商、競爭對手公司內部消息、政府行政主管單位及其他等。

3.現場觀察

向下列單位現場人員觀察而來，包括：國內外生產公司、經銷商、零售商、研發中心、設計中心、採購中心、全球營運中心及競爭對手等。

蒐集資訊情報的管道

平常蒐集更多更精確資訊情報的準備

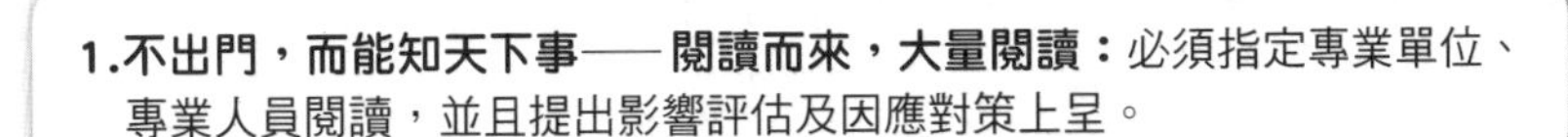

1.不出門，而能知天下事——閱讀而來，大量閱讀：必須指定專業單位、專業人員閱讀，並且提出影響評估及因應對策上呈。

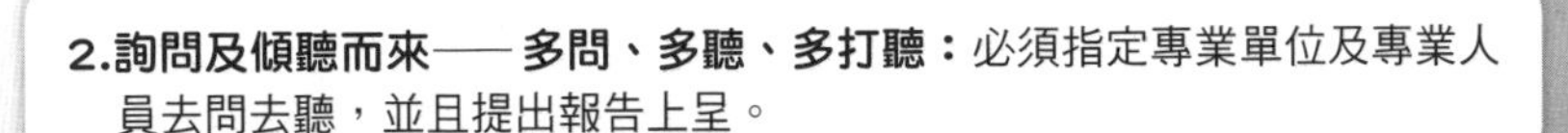

2.詢問及傾聽而來——多問、多聽、多打聽：必須指定專業單位及專業人員去問去聽，並且提出報告上呈。

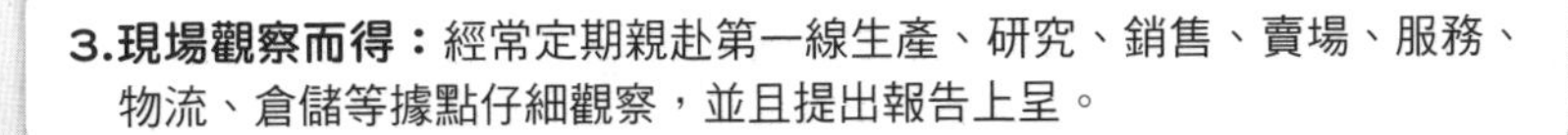

3.現場觀察而得：經常定期親赴第一線生產、研究、銷售、賣場、服務、物流、倉儲等據點仔細觀察，並且提出報告上呈。

4.平常應主動積極的參與各種活動：藉此建立自己豐沛的外部人脈存摺及活躍的人際關係。

Unit 8-7 決策當時不同觀點的考量

企業高階主管每天都在做決策，但如何做出正確的決策，乃是一門學問。因為決策過程中經常會面對不同觀點的考量，其中內心之忐忑，有經驗之人士必能理解。

一.決策時不同觀點的考量

當最高經營者或決策者要對公司重大決策做選擇時，經常要面對不同觀點的考量，包括是：1.長期或短期？2.有形或無形效益？3.戰略或戰術？4.巨觀或微觀？5.看一事業部或整個公司？6.迫切或可以緩慢些？7.短痛或長痛？以及8.集中或分散？

實務上，面對不同現象的考量，如何取得平衡，以及捨小取大，應是思考主軸。

二.絕不逃避事實

企業經營者及企劃高手，應對重大事件與問題追根究柢。在整個實事求是的企劃過程，企劃人員應該力行以下原則，即：1.發生問題，必有原因；2.決定事情，應先有方案；3.做事情，當然有風險，以及4.欲知事實，必須深入調查。

成功傑出的經營者，經常問「看見什麼事實」就是本文最佳寫照。然而如何實事求是？即必須：1.有問題→必有原因→查明原因；2.決定事實→先有方案→選擇方案；3.做事情→有風險→分析未來，以及4.欲知事實→必經調查→才能掌握狀況。

三.增強決策信心的原則

由上所述，我們看到做決策當下的複雜性與重要性，因此當決策者信心不足而憂慮決策錯誤怎麼辦時，美國管理協會提供以下原則作為有效增強決策信心的參考：

(一)認清並避免偏見：問題也許出在解決方法本身、建議者或剖析問題的工具。認清偏見及避免偏見，有助於深入了解思考模式，進而改善決策品質。

(二)讓別人參與集思廣益，比自己一個人強：理想的情況，應該強迫自己傾聽與自己相左的意見，不宜太有戒心，因為每個人都有其優點，有助於做出最佳決策。

(三)別用昨日辦法解決今日問題：世界變化快，不容以陳腐答案解答新問題。

(四)讓可能受影響的人也參與其事：不論最後決定如何，若事前徵詢過受影響的員工，不但能促使其更投入行動計畫，而且更能共同承擔決策的成敗與執行的信心。

(五)確定對症下藥：我們常把重點擺在症狀，其實應看到問題本質而非表面。

(六)考慮盡可能多元的解決方法：經過個別或集體激盪後，找出盡可能多元的解決方法，然後逐一評估其利弊得失，再選擇最後最好的辦法。

(七)檢查情報數據正確性：若根據具體資料決定，先驗證數據確實，以免被誤導。因此，幕僚作業很重要。

(八)認清解決方法有可能製造新問題：先進行小範圍測試效果，再全面落實。

(九)徵詢批評指教：宣布決定前，應讓原先參與初步討論的人士有機會表示反對或提供不同意見。

決策當下各種觀點的考量

做決策時的不同觀點思考，很重要！

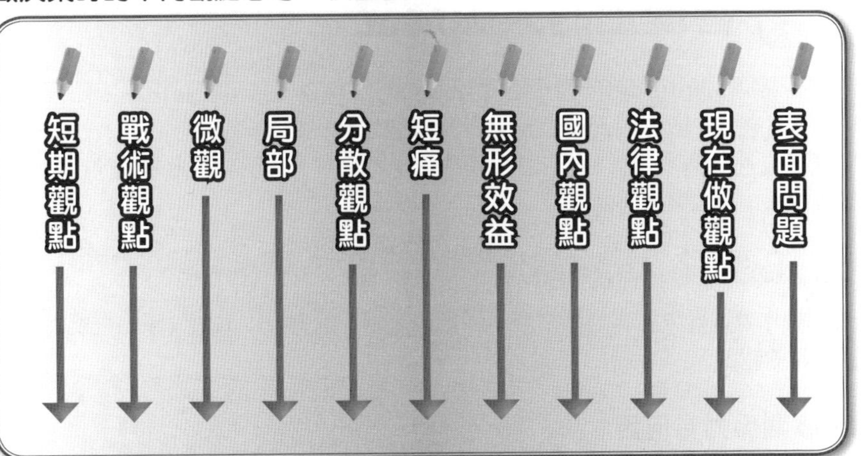

or

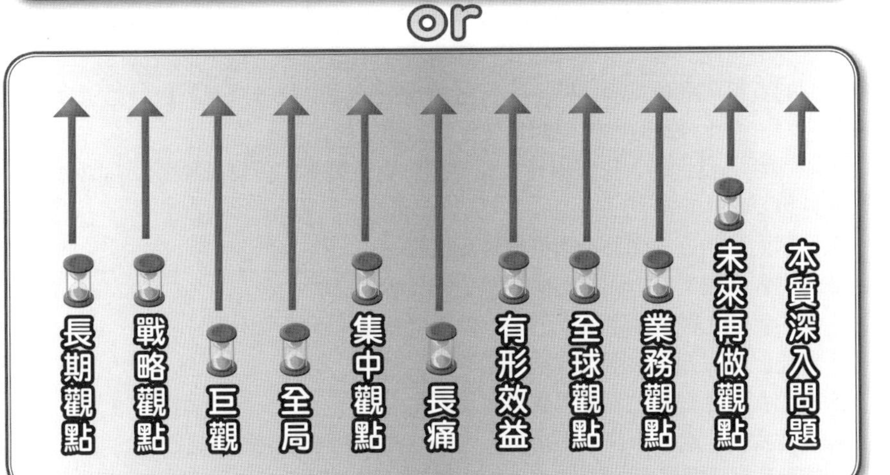

增強決策信心九項原則

1.認清並避免你的偏見

2.讓別人參與集思廣益，比自己一個人強

3.別用昨日辦法來解決今日問題

4.讓可能受影響的人也參與其事

5.確定是對症下藥

6.考慮盡可能多元的解決方案

7.檢查情報數據是否正確

8.先小規模試行看看

9.多徵詢批評指教

Unit 8-8 管理上的人脈建立

史丹福（Stanford）研究中心曾經發表一份調查報告，結論指出，一個人賺的錢，12.5%來自知識、87.5%來自關係。這個數據是否令你震驚？

再看看坊間許多有關人脈存摺的著作，你會發現，人脈競爭力是如何在個人與企業的成就裡，扮演著重要的角色。

這麼說來，時間就是金錢，人脈就等於錢脈，我們不僅要思考人脈建立的重要性，更要把有限的時間與精力用在對的人、事、物上。

或許你會質疑人脈真的那麼有用嗎？看完以下說明後，你對人脈的重要性將會有更深一層的認識。

一.人脈關係力有何用

在企劃過程中，人脈關係或人脈存摺，當然也扮演了一定的角色。因為企劃案的撰寫內容，不可能只有從各種次級資料報告中、上網查詢下載中或是公司內部各種可以拿得到的資料，就可以滿足的。它一定還需要外部很難拿到或不是自己所專精領域的資訊情報。因此，此時就需要仰賴外部的人脈關係不可。

總括來說，良好的人際關係及人脈存摺，對企劃案的撰寫、思考及判斷，有下列幾點你意想不到的助益：

1.可幫助我們蒐集到不易獲得的資訊情報。

2.可供我們做某些方面或某些數據上的「求證之用」。

3.有助我們比較快速了解我們所不熟悉的行業、產業與市場。

4.有助促成我們尋找國內或國外策略聯盟合作之用。

5.有助我們企劃案內容集思廣益討論之用。

6.有助我們促進政府修改不合時宜之法令與有利的產業政策之改變。

7.有助我們比較快的安排國外先進國家參訪與見習之用。

8.有助引進國外知名品牌及廠商之合作。

9.有助引進國際財務資金之募集。

二.應跟誰建立人脈存摺

人脈存摺當然愈多愈好，不管是經常可用或長期才用，都是值得我們用心經營及維繫，包括下列這些對象：1.上游供應商（原物料廠商、零組件廠商、進口貿易商、代理商）；2.同業友好廠商；3.下游大客戶（國外OEM大客戶）；4.下游通路商（經銷商、批發商、零售商）；5.政府行政機構；6.國外政府機構；7.媒體界、公關界；8.大學及學者教授；9.產業專家們；10.國內外研究單位；11.國內外銀行主管；12.國內外知名財務公司、投資銀行、招募籌資；13.國內外知名會計師事務所、律師事務所及企管顧問公司；14.國內外財團法人；15.過去相關同學及同事們，以及16.其他各種單位及人員等。

好人脈九大助益

人脈關係良好的益處

良好的人際關係及人脈存摺，對企劃案的撰寫、思考及判斷，很有助益

1.可幫助我們蒐集到不易獲得的資訊情報。

2.可供我們做某些方面或某些數據上的「求證之用」。

3.有助我們比較快速了解我們所不熟悉的行業、產業與市場。

4.有助促成我們尋找國內或國外策略聯盟合作之用。

5.有助我們企劃案內容集思廣益討論之用。

6.有助我們促進政府修改不合時宜之法令與有利的產業政策之改變。

7.有助我們比較快的安排國外先進國家參訪與見習之用。

8.有助引進國外知名品牌及廠商之合作。

9.有助引進國際財務資金之募集。

應跟誰建立人脈存摺

- 1.上游供應商（原物料廠商、零組件廠商、進口貿易商、代理商）
- 2.同業友好廠商
- 3.下游大客戶（國外OEM大客戶）
- 4.下游通路商（經銷商、批發商、零售商）
- 5.政府行政機構
- 6.國外政府機構
- 7.媒體界、公關界
- 8.大學及學者教授
- 9.產業專家們
- 10.國內／國外研究單位
- 11.國內／國外銀行主管
- 12.國內／國外知名財務公司、投資銀行、招募籌資
- 13.國內／國外知名會計師事務所、律師事務所及企管顧問公司
- 14.國內／國外財團法人
- 15.過去相關同學及同事們　16.其他各種單位及人員

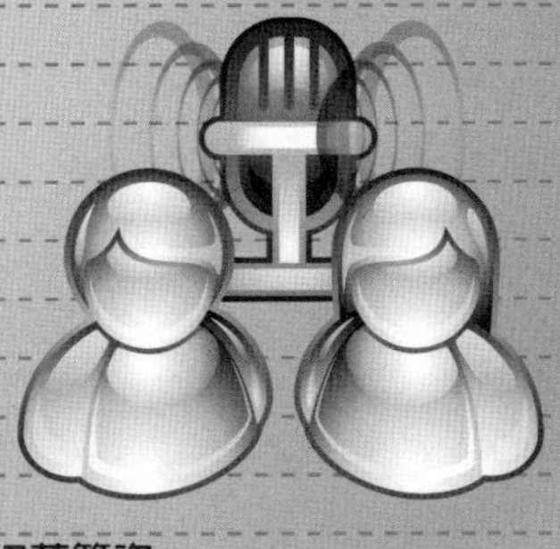

Unit 8-9 管理決策與思考力

筆者經過長時間的實務經驗，認為一個成功企劃家，不只是要熟悉前文各種可以提升企劃能力的知識與技能外，最重要的是，時時保持頭腦的清晰度，以便做深入的思考。

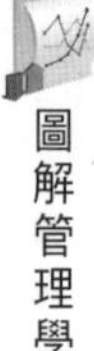

一.成功管理過程中的無形化關鍵能力

最近，筆者深深覺得，一個所謂成功企劃家的產生過程，應該會受到兩種比較高層次的關鍵無形能力的影響，我把它們歸納為兩種力量：

(一)辨思力：係指辨證與思考的能力養成。當面對一個企劃案的構思、撰寫、完成及交付執行之前，到底有沒有經過多人及多個單位的共同討論、辨證、集思廣益、佐證以及深入思考。我過去多年的實務經驗告訴我，有不少公司、不少部門及不少個人，是沒有經過辨思的過程，這就大大增加了失敗的風險因子。

(二)判斷與決策力：係指是否有能力判斷對與錯、是與非、值得與不值得、現在或未來、方向對不對、本質是什麼、為何要如此做等相關必須讓你做出判斷的人、事、物。然後，最後是Yes or No的決策指令力。

二.隨時記著「深思考」

你一定要有深思考的習慣及能力，然後你才會有與眾不同的洞見及觀察，也才會看出企劃的問題點及商機點。但這必須平時即養成深思考的習慣性動作，而不是人云亦云，人家講什麼，你就附和什麼，一點也沒有自己的主見、分析、觀點及判斷力。如果你是這樣沒有定見的人，成功的企劃案就會離你愈來愈遠。

因此，你的心裡、你的腦海裡，一定要隨時放著「深思考」三個字。請你務必思考、再思考、三思考及深思考，然後再做發言、再做下筆、再做結論、再請總裁指示與指導。能如此，那麼犯錯的機會就會降到最低，而成功機會則會提升到最高。

筆者堅信，一個企劃高手，也必然是一個會「深思考」的高手。

三.如何提高思考能力

至於要如何提高思考能力呢？有以下幾個重點可參考：1.要對問題的最核心本質是什麼，追出最根本的東西；2.要從廣度、深度及重度來看待；3.要有充足的經驗、知識及常識；4.要集思廣益的思考，而非靠一個人的思考；5.不能完全人云亦云，要不斷的問為什麼；6.不能完全依賴過去的經驗及成功，有時要有顛覆傳統及創新的想法；7.要追索出真理及真相；8.要某種程度建立在科學數據分析上；9.有時是靈光乍現、直觀、直覺反射的，以及10.要有嚴謹的邏輯推理能力。

企劃過程中二種無形力

投入（Input）

某人、事件、某物

企劃案

過程（Process）

你有這種能力嗎？

辨思力 ＋ 判斷與決策力

成功企劃的二種無形關鍵能力

產出（Output）

決定

提高思考能力十重點

1.要對問題的最核心本質是什麼，追出最根本的東西

2.要從廣度、深度及重度來看待
- 能看得廣：全方位、全局、多角度的思考點
- 能看得深：一直看到縱深的思考點
- 能看得遠：優先性（Priority）的思考點

3.要有充足的經驗、知識及常識

4.要集思廣益的思考，而非靠一個人的思考

5.不能完全人云亦云，要不斷的問Why? Why? Why?

6.不能完全依賴過去的經驗及成功，有時要有顛覆傳統及創新的想法

7.要追索出真理及真相出來

8.要某種程度建立在科學數據分析上

9.有時是靈光乍現、直觀、直覺反射的

10.要有嚴謹的邏輯推理能力

第 9 章

控制與考核

章節體系架構 

Unit 9-1 控制的類別及原因

控制是一項確保各種行動，均能獲致預期成果的工作。如果沒有控制或考核制度與相關部門，那麼計畫的推動就很難百分百的落實了。

一.控制的類別

基本上，組織內各種營運工作，應有以下三種類別的控制方法可資運用：

(一)事前控制或初步控制：係指在規劃過程時，已採取各種預防措施，例如：政策、規定、程序、預算、手續、制度等之研訂以及各種資源之準備與配置。例如：SOP制度（Standard Operation Procedure）及預算目標等。

(二)即時同步控制：係指在有異常狀況之執行當時，即同步獲得資訊並馬上進行處理改善；此有賴良好的資訊管理回饋系統。例如：預定的出貨數量是否已準時生產完成，或銷售目標是否已達成等。

(三)事後控制：係指在事件發生一段時間後，再進行檢討執行狀況以為改正。例如：年度總檢討、月檢討、特大專案檢討等。

二.為何需要控制

控制的意義是指確保組織能達成預算目標的一種過程，其需要控制之理由如下：

(一)環境的不確定性：組織的計畫及設計都是以未來環境為預估背景，然而社會價值、法律、科技、競爭者等環境變數都可能改變。因此，面對環境的不確定性，控制機能的發揮是不可或缺的。尤其在激烈變動的產業環境中，像高科技產業，變化更是巨大。

(二)危機的避免：不管是外部環境或內部環境的變化，使組織運作產生一些偏差與失誤時，若不及時予以控制，可能將面臨更大、更意想不到的危機。例如：國外OEM（委託代工）大客戶可能異動的訊息，就必須及時有效的控管及因應。

(三)鼓勵成功：對員工激勵其士氣並回饋其成果，透過控制系統中的回報作業可達到此目的。因此控制系統之主要目的，乃在鼓勵全員努力的成功。

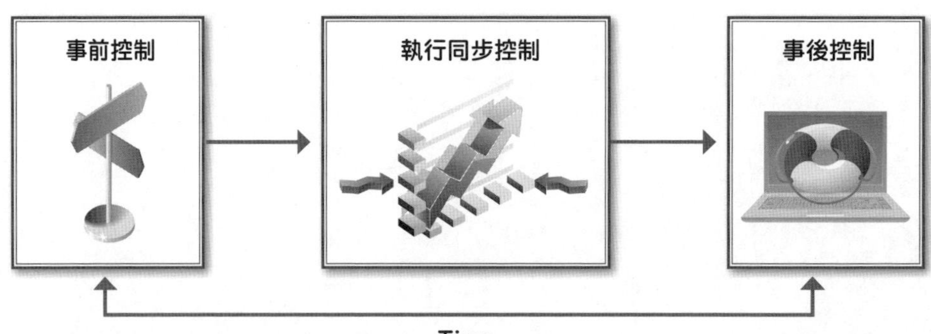

控制與考核的意義

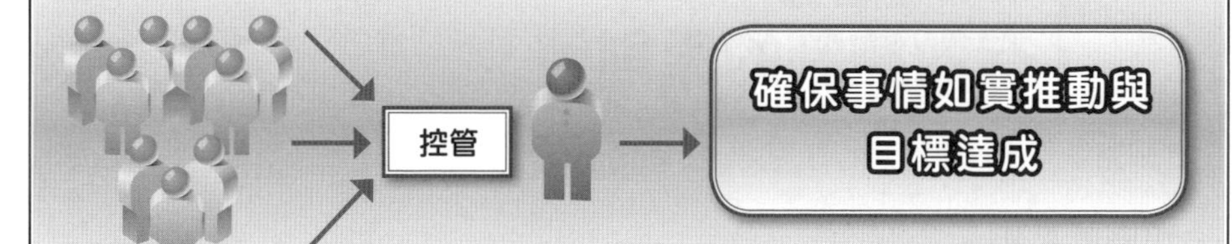

控制三大類別

1.事前控制

例如：SOP制度（Standard Operation Procedure）及預算目標等。

2.即時同步控制

例如：預定的出貨數量是否已準時生產完成，或銷售目標是否已達成等。

3.事後控制

例如：年度總檢討、月檢討、特大專案檢討等。

為何需要控制

1.因面對環境不確定性

例如：社會價值、法律、科技、競爭者等環境變數都可能改變。

2.危機的避免

例如：國外OEM（委託代工）大客戶可能異動的訊息，就必須即時有效的控管及因應。

3.鼓勵成功

對員工激勵其士氣並回饋其成果，透過控制系統中的回報作業可達到此目的。

Unit 9-2 有效控制的原則

對組織內部營運體系的有效控制，應把握下列原則，才能做好控制作業與目標。

一.適時的控制

有效的控制必須能夠適時發現問題，以便管理者及時採取補救措施。更進一步說，管理者最好能夠防患於未然；再不然，也要同步控制才行。

二.要能鼓勵員工一致的配合

控制考核的標準要能鼓勵員工一致配合，即控制標準的設計應該：1.公平且可以達成；2.可以觀察及衡量；3.必須明確不可模糊；4.控制標準值不宜太高但非輕易可達成；5.控制標準必須完整，以及6.由員工參與設定，或由單位提報，呈上級核定。

三.運用例外管理

所謂「例外管理原則」係指管理者只須注意與標準有重大差異，不必埋首於平凡細微事務。

例如：台塑企業集團的例外差異管理就做得非常好，只要與既定目標數有差異，電腦會自動列印出來，相關單位主管就必須填報為何有差異以及如何因應。

四.績效迅速回饋給員工

管理者必須將績效迅速的回饋給員工，以提高員工們的士氣。例如：有好的績效達成、超前的生產量完成等。

五.不可過度依賴控制報告

有些控制報告只告訴我們事情的結果，但對於背後真實情況，必須親自發掘。換言之，只知What，但不知Why及How。因此，還必須搭配專案改善小組的功能。

六.配合工作狀況決定控制程度

高階人員必須知道何時應予控制、何時多讓屬下自我控制，此乃管理藝術之發揮。其實，最好的控制是員工或單位自我控制，總公司只做重要項目的控制及稽核。

七.避免過度控制

實務上有時會發生總管理處幕僚人員，對程序管制過於嚴苛，讓第一線人員無法專責或發揮應有的戰力。因此，必須明白控制的目的是為了更好的結果，而非控制。

八.建立雙向溝通，促進了解

控制考核單位與被考核單位，雙方人員應多雙向溝通、協調及開會討論，才能有效達成目的，解決問題。

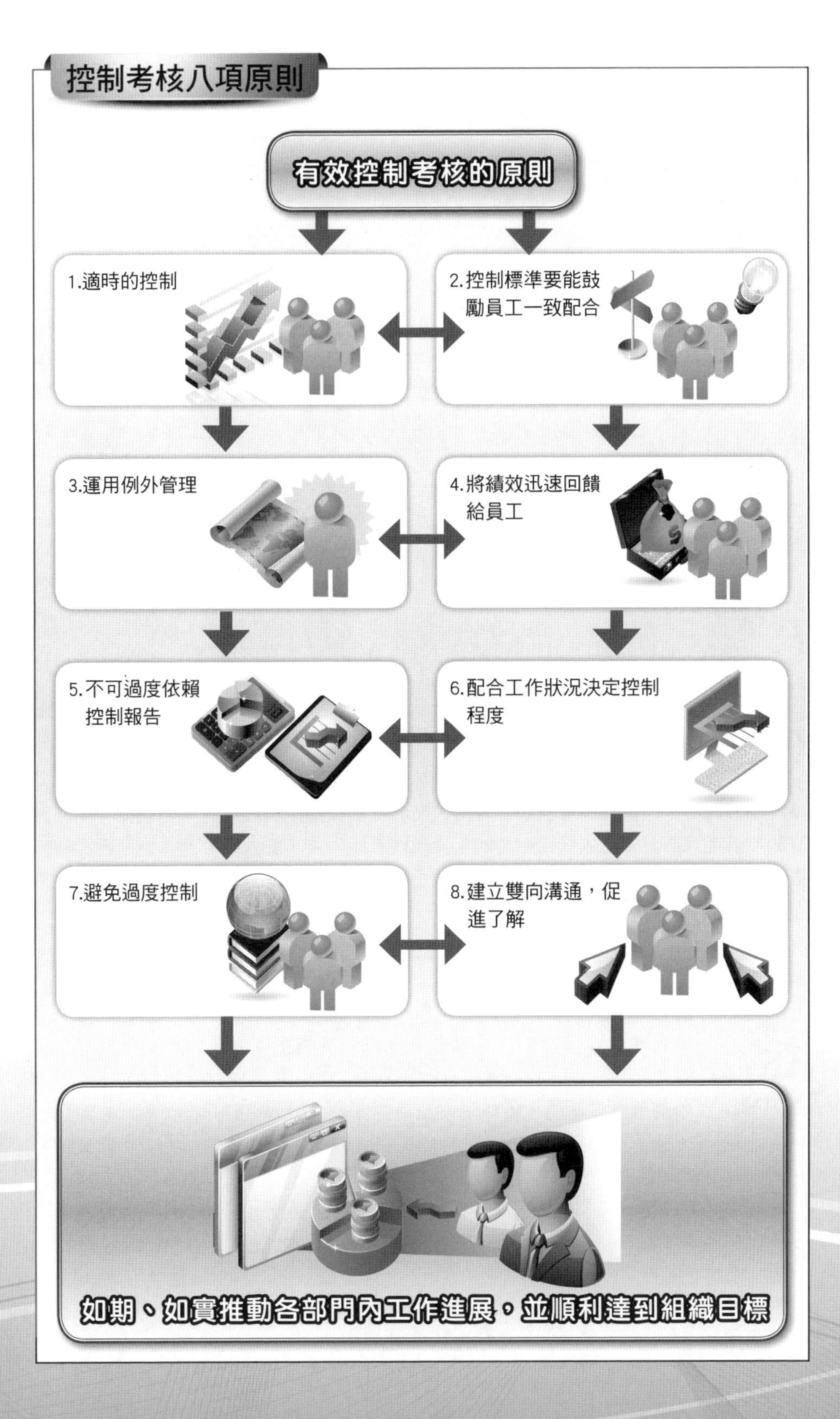
控制考核八項原則
有效控制考核的原則
1.適時的控制
2.控制標準要能鼓勵員工一致配合
3.運用例外管理
4.將績效迅速回饋給員工
5.不可過度依賴控制報告
6.配合工作狀況決定控制程度
7.避免過度控制
8.建立雙向溝通，促進了解
如期、如實推動各部門內工作進展，並順利達到組織目標

Unit 9-3 控制中心的型態

就會計制度而言，為達成財務績效，對組織內部可區分為四種型態來評估其績效。

一.利潤中心

利潤中心是一個相當獨立的產銷營運單位，其負責人具有類似總經理的功能。實務上，大公司均已成立「事業總部」或「事業群」的架構，做好利潤中心運作的核心。營收額扣除成本及費用後，即為該事業總部的利潤。

二.成本中心

成本中心是事先設定數量、單價及總成本的標準，執行後比較實際成本與標準成本之差異，並分析其數量差異與價格差異，以明責任。實務上，成本中心應該會包括在利潤中心制度內。成本中心常用在製造業及工廠型態的產業。

三.投資中心

投資中心是以利潤額除以投資額去計算投資報酬率，來衡量績效。例如：公司內部轉投資部門，或是獨立的創投公司。

四.費用中心

費用中心是針對幕僚單位，包括財務、會計、企劃、法務、特別助理、行政人事、祕書、總務、顧問、董監事等幕僚人員的支出費用，加以總計，並且按等比例分攤於各事業總部。因此，費用中心的人員規模不能太多、龐大；否則各事業總部的分攤，他們會有意見。當然，一家數億、上百億、上千億大規模的公司或企業集團，勢必會有不小規模的總部幕僚單位，這也是有必要的。

小博士解說

責任中心與利潤中心

當企業成長已具相當規模時，為減輕高階主管的重擔，通常會採分權化組織。因此內部會形成許多被高階主管授權從事決策及日常營運的單位或部門，這些單位及其負責人，也必須對其上一層級之單位主管，加以負責。此一分權化單位或部門，即為一般所稱之「責任中心」。

責任中心制度是一種分權化組織的管理控制制度，激勵各中心主管做到「全員經營」的理想境界，就其職權透過高效能與高效率之管理，完成其所應負的責任目標；此責任目標可能為成本、收益、利潤、投資報酬率或其他品質、技術水準等非貨幣的成就。故組織中的一個部門或單位，其管理人員負責該責任中心的成本控制與利潤創造等經營績效，即稱之為「利潤中心」。

控制中心四種型態及目的

控制中心	單位	負責	目的
 1.利潤中心 (Profit Center)	‧各事業部別 ‧各公司別 ‧各業務單位別 ‧各分公司別 ‧各廠別	負責產、銷、管、研	達成及追求利潤目標
 2.成本中心 (Cost Center)	‧各工廠別 ‧各採購別	負責成本支出控管	控管及降低成本目標
 3.投資中心 (Investment Center)	‧對內各項新投資案 ‧對外各項新投資案	負責投資資金控管	追求投資報酬率
 4.費用中心 (Expense Center)	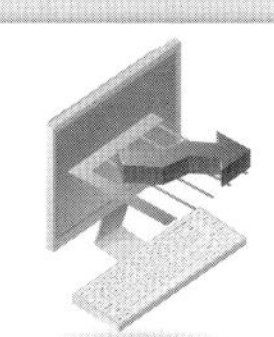 ‧對各幕僚單位支出控管		達成費用預算控管及降低

知識補充站

責任會計制度

前面有提到責任中心如何到利潤中心的過程；然而要將責任中心下的利潤表現出來，就需要有一套合適的會計制度，這個會計制度，我們稱為「責任會計制度」。

責任會計制度是現代分權管理模式的產物，它透過在企業內部建立若干個責任中心，並對其分工負責的經濟業務進行計畫與控制，以實現業績考核與評價的一種內部控制制度。

這種制度要求根據授予各級單位的權力、責任及對其業績的評價方式，將企業劃分為各種不同形式的責任中心，建立起以各責任中心為主體，以權、責、利相統一為特徵，以責任預算、責任控制、責任考核為內容，透過訊息的累積、加工和回饋而形成的企業內部控制系統。責任會計就是要利用會計訊息對各分權單位的業績進行計量、控制與考核。

Unit 9-4 企業營運控制與評估項目

在企業實務營運上，高階主管較重視的控制與評估項目，茲整理如下，希望透過簡明扼要的介紹，讓讀者對此管理議題能有通盤的概念。

一.財務會計面

市場是現實的，企業營運如果沒有獲利，如何永續經營？所以高階主管首要了解的是企業的財務會計，並針對以下內容加以控制與評估，即：1.每月、每季、每年的損益獲利預算目標與實際的達成率；2.每週、每月、每季的現金流量是否充分或不足；3.轉投資公司財務損益狀況之盈或虧；4.公司股價與公司市值在證券市場上的表現；5.與同業獲利水準、EPS（每股盈餘）水準之比較，以及6.重要財務專案的執行進度如何，例如：上市櫃（IPO）、發行公司債、私募、降低聯貸銀行利率等。

二.營業與行銷面

再來是營業與行銷，這是企業獲利的主要來源及管道，而以下數據及市場變化，會有助於高階主管了解企業產品在市場上的流通狀況：1.營業收入、營業毛利、營業淨利的預算達成率；2.市場占有率的變化；3.廣告投資效益；4.新產品上市速度；5.同業與市場競爭變化；6.消費者變化；7.行銷策略回應市場速度；8.OEM大客戶掌握狀況，以及9.重要研發專案執行進度如何。

三.研究與發展面

企業不能僅靠一種產品成功就停滯不前，必須不斷研究與發展（R&D），才能有創新的突破，因此高階主管必須對以下研發相關進展有所掌握：1.新產品研發速度與成果；2.商標與專利權申請；3.與同業相比，研發人員及費用占營收比例之比較，以及4.重要研發專案執行進度如何。

四.生產／製造／品管面

企業不斷研發，但生產、製造及品管產品的品質度及完成時間如何，這是攸關企業的專業與信譽，當然也是高階主管必須重視的，即：1.準時出貨控管；2.品質良率控管；3.庫存品控管；4.製程改善控管，以及5.重要生產專案執行進度如何。

五.其他面向

上述四個控制與評估項目，幾乎是高階主管必修的課題，除此之外，還有以下列入專案管理的項目，也必須予以特別留意並控制與評估：1.重大新事業投資專案列管；2.海外投資專案列管；3.同／異業策略聯盟專案列管；4.降低成本專案列管；5.公司全面e化專案列管；6.人力資源與組織再造專案列管；7.品牌打造專案列管；8.員工提案專案列管，以及9.其他重大專案列管。

控制與評估五大面向

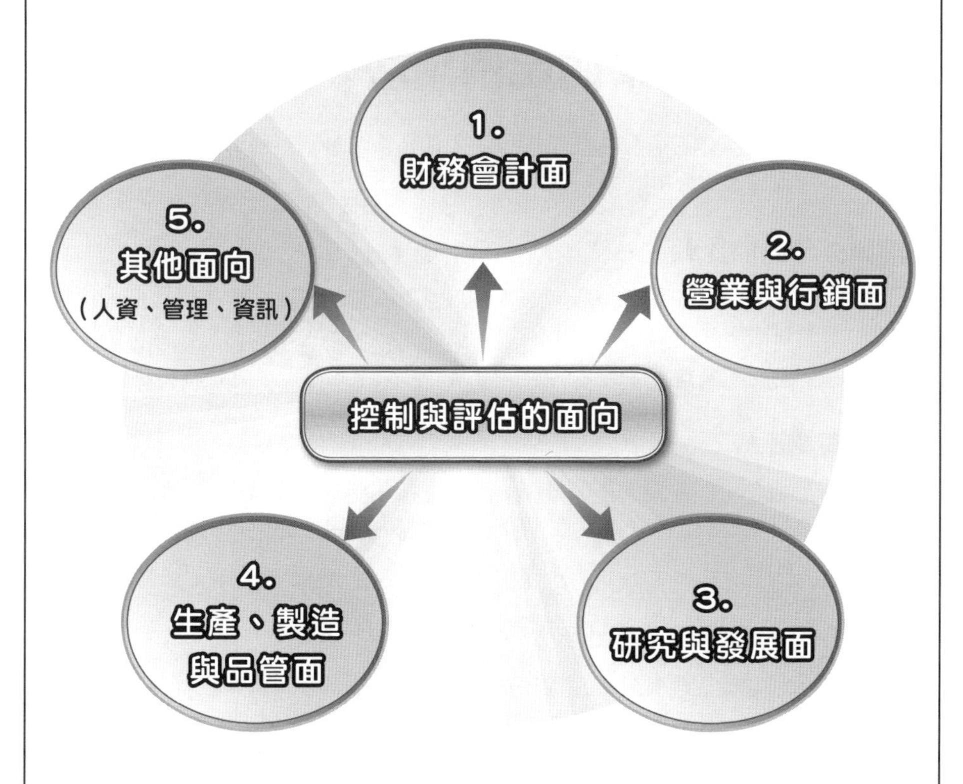

知識補充站

什麼是IPO？

IPO是指初次上市櫃之意。正式說法是首次公開募股（Initial Public Offerings, IPO），即企業透過證券交易所首次公開向投資者增發股票，以期募集用於企業發展資金的過程。

對應於一級市場，大部分公開發行股票由投資銀行集團承銷而進入市場，銀行按照一定的折扣價從發行方購買到自己的帳戶，然後以約定的價格出售，公開發行的準備費用較高，私募可以在某種程度上部分規避此類費用。

這個現象在90年代末的美國發起，當時美國正經歷科網股泡沫。創辦人會以獨立資本成立公司，並希望在牛市期間透過首次公開募股（IPO）集資。由於投資者認為這些公司有機會成為微軟第二，股價在它們上市的初期通常都會上揚。不少創辦人都在一夜間成了百萬富翁。而受惠於認股權，雇員也賺取了可觀的收入。在美國，大部分透過首次公開募股集資的股票都會在納斯達克市場內交易。很多亞洲國家的公司都會透過類似的方法來籌措資金，以發展公司業務。

Unit 9-5 經營分析的比例用法

對於任何今年實際經營分析的數據，我們都必須注意到五種可靠正確的比例分析原則，才能達到有效的分析效果。

一.應與去年同期比較

例如：本公司今年營收額、獲利額、EPS（每股盈餘）或財務結構比例，比去年第一季、上半年或全年度同期比較增減消漲幅度如何。與去年同期比較分析的意義，即在彰顯今年同期本公司各項營運績效指標，是否進步或退步，還是維持不變。

二.應與同業比較

與同業比較是一個重要的指標分析，因為這樣才能看出各競爭同業彼此間的市場地位與營運狀況。例如：本公司去年業績成長20%，而同業如果也都成長20%，甚或更高比例，則表示這整個產業環境景氣大好所帶動。

三.應與公司年度預算目標比較

企業實務最常見的經營分析指標，就是將目前達成的實際數字表現，與年度預算數字互作比較分析，看看達成率多少，究竟是超出預算目標，或是低於預算目標。

四.應與國外同業比較

在某些產業或計畫在海外上市的公司、計畫發行ADR（美國存託憑證）或發行ECB（歐洲可轉換公司債）的公司，有時也需要拿國外知名同業的數據，作為比較分析參考，以了解本公司是否也符合國際間的水準。

五.應綜合性／全面性分析

有時在經營分析的同時，我們不能僅看一個數據比例而感到滿意，更應注意各種不同層面、角度與功能意義的各種數據比例。換言之，我們要的是一種綜合性與全面性的數據比例分析，必須同時納入考量才會周全，以避免偏頗或見樹不見林的缺失。

小博士解說

經營分析vs.財務分析

經營分析與財務分析有所差異。財務分析是針對企業財務資料進行分析，用以評估企業經營績效與財務狀況。過去營運績效良好的企業，未來不一定良好，而過去營運績效不良的企業，未來也不一定惡化。因此財務分析是指了解財務資訊的程序，透過可取得的資訊，針對企業的過去及未來價值分析，進行企業改革與決策擬定之用。

今年實際數據的比較

1.與去年同期比較

2.與同業比較

3.與預算目標比較

4.與國外同業比較

5.綜合全面性分析

財務資訊vs.財務分析

財務報表

管理者的重要資訊及會計政策的重要性

◇其他報導資料：
產業及企業資料

財務分析應用範圍

信用分析
證券分析
併購分析
負債及股利分析
企業溝通策略分析
一般企業分析

企業分析工具

企業策略分析

透過產業分析及競爭策略分析，評估企業未來績效。

會計報告分析：
透過會計政策及估計值，評估會計報告品質。

過去財務比率分析：
使用比率及現金流量分析，評估企業財務績效。

企業未來展望分析：
進行企業預測及評估企業價值。

資料來源：Palepu, Krishna G., Victor L. Bernard and Paul M., *Healy Business Analysis and Valuation*, 1996, pp.1-8.

Unit 9-6 財務會計經營分析指標

近幾年，報章媒體常頻傳某些知名上櫃上市企業無預警的關廠、倒閉，雖可歸咎於全球景氣不佳或因應競爭壓力而移轉境外投資等因素。但是如果我們能事先從其財務報表看出端倪，不僅有助於降低企業本身投資之風險，也能提升企業內部經營效能。

一.損益表分析

損益表是表達某一期間、某一營利事業獲利狀況的計算書，期間可以為一月／季／年等。也是多數企業經營管理者最重視的財務報表，因為這張表宣告這家企業的盈虧金額，間接也揭露這家企業經營者的經營能力。但損益表的功能絕不只是損益計算，深入其中常可發現企業經營上的優缺點，讓企業藉此報表不斷改進。

二.資產負債表分析

資產負債表是反映企業在某一特定日期財務狀況的報表，所以又稱為靜態報表。

資產負債表主要提供有關企業財務狀況方面的訊息，透過該表，可以提供某一日期資產的總額及其結構，說明企業擁有或控制的資源及其分布情況，也可以反映所有者所擁有的權益，據以判斷資本保值、增值的情況以及對負債的保障程度。

三.現金流量表分析

現金流量表是財務報表的三個基本報告之一，所表達的是在一固定期間（每月／每季）內，一家機構的現金（包含銀行存款）的增減變動情形。該表的出現，主要是在反映出資產負債表中各個項目對現金流量的影響，並根據其用途劃分為經營、投資及融資三個活動分類。

四.轉投資分析

轉投資就是企業進行非現行營運方向或他項產業營運的投資。但是愈來愈多的臺灣上市、上櫃公司把生產重心轉移中國大陸，在公司財務報表上就產生了愈來愈龐大的業外收益，母公司報表上的數字也愈來愈沒有代表性。因此如何判斷報表數字的正確性，正是奧妙所在，所以不論是看同業或自家企業，高階主管應注意下列幾點分析：1.轉投資總體分析；2.轉投資個別公司分析，以及3.轉投資未來處理計畫分析。

五.財務專案分析

除上述外，企業可能會有下列財務專案的進行需求，需要高階主管隨時投入心力：1.上市、上櫃專案分析；2.外匯操作專案分析；3.國內外上市、上櫃優缺點分析；4.增資或公司債發行優缺點分析；5.國內外融資優缺點分析，以及6.海外擴廠、建廠資金需求分析。

財務報表與經營指標分析

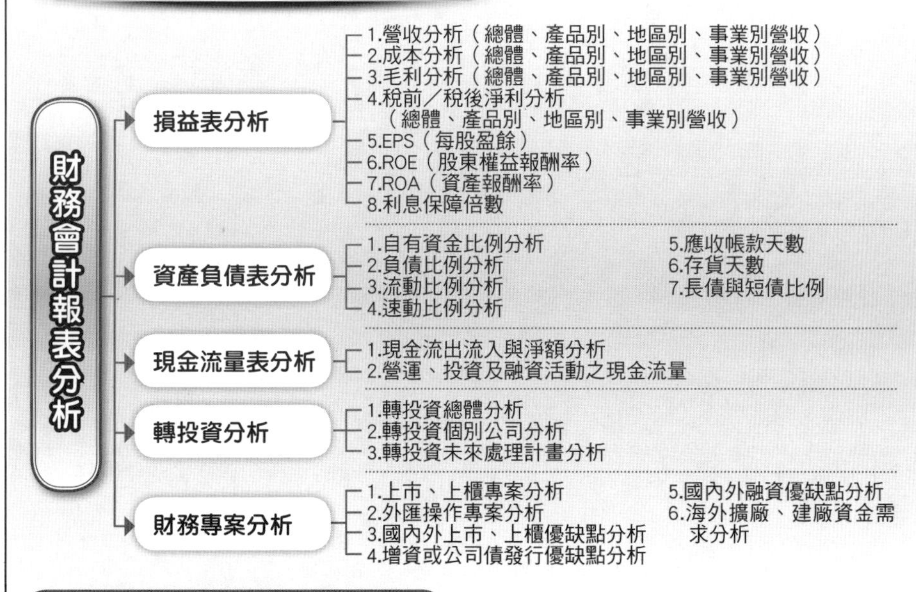

各種財務經營指標分析

項目		
1.財務結構	(1)負債占資產+股東權益比率(%)	
	(2)長期資金占固定資產比率(%)	
2.償還能力	(1)流動比率(%)	
	(2)速動比率(%)	
	(3)利息保障倍數(倍)	
3.經營能力	(1)應收款項周轉率(次)	
	(2)應收款項收現日數	
	(3)存貨周轉率(次)	
	(4)平均售貨日數	
	(5)固定資產周轉率(次)	
	(6)總資產周轉率(次)	
4.獲利能力	(1)資產報酬率(%)(ROA)	
	(2)股東權益報酬率(%)(ROE)	
	(3)占實收資本比率(%)	營業純益
		稅前純益
	(4)純益率(%)／毛利率(%)	
	(5)每股盈餘(EPS)	
5.現金流量	(1)現金流量比率(%)	
	(2)現金流量允當比率(%)	
	(3)現金再投資比率(%)	
6.槓桿度	(1)營運槓桿度	
	(2)財務槓桿度	
7.其他	本益比(每股市價÷每股盈餘)	

第10章

衝突管理

Unit 10-1 組織衝突的表現及起因

一個組織就好比一個家庭，家人彼此血濃於水都會有所爭執了，何況組織中那些來自不同家庭的成員。

印度聖雄甘地說過：「這世界可以滿足所有人的需要，但無法滿足所有人的貪婪。」可見衝突和人類的歷史同樣古老，在資源有限的前提下，人類為爭取較佳的待遇、地位、利益，便產生了歧異的觀點，釀成了衝突；即使隨著社會民主化程度的提高，個人的權益與需求更能獲得保障與滿足，衝突也未減少，甚至更為激烈與頻繁。

組織中的成員當然也不例外，但要從哪些跡象才看得出組織中有衝突呢？

一.組織衝突表現方式

組織內部的衝突經常可見，彼此間最常見的表現方式，包括下列幾點：

(一)口頭或書面表示反對或不同意見：以口頭表示不同意之看法。有時也會在書面報告或簽呈上表示不同意的意見。

(二)行動抗拒：此行動包括工作上的配合給予接續作業上的扯後腿或不配合、不支援，讓對方遇到阻礙。

(三)惡意攻擊：在面臨自身與部門之利益受損時，最激烈的衝突，就是先發制人，讓對方措手不及。

(四)表面接受，暗地反對：所謂陽奉陰違即是此意。此種衝突只是在檯面下較勁，尚未在檯面上公開化。或是在背後散播不利於對方的小道消息。

(五)向老闆咬耳朵或下毒：以信函或口頭方式，向老闆傳達不利於對方的訊息，即先下手為強。

二.組織衝突之起因

(一)溝通不良：即缺乏溝通之意。缺乏主動性、明確性、先前性以及尊重性之溝通，導致雙方共識與認知的無法建立。

(二)權力與利益遭受瓜分：當企業某人或某部門之原有權力與利益，遭到其他部門或人員之瓜分時，勢必引起原部門極力之抗拒。

(三)主管個人的差異：各部門主管之教育背景、價值觀、經驗、個性與認知均有所差異，這些在組織溝通過程中，必然會反映不同的見解與立場。例如：技術出身的，或財會出身的，或銷售出身的高級主管，自有其不同的思路。

(四)本位主義：各部門常依著本位主義，認為做好自己單位事情，不管他部門的死活，缺乏協助之精神，也是導致衝突之因。

(五)組織之職掌、權責、指揮等制度系統未明確：一個缺乏標準化、制度化與資訊化的公司，或是老闆一人集權的公司，比較容易引起組織內部的權力爭奪與衝突。

(六)資源分配不當：當財務、人力、物力及技術等資源分配不公平時，就易於引起部門之間的衝突。

組織衝突表現方式

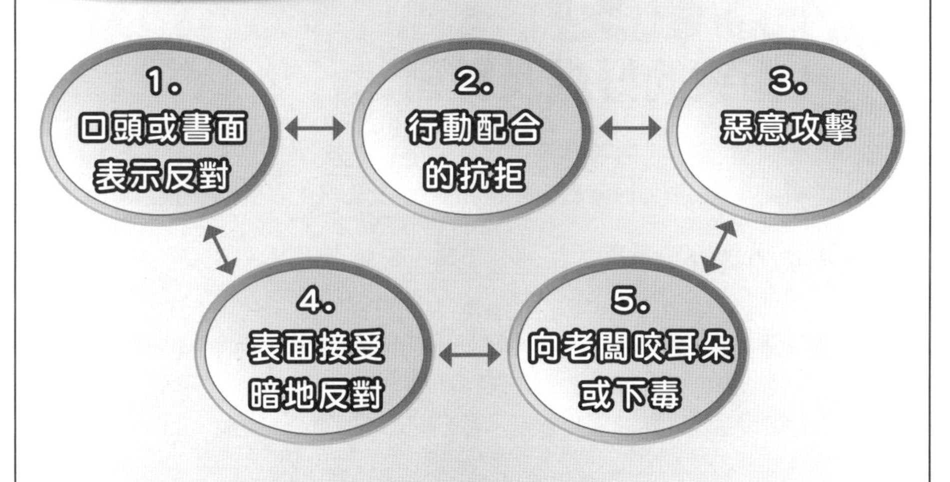

組織衝突六大起因

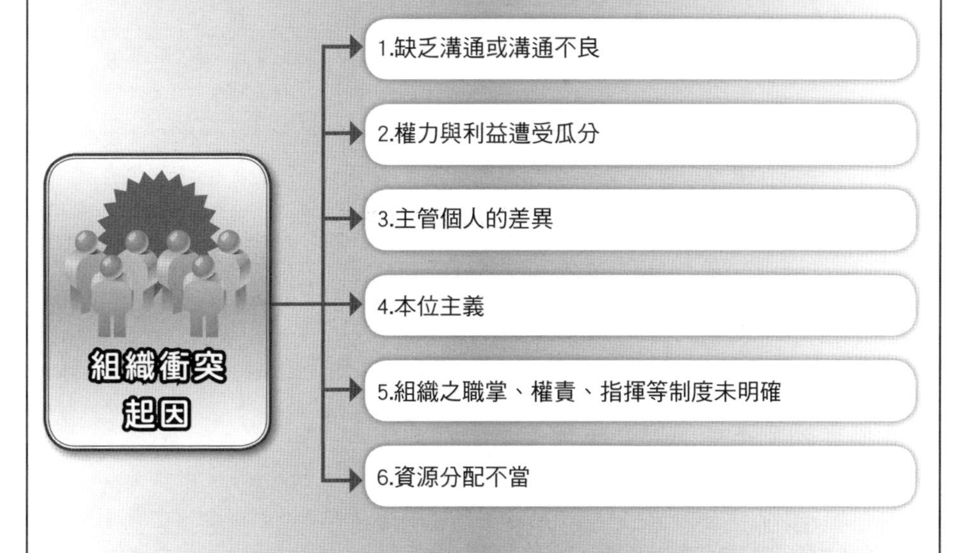

知識補充站

衝突的意涵

衝突的要件有三，即當事人知覺、對立性及不相容性在相互作用。衝突之所以發生，可能是因為利害關係人對若干議題的認知、看法、觀念不同等因素所致。廣泛而言，由於社會上資源及權力稀少，以及社會地位與價值結構上的差異，以致產生衝突。因此，衝突是指兩個以上的主體，因資源的缺乏或認知、看法、觀念的互不相容，而產生競爭或敵對的互動歷程。

Unit 10-2 衝突的好處及弊害

凡事一體兩面，衝突對組織不應只有負面效應，也應有其正面意涵。身為組織的領導者，當衝突發生時要如何圓滿解決？如果不面對衝突，對組織會產生什麼危機？

一.適度衝突的益處

組織內部若有一些良性衝突，不是壞事情，有時還存在一些以下好處：

(一)提早暴露問題：適度衝突產生，可使組織潛藏問題，提前暴露，並有效因應。

(二)良性競爭氣氛：適度衝突產生，可使組織各部門產生互動、競爭的氣氛，進而加速組織變革及組織之成長。

(三)妥善安排資源分配：衝突之產生，可使企業了解組織溝通、協調及資源分配之重要性，並從而建立一套制度系統加以運作，而產生長治久安之效果。

(四)激發創造能力：創造力的產生，常常需要在自由開放、熱烈討論之氣氛，吸收不同意見，方能引發新奇構想。其過程允許某種程度之非理性，因此爭論在所難免，適當衝突反而能引發創新構想。

(五)改善決策品質：在決策過程中，除理性分析、客觀標準外，在尋找可行方案時，常常需要創造能力，因此如上所述，允許適度爭論，可以蒐集更多解決方案，以改善決策之品質。

(六)增加組織向心力：假設衝突能獲得適當解決，雙方可重新合作，由於取得共識，更能了解對方立場，這是衝突讓「問題」出現而解決之，而非掩蓋拖延。因此雙方更能產生更強之向心力，促進工作完成。在衝突發生之前，每個對自己能力會產生錯誤之估計，但在衝突之後，可以平心靜氣，對自己重作評估檢討，以免重蹈覆轍。

二.有嚴重衝突不加改善之弊害

組織對人員之間有不利的衝突存在，各級主管應協調及解決，否則將對組織發展帶來弊害。例如：1.組織整體生產力下降；2.導致溝通愈來愈難，歧見難消；3.敵對心態更加濃厚；4.人員開始不滿意、不合作及優秀人才流失，以及5.最後組織的目標難以達成，漸漸影響其生存競爭力。除此之外，衝突亦會引起下列負面作用：

(一)削弱對目標之努力：此常由於衝突雙方對目標認定歧異，無法採取一致行動投契於既定目標，故難發揮績效。

(二)影響員工正常心理：由於衝突產生易造成員工緊張、焦慮與不安，導致無法在正常心理狀態下工作，效率易受影響。

(三)降低產品品質：由於組織對長期發展及短期目標欠缺協調，乃引發部門間對目標之衝突；結果為了短期可衡量之利益目標，可能引發重量不重質之現象，產品品質受到損害。

適當衝突六大好處
適當衝突也有好處
1.提早暴露問題
2.增加良性競爭氣氛
3.妥善安排資源分配
4.激發創新能力
5.改善決策品質
6.增加組織向心力
嚴重衝突七大弊害
嚴重衝突的弊害
1.組織整體生產力下降
2.溝通愈來愈難
3.員工不滿意，人才流失
4.削弱對組織目標的努力
5.組織目標達成率下滑
6.影響員工心理
7.組織文化開始惡質化

Unit 10-3 衝突之類型

衝突產生可能為個人層次，也可能為群間或組織層次，本文分五種類型說明。

一.個人衝突

個人衝突係指個體對目標或認知之衝突。當採取作法不同，而有互斥結果出現時，將產生的衝突有以下三種型態：

(一)選擇可行方案時的矛盾：解決問題之各可行方案均有其優點；但方案選擇時，則會引發內心矛盾。

(二)避免方案負作用的觀點不一：由於各可行方案可能產生負作用，為避免發生，而產生不一致之觀點。

(三)無法判斷方案的可行與否：對各可行方案有正面價值或產生負作用，無法作明確之判斷。

二.人際衝突

一個人以上相互之衝突者，稱為人際衝突。此係指個人員工與個人員工，彼此間因工作或態度而引起的衝突。

三.群內衝突

群內衝突係指在群體內，個人內心衝突或人際間之衝突者，稱之。此種衝突對群體工作成果有相當大之影響。例如：同一工廠內有1,000名作業員工，這1,000名的群內員工也可能引起若干衝突。

四.群間衝突

兩個群間衝突，經常由於資源之互依性及目標之互依性而產生。例如：公司成立某個最高權力的某種專業小組，即可能與某個營業部門相互權力與資源衝突。

五.組織衝突

組織衝突若以組織層次來看，有四種衝突型態：

(一)垂直衝突：此乃來自於上下階層之衝突。例如：事業總部主管將問題責任往下層人員拋，下層人員即會不滿。

(二)水平衝突：指平行部門或單位之間的衝突。例如：生產部門與銷售部門之衝突，常見兩部門相互推卸責任；銷售業績不好時，就說生產品質不夠好。

(三)斜向衝突：即指幕僚單位與直線單位之間的衝突。例如：稽核幕僚與第一線業務單位之衝突。

(四)角色衝突：此種衝突通常都是組織內易發生的現象，其形成原因可能職責劃分不清、本位主義、立場歧異或角色差異所造成。

組織衝突四大類型

1.個人與個人衝突（人際衝突）

2.群間衝突

3.群內衝突

4.組織衝突

❶ 垂直式：上下階層衝突
❷ 水平式：平行階層、部門衝突
❸ 斜向式：直線與幕僚衝突
❹ 角色衝突：角色及立場衝突

知識補充站

衝突情境下之公開信

我們常在報章媒體看到甲公眾人物因某種衝突而致乙公眾人物的公開信，但信不是應有其隱密性？而將其公開的目的何在？陳香玫女士曾就衝突情境下之公開信所呈現的類型，藉此初探分析了解公開信的論述模式及其意義。

研究結果發現，在衝突情境下發出公開信者，在論述內容上除說明爭執點及雙方觀點外，並合理化將私人信件予以公開的行為，同時在信中提出訴求，企圖化解衝突事件。

此外，在說服手段上，發信人均同時採用「藝術的」說服手段，但整體而言，仍以「邏輯議論」為主要手段。

發信人與收信人間均處於「工具性關係」，因此在公開信中強調公平、講理的重要，但由於發信人在公開信中均將衝突的過失指向收信人，此種認知方式易形成偏見，對解決實際衝突恐有不利影響。

發信人透過公開信將私人衝突呈現在大眾面前時，其實也將大眾視為「收信人」，除意圖集結輿論壓力獲得更多權力外，同時藉由公開信在大眾面前再度進行印象整飾。

Unit 10-4 衝突之管理及因應

在任何一個企業，合作、競爭和衝突，三者都是可以並存的。衝突管理的重點，就是如何將這三者，調理到對企業最有利的局面。

一.結構性之管理方法

基本上，採取制度結構之重建，隔離衝突之主體，本質上有迴避之性質：

(一)藉由權位統制：按職位高低，以位高權重支配位卑權小，近似壓制。亦可利用聯合支配方式造成聲勢，然此法雖有短暫效果，卻無法真正消除雙方心理障礙。

(二)互相交換成員：透過人員相互交流，以了解彼此之立場、困難與條件；也可由主管以命令方式處理之，但其效果也難以持續。

(三)改變組織設計，減少互依性：利用提供某部門資源或複製另一部門，使衝突部門之依賴程度降低。

(四)利用連綴角色緩衝：透過連綴個人或群體協調，作為衝突雙方仲裁角色。

(五)運用整合部門緩衝：係指利用設置整合部門，協調兩個群體之衝突。

二.有效處理衝突的六種方法

(一)避免衝突之產生：在組織內各單位人員，應尋求背景、教育、個性較一致之成員，以降低衝突之發生。

(二)化衝突為合作：透過某種組織或成員，將雙方或三方之衝突化解，並建立合作模式與互利方案。

(三)公司資源應合理配置：公司有關財務預算、資金紅利、人力配置、職位晉升、機器設備、權力下授等均應做合理及公平之分配，讓各部門沒有抗拒或衝突之理由。

(四)結合共同目標：運用各種方式讓衝突雙方目標一致，才能獲得均分利益。

(五)建立制度以期長治久安：在人治化的組織中，問題終將層出不窮，唯有透過制度化、法治化的程序，才能將衝突消弭於無形。

(六)個人方面的努力：即不必太堅持己見與刻意反對，最好平時避免衝突產生。

三.衝突管理的六大原則

(一)注意問題癥結：有些人表面上說不在意，其實心裡耿耿於懷。

(二)留餘地：即使當事人有錯，也要維護對方自尊；事後再使其了解錯在何處。

(三)對事不對人：針對問題處理，避免情緒性批評，更不要涉及個人私德。

(四)同理心：站在當事人的角色來看問題。

(五)考量利害：衝突的化解應基於「利害」的考量，而非基於「立場」的考量。

(六)站穩立場：主管要先了解自己的底限，確認自己的需要，再進一步了解對方的底限，確認對方的需要，這樣才能找出雙方都能接受的平衡點。

衝突之結構性管理方法

1.藉由權位統制

例如：董事長下令某二位副總經理，不必再各執己見，而須通力合作，辦完此事，否則二個副總都將滾蛋。

2.互相交換成員

3.改變組織設計、減少互依性

例如：某幕僚單位經常扮演分析及評論某業務單位的功能，但亦引起業務單位的不滿。因此，就改變組織設計，將此幕僚單位移轉到該業務單位。

4.利用連綴角色予以緩衝

5.運用整合部門緩衝

化解衝突六大方法

有效處理衝突方法

1.避免衝突產生
例如：保守傳統的公司或單位裡，就不太能引進思想與行為前衛的員工。

2.化衝突為合作

3.公司資源合理配置

4.結合共同目標

5.建立制度長治久安

6.個人方面的努力

衝突管理六大原則

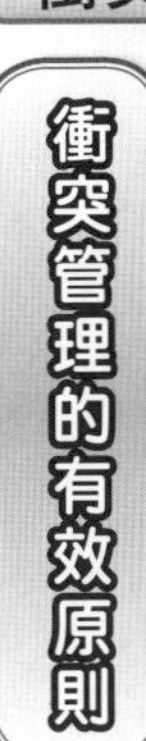

1.注意問題癥結

2.留餘地

3.對事不對人

4.同理心

5.考量利害
主管必須放下自身立場，衡量整體利害關係，兩利相權取其重，兩害相權取其輕。

6.站穩立場

第11章

問題解決

章節體系架構

Unit 11-1 IBM公司解決問題的步驟 Part I

不論大小企業，每天都會遇到問題。試想「問題」發生時，一定要立即做出回應並迅速處理嗎？或者也可以像人生一樣隨著時間淡化？

這裡我們分享IBM公司如何系統化解決問題的六大步驟及方法。

由於本主題內容豐富，故分Part I 與Part II 兩單元介紹，以期讀者對組織發生問題的解決方法，能有更完整的認識。

一.定義並釐清問題

首先，經理人必須澄清「問題是否存在」，以及「是否值得解決」。在IBM多半會以蒐集相關資料、分析資訊的方式，檢視問題是否真的存在。

而透過下列幾個題目，將可協助經理人定義並釐清現狀：1.對此問題如果不採取任何行動，是否會影響到企業目標的達成？2.目前產生哪些風險？有多大？3.我個人或團隊的力量足以提供解決方案嗎？4.我們能定義問題是如何產生？如何結束嗎？

定義並釐清現狀之所以重要，是因為在企業中，每天都會遇到問題。有些問題值得花心力解決，但有些問題很可能會隨時間而消失。因此，在時間資源都有限的情況下，經理人必須集中心力在「重點問題」上。

當確定「問題的確存在」，緊接著就必須將問題寫下來。清楚、簡潔、正確且每個人都可了解的陳述，將是解決問題的重要基礎。這個動作的最大意義，在於將問題具體化，並讓相關人員明瞭問題核心。

二.分析問題

在將問題界定清楚後，經理人需進行問題分析，並找出產生的原因。

許多管理學上的技巧，如魚骨圖（Fishbone Diagramming），都可以作為分析工具。此外，經理人也可以與部屬舉行討論會議，有系統地將問題產生的原因分類，並且列出解決的優先順序。

分析問題的過程除了可集眾人之智慧，也可以訓練員工們思考問題的能力。

在會議中，你可以請員工提出意見，並將問題產生的原因加以分類。隨後，再依問題原因的重要性排序，集中心力先解決首要的問題根源。

重點問題的描述與分析，包括：1.問題的事實是什麼？2.問題的起因、背景及演變是什麼？3.問題的影響面是什麼？影響程度、長遠性與對象是什麼？4.問題解決的優先性目標是什麼？可能的策略性方向是什麼？5.基本的政策與原則是什麼？解決的說詞是什麼？

IBM公司解決問題六步驟

1.定義並釐清問題

・對此問題如果不採取任何行動，是否會影響到企業目標的達成？
・目前產生哪些風險？有多大？
・我個人或團隊的力量足以提供解決方案嗎？
・我們能定義問題是如何產生？如何結束嗎？

2.分析問題

・問題的事實是什麼？
・問題的起因、背景及演變是什麼？
・問題的影響面是什麼？影響程度、長遠性與對象是什麼？
・問題解決的優先性目標是什麼？可能的策略性方向是什麼？
・基本的政策與原則是什麼？解決的說詞是什麼？

3.訂出可能的解決方案

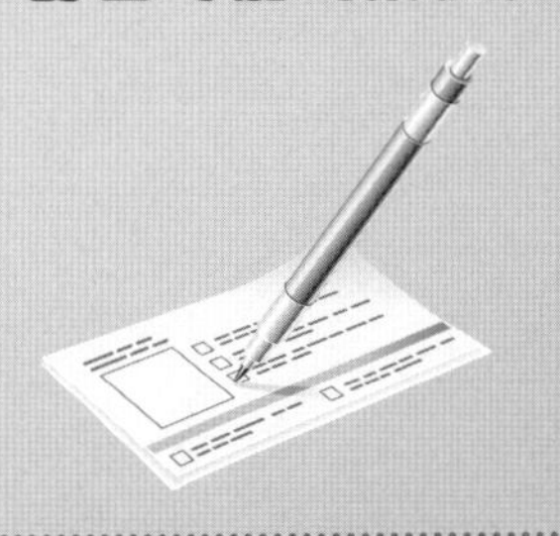

4.選定解決方案並訂出執行計畫

5.推動執行並追蹤結果如何

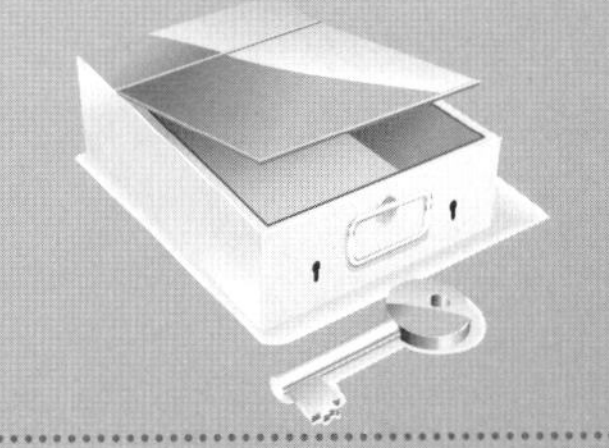

6.機動調整執行方案內容

Unit 11-2 IBM公司解決問題的步驟 Part II

延續前文Part I 提到IBM公司化解問題的方法是將問題系統化，本單元要繼續介紹IBM公司如何訂出解決方案並執行。

三.訂出可能的解決方案

在訂出可能解決方案時，經理人可以邀請多位同仁，甚至跨單位的成員共同進行腦力激盪會議，以產生創新的想法。你可以鼓勵每位成員寫下所有可能的解決方案，點子愈多愈好，以創造豐富的可能性。

其實，大家都知道運用「腦力激盪」方式，找出可行解決方案。但是，大多數人卻忽略了如何有系統的整理腦力激盪的結果。要將腦力激盪的結果點石成金，關鍵在於排序。排序的原則包括：此方案是否真正能解決問題？是否能獲得管理階層的支持？以及是否可付諸執行等。透過精密的篩選，至少可以發掘三至四個可能方案。

四.選出解決方案並訂出行動計畫

在面對三至四個可能方案，你該如何找出最佳方案，並訂定行動計畫呢？

你可以透過「影響力／執行力」矩陣（X軸是影響力，亦即方案執行後的影響程度；Y軸是執行力，亦即方案推行的難易程度），篩選出最佳的解決方案。如果方案落在「影響力最大，推行度最容易」的象限，那就應該當機立斷，馬上針對此方案擬定行動計畫。

在擬定行動計畫時，有幾個要項值得銘記在心，例如：完成任務的先後順序，誰應該負責那件事，何時應該完成等，以確保計畫如期完成。

五.推行解決方案並追蹤結果

最後，執行及評估階段是不可或缺的部分。

推動方案過程中，需要不斷檢視決策的推行狀況，並樹立各階段里程碑。

除此之外，為使評估順利進行，你也必須事前給予「成功」事項的定義，並明定衡量方式。

面對大多數的問題需要集眾人之智慧。如果問題對員工產生極大的衝擊、解決方案需要極大的創意、或經理人的資訊不充足時，經理人更應該以開放的態度，讓員工參與解決問題的過程，以團隊的力量化問題為機會，創造更好的營運成績。

雖然方案已在執行階段中，仍必須具有可機動調整可行方案內容的彈性，以備不時之需。

六.機動調整執行方案內容

針對前述追蹤結果，隨時要機動提出調整後的改善方案，以為應對之用。

IBM公司解決問題六步驟

1.定義並釐清問題

2.分析問題

3.訂出可能方案

要將腦力激盪的結果點石成金，關鍵在於排序。排序的原則包括：

・此方案是否真正能解決問題？

・是否能獲得管理階層的支持？

・是否可付諸執行等，透過精密的篩選，至少可以發掘三至四個可能方案。

4.選定方案並訂出執行計畫

如何選出方案？

・透過「影響力／執行力」矩陣篩選出最佳的解決方案。

・如果方案落在「影響力最大，推行度最容易」的象限，即擬定行動計畫。

如何擬定行動計畫？

・完成任務的先後順序？誰應該負責那件事？何時應該完成？

5.推動執行並追蹤結果如何

・需要不斷檢視決策的推行狀況，並樹立各階段里程碑。

・為使評估順利進行，必須事前給予「成功」事項定義，並明定衡量方式。

・面對大多數問題，需要以團隊力量化問題為機會，創造更好的營運成績。

6.機動調整執行方案內容

多個解決方案比較

	優 點	缺 點	需要條件	產生結果預估	負面影響評估
方案A					
方案B					
方案C					

Unit 11-3 利用邏輯樹思考對策及探究

邏輯樹（Logic Tree）又稱問題樹、演繹樹或分解樹等。就是從單一要素開始進行邏輯式展開，一邊不斷分支，一邊為了進行說明，而將構成要素層層堆疊或展開的一種思考架構。

邏輯樹若從由右自左的圖形轉換成由下而上，變成像是金字塔型，又稱金字塔結構（Pyramid Structure）。

邏輯樹是以邏輯的因果關係為解決方向，經過層層的邏輯推演，最後導出問題的解決之道。

以下各種案例將顯示使用邏輯樹來做「思考對策」及「探究原因」，是非常有效的工具技能，值得好好運用。

一.利用邏輯樹思考對策

當公司老闆（董事長）下令希望今年度能夠增加「稅前淨利」（獲利）時，企劃人員可以利用邏輯樹各種可能方法與作法：

(一)提升業績作法：1.增加銷售量：加強促銷活動、提升客戶忠誠再購、提升單一客戶業績、增加業務人力、增加新銷售通路，以及提高業務人員與獎勵制度；2.提高單價：折扣減少、提升品質、提升功能、改變包裝和強化品牌，以及3.推出新品牌或新產品：推出副品牌或推出新產品與新品牌。

(二)降低成本作法：從下列幾點進行成本費用的降低：降低零組件原物料成本；利用外包降低人力成本；利用自動化設備，降低人力成本；減少機器設備；減少閒置資產，進行處分；減少幕僚人力成本；移廠、移辦公室以降低租金，以及減少交際費用支出。

(三)增加營業外效益：包括1.減少銀行借款利息成本；2.閒置資金最有效運用，以及3.減少轉投資認列虧損。

二.利用邏輯樹探究原因

為何競爭對手某品牌洗髮精突然成為市場占有率的第一品牌？茲分析如下：

(一)強力廣告宣傳成功：1.大額度支出，一次支出，一炮而紅；2.電視CF代言人明星找對人，以及3.媒體報導配合良好，記者公關成功。

(二)定位與區隔市場成功：1.產品定位清晰有立基點，訴求成功，以及2.區隔市場，明確擊中目標市場。

(三)價位合宜：1.價位感覺物超所值，以及2.價格在宣傳促銷有特別優惠價。

(四)通路商全力配合：1.通路商因為大量廣告宣傳，故大量吃貨配合，以及2.通路商在賣場位置配合理想。

(五)產品很好：1.包裝設計突出；2.品牌容易記住，以及3.品質功能佳。

邏輯樹思考對策

【案例】如何提升企業集團形象？

1.成立文教慈善基金會
- 定期舉辦各種文教與慈善活動，回饋社會大眾。
- 與外部各種社團保持互動良好關係及活動關係。

2.加強與各媒體關係
- 定期與各平面電子、廣播媒體負責人或主編餐敘聯誼。
- 給予媒體廣告刊登業務的回饋。
- 邀請專訪負責人。

3.經營資訊完全透明公開
- 定期舉辦法人公開說明會。
- 定期發布各種新聞稿。

4.提升經營績效獲得外界人士肯定
- 自我努力提升經營績效，名列前茅。
- 參加國內外各種競賽或評比排名。

邏輯樹探究原因

【案例】為何本公司某品牌產品銷售量會突然下降？茲分析如下：

1.強力競爭者介入原因
- 低價品上市
  - 低價新品上市
  - 同類產品價格下滑
- 品牌運作
  - 強力大打產品宣傳
  - 競爭者的品牌風潮
- 通路商全力配合
  - 通路商全力配合吃貨
  - 通路商享受各種優惠及各種好處

2.本身問題
- 品質下降
  - 抱怨增加
  - 設計變更
- 廣告太少
  - 是因為節省廣告支出
- 新品上市太少
  - 是因為顧客喜新厭舊

3.顧客變化
- 消費者本身的變化

Unit 11-4 問題解決的工具

問題解決（Problem Solving）提供的是一套解決問題的邏輯思考方法，並藉工具與技巧學習，有系統地發現問題的徵兆、原因，研擬解決的步驟、解決方案，以訂定行動計畫，解決問題。

一.問題解決的核心

問題解決的重要性，可從其被列為主管必備的八大核心管理能力之一，以及近年來許多外商和國內高科技公司，將其從主管階層往下延伸到一般員工的教育訓練，即能窺出一二。

問題解決的精神，即在於訓練共同思考邏輯，替員工與主管找出順暢解決問題的流程，並簡單藉助一些理性的工具、技巧，譬如說一張「魚骨圖」去判斷問題成因，將引發問題的成因，由大項逐步如魚骨推演到細項，一一檢驗討論，有系統抓出問題的關鍵。

二.問題解決的四階段

一般來說，問題解決藉著「描述問題→斷定成因→選擇解決方法→計畫行動步驟與跟進措施」等四個階段，配合運用魚骨圖、評分表、調查表等二十四種方法技巧，協助簡化資料的分析，並激發出具有創意性的解決方案。

所謂描述問題，就是幫問題「定義」，也就是要定義這種構不構成問題，清楚地描述問題的輪廓，並與從前比較，是否超過太多而形成問題？

再來斷定成因、選擇解決方法、計畫行動步驟與跟進措施等後續過程，必須仰賴二十四種工具技巧來協助。

三.問題解決的二十四種工具技巧

這二十四種工具技巧，包括了腦力激盪法、紙筆輔助腦力激盪法、循環式腦力激盪法、雙重顛倒法、魚骨圖、流程圖、分布圖、計畫圖表、控制圖表、簡圖、直方圖、調查表、影響力分析、晤談、小組提名過程、意見問卷調查、不同觀點、評級、評分等。

對於一般員工來說，問題解決即是前面所說的四個階段、二十四種方法技巧的教授。

對於中高階主管來說，問題解決除了「分析」外，特別著重「決策」。因為中高階主管必須承擔決策責任，並且尋求創新方法來解決問題，因此不只需要知道如何分析問題，也必須學會如何做正確決策，確保其所做的決策包含充分的訊息和創新的點子。

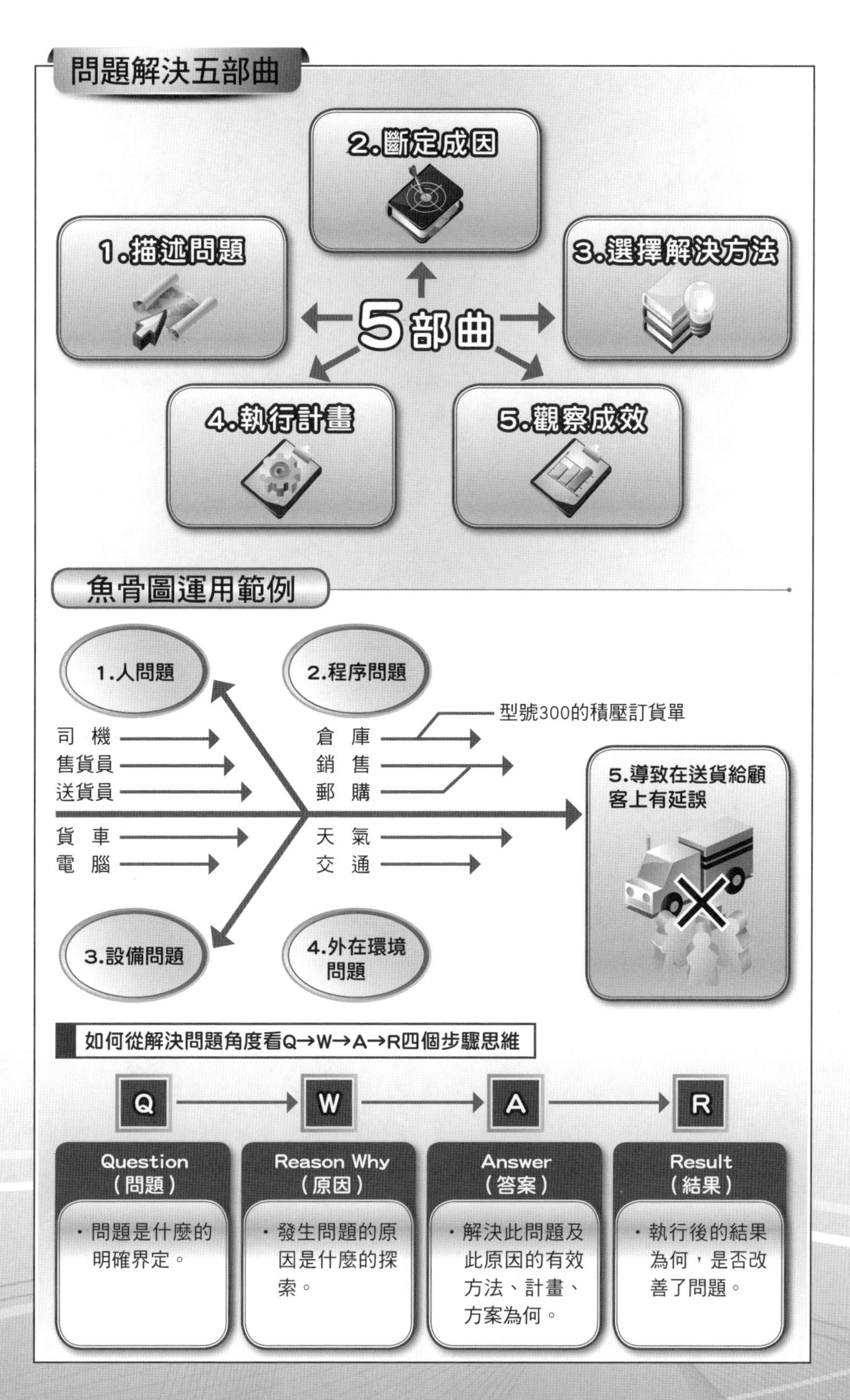
問題解決五部曲
2.斷定成因
1.描述問題
3.選擇解決方法
5部曲
4.執行計畫
5.觀察成效
魚骨圖運用範例
1.人問題
2.程序問題
型號300的積壓訂貨單
司 機
售貨員
送貨員
倉 庫
銷 售
郵 購
5.導致在送貨給顧客上有延誤
貨 車
電 腦
天 氣
交 通
3.設備問題
4.外在環境問題
如何從解決問題角度看Q→W→A→R四個步驟思維
Q
W
A
R
Question（問題）
・問題是什麼的明確界定。
Reason Why（原因）
・發生問題的原因是什麼的探索。
Answer（答案）
・解決此問題及此原因的有效方法、計畫、方案為何。
Result（結果）
・執行後的結果為何，是否改善了問題。

第12章

企業經營知識

章節體系架構 ▼

Unit 12-1 企業的本質與目標

前文提到很多關於企業如何管理的課題，但什麼是企業呢？

所謂企業乃是經由人們的智慧和努力，結合土地、資本、勞力等不同的資源，在以營利為目的和承擔風險的情況下，有計畫、有組織、講求效率的經營，並提供產品或勞務以供市場需求的經濟個體。

這是對企業的定義，但其本質又是如何？而企業除了獲利外，對社會需要有責任嗎？以下我們將探討之。

一.企業的本質

企業的本質就是在提供優質的「產品」及「服務」，以滿足消費者的需求，從而獲利；然後，再有力量擴大事業與規模，提供消費者更多更好的產品及服務。

例如：汽車廠提供轎車出售，而消費者購買之後，可以用來當交通工具，也可用來顯示身分的象徵（例如：賓士汽車），這就滿足了消費者有形及無形的生理與心理需求，而汽車廠則獲得收入與成本的差價利潤。

二.企業的兩大目標

企業兩大目標，就是「獲利」並兼具「社會責任」。

(一)獲利——稅後純益額、EPS、ROE三高目標：只要是營利企業，必然都以追求獲取「利潤」（Profit）為最大與最主要的目標，以向所有股東及董事成員負責。因為不賺錢的企業是浪費社會資源，並對不起所有出資的股東，以及廣大的投資大眾。因此，沒有一家長期虧損的企業，是值得繼續營運下去的，因為股東不支持。而企業獲利就會表現在其股價的上升及公司總市值（Market Value）的提高。只要公司股價及公司總市值上升，大眾股東就獲得投資報酬的回饋。目前，在實務上，企業獲利的指標，除了稅前淨利額外，最主要是看每股盈餘（EPS）的高低及股東權益（ROE）報酬率的高低，這些最後都會反映在公司股價上。（註：EPS=稅後純益額÷在外流通總股數；ROE=稅後純益額÷股東權益總額）

(二)社會責任：當然，企業的目標，並非只有賺錢獲利。一個廣受社會大眾所肯定的企業，還必須兼具擔負社會責任。亦即，企業獲利取之於社會，應該回饋於社會。因此，國內企業也常成立各種文教基金會、公益基金會或財團法人等，以具體行動，用資金、物品或服務，為社會弱勢族群、學生、病患、低收入戶、兒童、老人等提供資源與贊助，希望他們的生活得到照顧。因此，有些企業在風災、地震時，捐獻給受災戶；有些企業捐獻電腦與軟體給偏遠學校；有些企業提供獎助學金給學生；有些企業贊助養護社區公園。

總之，企業的社會責任及道德，已成為企業存在與追求的不可推卸的企業責任。若輕忽此種社會責任，則經常會被冠上不義及不利財團或政商勾結之不好印象。

企業的本質

企業的本質
(The Nature of Business)

企業提供優質
「產品」(Product)+「服務」(Service)

↓

滿足消費者的需求

↓

獲利

↓

投入擴大事業與規模

↓

提供消費者更多更好
「產品」(Product)+「服務」(Service)

企業二大目標

1.獲利

稅後純益額、EPS、ROE三高目標。目前，在實務上，企業獲利的指標，除了稅前淨利額外，最主要是看每股盈餘(EPS)的高低及股東權益(ROE)報酬率的高低，這些最後都會反映在公司股價上。

EPS=稅後純益額÷在外流通總股數；ROE=稅後純益額÷股東權益總額

2.社會責任

一個廣受社會大眾所肯定的企業，因此，國內企業也常成立各種文教基金會、公益基金會或財團法人等，以具體行動，用資金、物品或服務，為社會弱勢族群、學生、病患、低收入戶、兒童、老人等提供資源與贊助，希望他們的生活得到照顧。

! 企業的社會責任，已成為企業存在不可推卸的責任。若輕忽，則會被冠上不義之不好印象。

Unit 12-2 企業的社會責任觀點

在工業革命與資本主義盛行，當時社會責任觀點是以公司股東為唯一對象。因為股東是私有企業的所有權者，亦即是老闆，企業經營的最後責任就是對這些股東負責，盡力為他們賺取最大利潤。

一.社會責任觀點的演變

1970年代後，美國已進入富裕社會，然而在富裕中仍有很多貧窮、種族歧視、產品危害、水汙染、空氣汙染、職業安全、失業及福利不足等問題層出不窮，導致大眾及政府對企業社會責任問題有了新的觀點，即企業不應只以追求利潤最大化為目標，而應付出一部分心力在客戶與廣大社會群眾需求上。從此，社會責任形成企業關注與討論的焦點。

二.社會責任的重要性

社會責任與道德對企業很重要，因為它讓消費者對企業建立信任及信心。不道德、不善盡社會責任的任何行為，都將為企業帶來負面聲譽、銷售減少，甚至消費者會採取法律控訴行動。

而有深度社會責任及道德的企業，將會獲得消費者的信任與尊敬，以更遠眼光來看，將會形成顧客的忠誠及口碑，更有助於企業的銷售及獲利。

三.社會責任的構面

企業的社會責任，包括五個構面：

(一)企業的「經濟責任」：係指企業應該以公正合理的價格與適當的品質，將產品或服務供應到消費者市場，並充分有效率地使用其資源，此乃企業之經濟責任。

(二)企業的「法律責任」：企業運作是在一個社會體系內，因此必須遵守政府各種律法，並且以符合社會正常慣例加以營運。企業應避免違法，而使社會失序。

(三)企業的「倫理責任」：人性有人性的理論，企業也有企業的倫理。企業的倫理責任，就是指企業所提供之產品或服務，必須有益或無害於消費者。此外，在產銷過程中，其所產生之外部成本必須降到最小，不可形成大眾所負擔的社會成本與民眾損失。例如：不要製造假酒或用壞掉的原物料加工成食品販售，也不要銷售過期的不良商品。

(四)企業的「自由裁量責任」：所謂企業的自由裁量責任，係指企業對於非法律規定、也非絕對義務之社會事務，企業得自由裁量是否有必要做。例如：慈善事業、文教獎金、捐助地方政府、公益廣告等均屬之。

(五)企業主之自我實現理念：有些企業家終其一生賺取不少錢，但仍覺缺少什麼，那就是社會責任。因此，他願意再付出更多心血在社會文化、教育、娛樂、濟貧等工作上，以求更多的安心與滿足。

企業社會責任金字塔

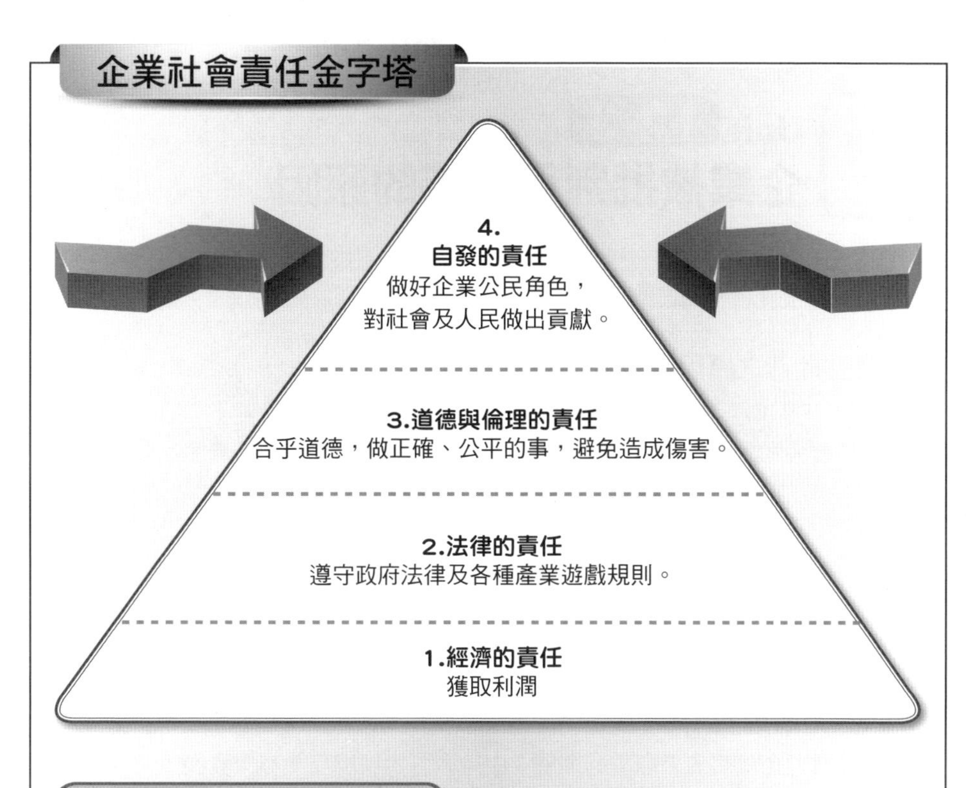

企業社會責任的五構面

1.企業的經濟責任

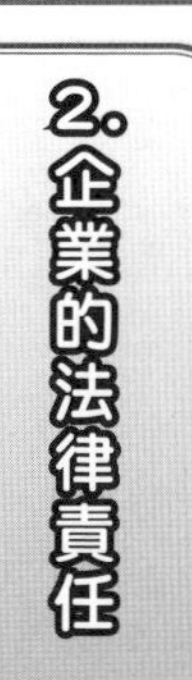

5.企業主之自我實現理念

知識補充站

社會責任簡單定義

綜上說明，我們可以對「社會責任」定義為：「企業的社會責任，包括經濟、法律、倫理與自由裁量，它是社會一直期望企業承擔與實現者。」

因為只有企業有資源、有力量、有能力、有財富，去執行這些工作。

Unit 12-3 企業被批判與期待的原因

現代企業為什麼普遍受到大眾批判，主要是消費意識的抬頭及對企業應有「取之於社會，用之於社會」的期待。

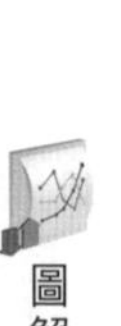

一.企業受批判之原因

今日現代企業普遍受到大眾批判或不滿，主要原因有以下幾點：

(一)消費大眾的覺醒，必須加強監督力：過去大眾對於資本主義與私營企業認為是理所當然，也是最好的制度。但是觀看現代高度資本主義之發展結果，也相對帶來不小的負面結果，而且對其過程中自私、官商勾結、貧富差距大、掏空公司資產、醜陋之運作手段感到不齒，普遍有為富不仁之感受，於是大眾覺醒了。

(二)大眾傳播不斷的揭露企業的不法面：現代各種大眾傳播媒體異常迅速發達，各媒體為求競爭得勝，也不斷挖掘及報導有關社會、企業、政治、經濟及有頭有臉企業負責人等黑暗面，並且大膽批判企業做假帳所帶給投資人損失的傷害。此都帶給一般消費者一種覺醒的教育。

(三)社會對企業有愈來愈高的期望：由於教育水準提高、經濟發展，使得高水準的大眾對企業的要求與期望愈來愈高。

(四)企業的權力與影響力日益擴張，令人憂心：現代企業組織有日趨擴大傾向，大企業擁有大部分的社會資源，亦即有了大部分的權力與自主權，可以為所欲為做任何事。大眾對此趨勢倍感憂心。

(五)被誤解的企業：有些企業因不善於媒體公關而常遭誤解，卻不做或不知道如何做任何公開澄清與解釋。關於這點目前已有改善，現代企業大都具有危機處理的能力。

二.企業應善盡企業責任

企業被期待善盡社會責任的理念，主要有以下論點：

(一)社會責任「最符合企業的長期利益」：善盡社會責任之企業，能獲取消費者之信賴，樹立良好企業形象，並能招攬優秀人才，對企業之長期利潤獲取及扎根，應予肯定。

(二)擔負社會責任「可以提升公司的公共形象」：善盡社會責任之企業，可讓消費者覺得企業非僅營私利，而且回饋給社會，真正做到所謂的「取之於社會，用之於社會」之最高精神。再透過媒體報導，企業最佳之公共形象，便可深植於大眾之中。

(三)企業擁有豐富資源，是有能力做到的：企業體內擁有諸如人力、物力、財力、設備等各種豐富資源，對社會問題之解決，因而有十足能力做到。因此，應該善盡企業責任。

(四)避免政府立法限制：政府若立法，對企業可能造成更大限制與衝擊。因此，不如主動就其能力所及，善盡企業之社會責任，以期減少損失。

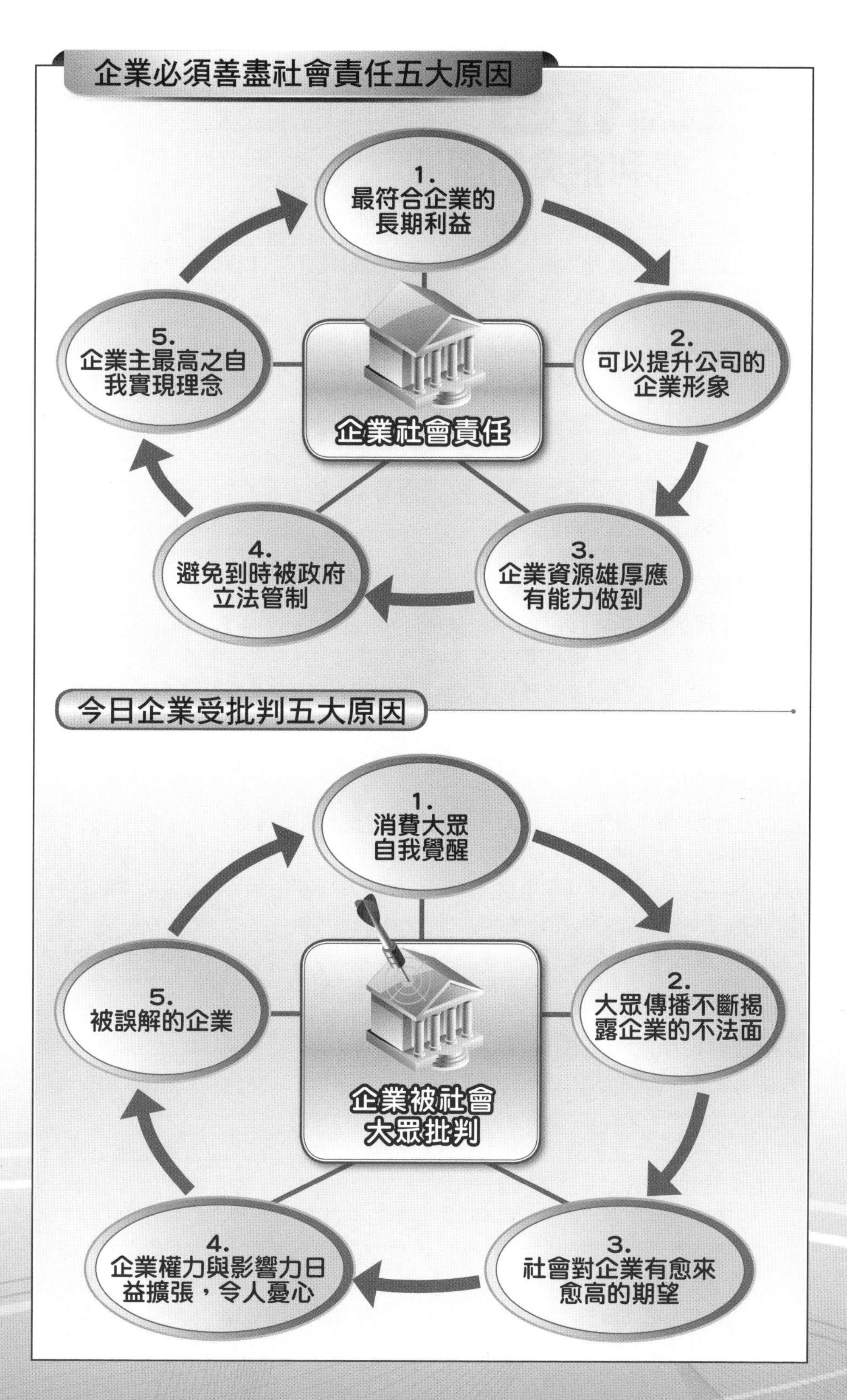
企業必須善盡社會責任五大原因
1.
最符合企業的
長期利益
2.
可以提升公司的
企業形象
3.
企業資源雄厚應
有能力做到
4.
避免到時被政府
立法管制
5.
企業主最高之自
我實現理念
企業社會責任
今日企業受批判五大原因
1.
消費大眾
自我覺醒
2.
大眾傳播不斷揭
露企業的不法面
3.
社會對企業有愈來
愈高的期望
4.
企業權力與影響力日
益擴張，令人憂心
5.
被誤解的企業
企業被社會
大眾批判

Unit 12-4 營利企業的型態

根據公司法對公司概念定義為：「公司者謂以營利為目的，依公司法組織登記成立之社團法人也。」依此定義，企業公司構成之要件有三：1.以營利為目的；2.依照公司法組織登記成立，以及3.社團法人。

一.按股票公開發行與否的型態區分

(一)未公開發行公司：屬老闆個人、家族企業，賺錢與否，不想讓外人知道。

(二)公開發行公司：指資本額二億以上公司，必須依法公開發行，亦即財務報表必須公開透明，而且相關申請作業均受金管會證期局管理，包括現金增資及盈餘轉增資等。一般中大型公司，也必然會申請公開發行，而讓所有基本營運及財務公開透明化，以期堂堂正正在公開市場上募集資金。

二.按營利與否型態區分

(一)營利企業：企業的目的，是以營利為首要目標，一般企業均屬營利企業。

(二)非營利企業：企業的目的，是以服務性或公益性為首要目標。例如：宗教團體、學校、醫院、文教基金會及社會救援基金會等。非營利事業若有賺錢時，依法令規定是不可以將盈餘分配給董事會成員，只能再做相關領域的投資。

三.按擁有型態區分

(一)國營企業：股權全部或大部分為政府經濟部、財政部、交通部等持有。例如：台電及中油公司等。由於政府國營事業民營化政策的推動，真正屬於國營企業的家數，日益減少。例如：中華電信已讓出政府股份給民間投資人，並多次釋股，由民間企業集團（例如：富邦金控、台灣大哥大等）大量認購。

(二)民營企業：股權全部或大部分為民間企業所有。臺灣絕大部分屬民營企業，所有股權均為社會大眾持有，小股東多，大股東還是集中在董事會或法人公司。

四.按註冊地申請型態區分

(一)當地企業或國內企業：向管轄當地的行政單位，申請註冊之公司。國內大部分的企業均屬之，又稱為本國企業、本土企業或當地企業。

(二)外商企業：在非當地管轄的行政所在地申請註冊，且其主營運地與註冊地不同，而是集中在營運地。例如：美國IBM、P&G及日本東芝、日立、三菱、SONY等公司，在臺灣稱美商或日商公司，均在臺灣申請註冊登記並實質展開營運活動。

(三)海外子公司：指公司設總部在臺灣，但在海外相關國家申請登記並且營運，具有法律上實質獨立法人性質。例如：統一上海公司，即為統一企業在中國大陸的海外子公司；或台塑美國公司，即為台塑企業在美國的海外子公司，也可在美國申請上市。海外子公司與分公司不同，子公司是完全營運實體，分公司的功能少於子公司。

營利企業的型態

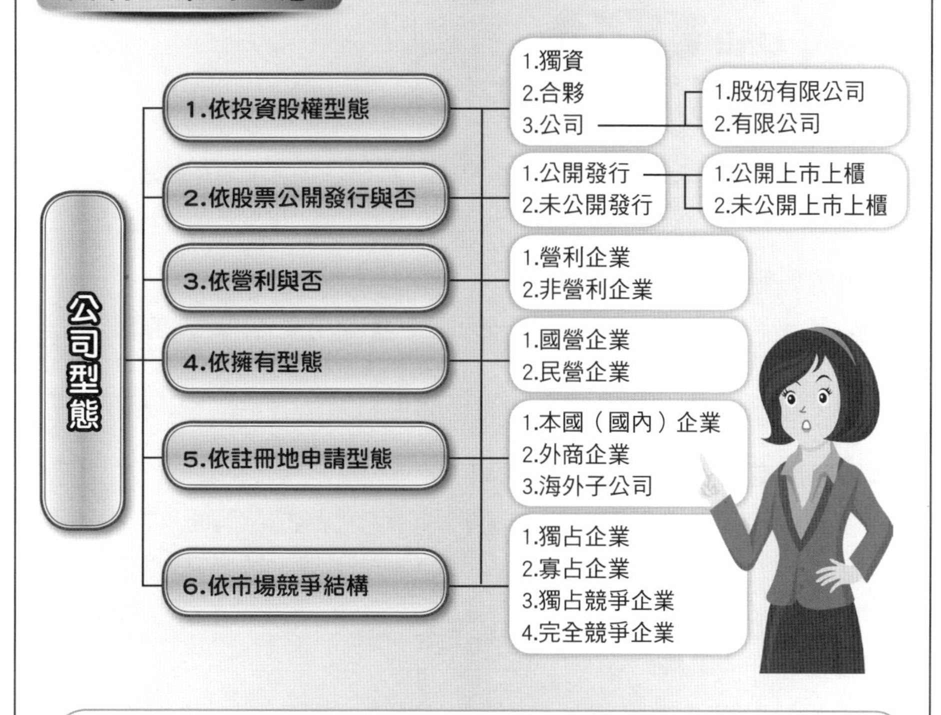

知識補充站

三種公開發行名詞

1.公開上市、上櫃公司（Public Corporation）

這是指向金管會證期局申請並經券商輔導，及通過相關規定審核後，准予公司在證券市場及店頭市場或上櫃之公司。一般企業，大都以追求上市為目標，因為上市後，可從證券資本市場取得較低成本的資金來源，而且股價高時，可獲得財務利潤，形成高市值公司。

2.首次公開上市（Initial Public Offering, IPO）

無論是在國內或到海外上市作業，均稱為IPO作業。目前，臺商企業赴海外上市，過去以香港證券市場、美國Nasdaq證券市場、紐約（NYSE）證券市場及新加坡證券市場較為常見。現在，由於臺商以中國大陸投資為主，因此，以中國上海及深圳股市（稱為深滬股市）為主，由中國國務院證監會管理。公開上市公司係指股票人人均可購買或出售交易的股份有限公司。

3.董事會的設立

任何一家股份有限公司，均有董事會。董事成員均是由大股東所選出的一群人，監督公司重要營運活動、長期目標及重要策略的最高決策單位。董事會可以任命董事長、總經理及高階副總經理之人事決策。而董事會成員可以是出資大股東或是高階主管，也可以是外部學者專家等成員。

Unit 12-5 公司治理原則

公司治理（Corporate Governance）已成21世紀任何企業關注的議題。根據國內外學者與企業實務的具體作法來看，公司治理有以下原則，可資參考。

一.董事會與管理階層應明確劃分

想必聽過：「權力使人腐化，絕對權力使人絕對腐化」。如果管理階層可完全控制董事會，企業將失去制衡與監督機制。這對企業長遠發展極大不利。問題是誰來監督？理論上是股東大會，但其不一定了解公司運作。因此，董事會必須廉潔有效能。

二.董事會應有半數以上董事是外人

在美國，董事是由董事長聘請，但董事長其實只代表董事會裡的一票。一個好的公司，董事長通常會邀請社會的學者、企業家，或政府部門的人士出任董事，這些人通常也有相當財富，不會受到董事長左右。

三.董事獨立行使職權

董事長聘請董事，就像一個國家的總統，聘請最高法院法官一樣。一旦董事長要解僱董事，必須接受普遍的監督，就像總統不可能隨便開除最高法院一樣。如此，董事才能獨立行使職權。董事才不會畏懼董事長，而不敢發言或反對。

四.董事可以開除董事長

董事是向股東負責，不是向董事長負責。董事長經營績效不好，董事可以提出建議、糾正；如果無效，雖然董事是由董事長延聘，但董事可以開除董事長。1993年，有二十餘名的IBM董事成員，就共同決議開除IBM董事長。這種機制在臺灣是看不到的。即使董事長被解聘，但是他仍然可以是董事會的董事成員之一。

五.董事酬勞大部分應為公司股票

董事酬勞與企業成長有絕對正相關，會刺激董事執行職權，如此一來，董事利益將與股東利益結合，與董事長個人利益無關。

六.建立評估董事機制

董事出席、發言次數、協助決策能力、受其他董事敬重程度，都可成為評估董事機制的選項。建立良好董事評估制度，將使董事更能發揮職權。國外許多公司董事責任相當沉重。以德州儀器來說，一個月開一次董事會，每年年度規劃會議共達四個工作天，因此，德儀董事每年必須有十五天為德儀開會，開會的頻率相當高。董事不一定只是認可公司提報的規劃，必須對經營團隊所提的策略、方向、政策、原則與計畫，提出不同角度與觀點的深入分析、辯論，然後形成共識。

公司治理七指標原則

公司治理原則

1. 董事會與管理階層應明確劃分
2. 董事會裡應有半數以上董事是外人
3. 董事要獨立行使職權
4. 董事可以開除董事長
5. 董事酬勞大部分應為公司股票
6. 建立評估董事機制
7. 董事應對股東要求做出回應

公司治理的重要性

公司治理為何受到重視呢？為何需要公司治理呢？大致有以下幾項原因：

1. 公司治理做得好，才能在世界性資本市場獲得青睞與投資。讓公司更容易取得國際性資本，邁向國際化路途。
2. 公司治理是代表對全體大小股東共同期待的重視、承擔與負責。
3. 公司治理做得好，有助於避免來自執行幹部群的舞弊及自利（自我投機謀利）機會主義（Opportunism）傾向。避免企業內部不法及不當事件發生。

知識補充站

誰能要求CEO下臺

在美國，CEO（公司執行長，地位僅次於董事長，是公司第二位有實權地位的最高執行主管）所創造的企業價值太低卻領取過高薪資時，投資機構通常會要求CEO減薪，並要求董事會討論此事。CEO有權不予理會，但除非其有能力扭轉局勢，否則也將面臨下臺的壓力。尤其美國經常發生CEO上臺下臺的情況。

知識補充站

專門委員會的設置

除獨立董監事人員外，依歐美先進企業的經驗顯示，為進行各種專門領域之監督，經常會再設立各種專門委員會，包括下列較常見的四種：

1.審計委員會：負責檢查公司會計制度及財務狀況、考核公司內部控制之執行、評核並提名簽證會計師，並與簽證會計師討論公司會計問題。為貫徹審計委員會之專業性及獨立性，審計委員會通常均由具備財務或會計背景之外部董事參與。

2.薪酬委員會：負責決定公司管理階層之薪資、分紅、股票選擇權及其他報酬。

3.提名委員會：主要負責對股東提名之董事人選之學經歷、專業能力等各種背景資料，進行調查及審核。

4.財務委員會：主要負責併購、購置重要資產等重大交易案之審核。

Unit 12-6 危機處理的五個步驟

什麼是危機處理？危機處理通常是指事件發生後，所採取的應變策略與措施，期使事件的負面衝擊降低至最小程度。

當危機不可避免地發生後，所要做的就是如何減少損失，挽回形象。如果企業不積極面對處理，對企業會有何影響呢？只能說星星之火足以燎原，不是沒有道理的。

一.防範於未然

有些危機是在事件尚未爆發前就可採取斷然處置，以免事發之後更難處理；也就是透過辨識、衡量、監控、報告來預測各種風險發生後，對資源及營運造成的負面影響，以便使生產順利進行。風險預測實際上就是估算、衡量風險，由風險管理人運用科學的方法，對其掌握的統計資料、風險訊息及風險的性質進行系統分析和研究，進而確定各項風險的頻度和強度，為選擇適當的風險處理方法提供依據。

二.第一時間處理

危機何時會來，其實沒有一定的準確，雖然有些企業具有風險預測的能力，但不意謂精準度無誤，只能說儘量做好萬全準備以降低風險度。目前有很多企業設有危機處理小組的編制，如果沒有，也務必掌握住當危機發生時，企業或人不管自己是否對錯，都必須在第一時間出面處理，說明事實的真相，說明公司對事件的了解與立場。

三.善盡「告知大眾」的責任

醜媳婦總要見公婆，不說、不應、不理、不睬，只有讓謠言愈演愈烈，對自己更加不利。在較具規模的企業通常設有公共關係部門，當企業發生危機時，公關人員或可代表企業的發言人，應於第一時間召開記者會對外發表聲明，以示負責。

四.加強與內外部顧客溝通

危機發生時，不但要迅速對顧客的反應有所處理；更要注意「內部顧客」員工的感受，以免士氣低迷，影響服務的品質。強生公司以一流處理機制挽回顧客對他們的信賴；同時也不斷給員工打氣，員工因此研發出另一種不會取代的包裝方法。

五.不要怕認錯

馬上向內、外顧客誠摯地道歉，坦承錯誤並說明解決之道，此舉反而贏得更多支持。其實，人本無完美，犯錯並不可恥，可恥的是不敢真正認錯或不肯面對犯錯的事實（當然，道歉不一定等於認錯）。危機像一把火，可將我們燒得體無完膚；也可以讓我們浴火重生，使危機成為再出發的契機。危機不足怕，怕的是沒有危機處理的意識與能力。

危機處理五個步驟

1.防範於未然

有些危機是在事件尚未爆發前就可採取斷然處置，以免事發之後更難處理。

2.第一時間處理

當危機發生時，企業或人不管自己是否對錯，都必須在第一時間出面處理，說明事實的真相，說明公司對事件的了解與立場。

3.善盡「告知大眾」的責任

不說、不應、不理、不睬，只有讓謠言愈演愈烈，對自己更加不利。

4.加強與內外部顧客溝通

危機發生時，不但要迅速對顧客的反應有所處理，更要注意「內部顧客」員工的感受，以免士氣低迷，影響服務品質。

5.不要怕認錯

馬上向內、外顧客誠摯地道歉，坦承錯誤並說明解決之道，此舉反而贏得更多支持。其實，犯錯並不可恥，可恥的是不敢真正認錯或不肯面對犯錯的事實。

知識補充站

風險如何處理？

風險處理常見的方法有以下四種：

1.避免風險：消極躲避風險。比如避免火災可將房屋出售，避免航空事故可改用陸路運輸等。

2.預防風險：採取措施消除或減少風險發生的因素。例如：為防止水災導致倉庫進水，採取增加防洪門、加高防洪堤等，可大大減少因水災導致的損失。

3.自保風險：企業自己承擔風險。途徑有：小額損失納入生產經營成本，損失發生時用企業的收益補償。針對發生的頻率和強度都大的風險建立意外損失基金，損失發生時用它補償。帶來的問題是擠占了企業的資金，降低了資金使用的效率。對於較大的企業，應建立專業的自保公司。

4.轉移風險：在危險發生前，透過採取出售、轉讓、保險等方法，將風險轉移出去。

Unit 12-7 危機管理的基本流程

危機管理流程是一系列的活動與管理步驟，將最有效的危機管理哲學，充分應用到企業，可幫助企業防範危機、管理危機，將危機化為轉機，並從中受惠。

一.辨識與評估組織的弱點

幾乎所有危機發生前，都會出現一些警訊，成功的企業可掌握早期警訊並進行必要調整，以確保公司不會陷入危機。危機管理流程的第一步便是找出組織中的弱點，並評估每個弱點可能引發什麼損害。例如：生產部門的環境清潔部分、原物料採購的保存部分、在倉儲配送過程部分等，都有發生問題的可能性。

二.防範弱點爆發成危機

成功的企業針對其弱點採取補強方案，以避免這些弱點對公司造成負面影響。公司必須要果斷的採行艱難的決定，並且毫不遲疑地設法解決組織的唯一弱點。預防勝於治療，因此在防範的制度、作業、人力與機制上，應嚴格執行防範意外的危機發生。

三.事先擬好應變計畫

成功的企業了解危機隨時可能發生，而且帶來極嚴重的後果。如果企業投入時間與預算，事先從各個層面擬好危機管理方案，將可遏阻因無法有效處理危機所帶來的後遺症。最成功的公司往往會先設想最糟的情境，並盡可能的擬定計畫，將準備工作做到最完美的境界。除應變計畫外，還應定期做些演練。

四.第一時間發覺並採取行動

成功的企業可在危機發生時認清情況，並了解快速採取行動之必要性。畢竟沒發現問題前，沒辦法進行修復。有效處理危機的關鍵是採取快速、果斷的行動，以便在危機失去控制前就解決。首先要修復問題，接下來應透過有效率的溝通來處理危機。例如：對不良品全面回收或免費為顧客更新，或發出危機通告、停止使用等立即措施。

五.危機發生時，做最有效率的溝通

一旦企業開始處理問題，下一步便是要決定應該與員工、客戶、主管機關、股東、新聞媒體以及其他重要群眾進行何種程度的溝通。溝通過程必須要開誠布公、誠實可靠。如果公司無法達到不同群眾所預期與期待的溝通程度，將會帶來更嚴重、更長期的企業問題，包括與員工、客戶、新聞媒體與其他重要群眾進行溝通時的特定建議。舉行公開記者會，承認公司疏失，並向社會大眾道歉是必要的。

危機管理七大流程

1.辨識與評估組織的弱點

「危機管理流程」的第一步便是找出組織中的弱點，並評估每一個弱點可能會引發什麼損害。

2.防範弱點爆發成危機

預防勝於治療，因此企業在防範的制度、作業、人力與機制上，應嚴格執行防範意外的危機發生。

3.事先擬好應變計畫

最成功的公司往往會先設想最糟的情境，並盡可能的擬定計畫，將準備工作做到最完美的境界。

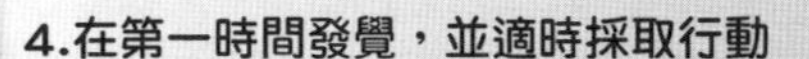

4.在第一時間發覺，並適時採取行動

首先要修復問題，接下來應透過有效率的溝通來處理危機。

5.在危機發生時，做最有效率溝通

一旦企業開始處理問題，下一步便是要決定應該與員工、客戶、主管機關、股東、新聞媒體以及其他重要群眾進行何種程度的溝通。

6.監控、評估危機，並在過程中進行必要調整

成功的企業了解不管在危機發生期間或結束後，密切監控與公司有關的主管、群眾之意見與行為都非常重要，這些企業同時也能夠在過程中進行必要的調整。

7.透過強化組織聲望與信譽，防堵危機

成功的企業總是（並非只有危機時）努力爭取員工、客戶、供應商、主管機關、政治人物、社會領導人物、新聞媒體及其他群眾的尊敬、信心、以及信任。

知識補充站

把關與防堵

左述五種危機管理流程乃一般性，除此之外，還有兩種危機發生時的把關與防堵：

1.監控、評估危機，並在過程中進行必要調整：不管是在危機發生期間或結束後，總是很難知道自己是否做了最好決策。成功的企業了解不管處在危機何種階段，密切監控與公司有關的主管、群眾意見與行為都非常重要，這些企業可作為同時進行必要的調整依據。其中，溝通的訊息、群眾及態度等都可能需要進行調整。最後，要將此次危機深引為戒，絕對避免再犯類似錯誤。

2.透過強化組織聲望與信譽，防堵危機：觀察企業是否受危機影響的關鍵是危機對公司信譽的影響程度。成功的企業總是努力爭取員工、客戶、供應商、主管機關、政治人物、社會領導人物、新聞媒體等群眾的尊敬及信任；而企業平常贏得的商譽，就像堅固的保護層，可隔離危機的傷害。

Unit 12-8 影響企業的環境因素

環境是企業營運系統的互動一環，所以現代企業對科技、社會、政經、國際化等環境演變，都賦予高度關注。

一.企業為何要研究環境

㈠策略觀點：美國著名的策略學者錢德勒（Chandler）曾提出他頗為盛行的理論，亦即：環境→策略→結構（Environment→Strategy→Structure）的連結理論。錢德勒認為企業在不同發展階段會有不同的策略，但此不同的策略改變或增加，實乃是內外部環境變化導致；如果環境一成不變，策略也沒有改變之需要。當經營策略一改變，則組織的結構及內涵也必須相應配合，才能使策略落實踐履。因此，在錢德勒的觀點，環境是企業經營之根本基礎與變數，占有舉足輕重地位，故應深加研究。

㈡市場觀點：企業的生存靠市場，市場可以主動發掘創造，也可以隨之因應。而就市場的整合觀念來看，它乃是全部環境變化的最佳表現場所。因此，掌握了市場，正可以說控制了環境，此係一種反溯的論點。

㈢競爭觀點：在資本主義與市場自由經濟的運作體系中，都循價格機能、供需理論與物競天擇、優勝劣敗之道路而行。企業如果沉醉於往昔成就，而不惕勵未來發展，勢必面臨困境。因此，企業唯有認清環境，不斷檢討、評估與充實所擁有之「優勢資源」，才能在激烈競爭的企業環境中，立於不敗之地。而環境的變化，會引起企業過去所擁有優勢資源條件的變化，從而影響整合的競爭力。

綜上得知，策略、市場與競爭三個觀點來看待企業與環境之關係，實足以證明環境分析、評估與因應對策，對企業整體與長期發展，具相當且關鍵之重要角色。

二.影響企業的直接與間接環境

除上述企業為何對環境賦予高度關注的觀點分析外，企業被環境影響的因素還可分為直接與間接兩種，茲說明如下：

㈠直接影響環境因素：是指直接的、即刻的影響到企業營運的因素，包括可能即刻影響到企業營運的收入來源、成本結構、獲利結構、市場占有率或顧客關係等重要事項。影響企業營運活動的四種主要環境因子，包括供應商環境、顧客群環境、競爭群環境、產業群環境或其他壓力等。

㈡間接影響環境因素：除直接影響環境外，企業營運活動也受到間接環境因素的影響。這些包括政治、法律、經濟、國防、科技、生態、社會、文化、教育、倫理，以及流行趨勢、人口結構等狀況改變。

可見外在環境的變化對企業影響之重大，如果企業不時時留意並掌握變動情報資訊，進而擬定因應對策，有可能會被市場潮流給淹沒而不自知。

企業為何要研究環境

美國著名的策略學者錢德勒（Chandler）曾提出他頗為盛行的理論，亦即：環境→策略→結構（Environment→Strategy→Structure）的連結理論。在錢德勒的觀點，環境是企業經營之根本基礎與變數，占有舉足輕重地位，故應深加研究。

2.市場觀點

企業的生存靠市場，市場可以主動發掘創造，也可以隨之因應。掌握了市場，正可以說控制了環境，此係一種反溯的論點。

3.競爭觀點

在資本主義與市場自由經濟的運作體系中，都循價格機能、供需理論與物競天擇、優勝劣敗之道路而行。因此，企業唯有擁有「優勢資源」，才能立於不敗之地。

企業四種直接影響環境因素

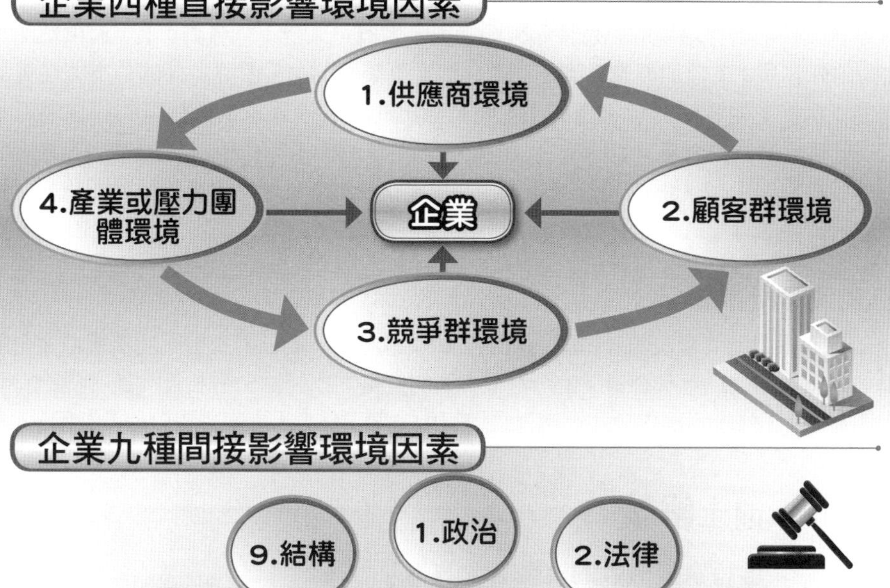

企業九種間接影響環境因素

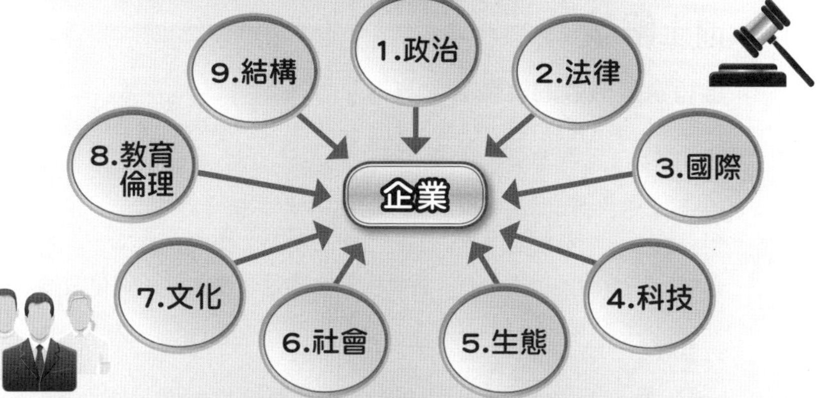

Unit 12-9 監測環境的來源與步驟

由於外在的直接與間接影響環境，頗為複雜而且多變化，因此企業必須有一套監測系統，而且要有專人負責，定期提出分析報告及其因應對策。對於緊急且重大影響的，更是要快速、機動提出，以避免對企業產生不利的衝突及影響。

一.監測組織單位及功能

一般來說，企業內部大致有兩種監測的組織單位：

(一)專責單位：例如經營分析組、綜合企劃組、策略規劃組、市場分析組等不同的單位名稱，但做的都是類似的工作任務。

(二)兼責單位：各個部門裡，由某個小單位負責，例如：營業部、研究發展部、法務部、採購部等設有專案小組，均有其少部分人員兼蒐集市場及競爭者訊息。

二.訊息情報來源管道

企業外部動態環境的訊息情報來源管道，大概可來自下列各方：1.上游供應商；2.國內外客戶；3.參加展覽看到的；4.網站上蒐集到的；5.派駐海外的分支據點蒐集到的；6.專業期刊、雜誌報導的；7.同業漏出的訊息情報；8.銀行來的訊息情報；9.政府執行單位的消息；10.國外代理商、經銷商、進口商所傳來的訊息；11.政府發布的資料數據；12.赴國外企業參訪得到的，以及13.據國內外專業的研究顧問公司及調查公司得知等十三種訊息情報來源管道。

三.監測分析步驟

有關對環境演變及訊息情報的監測分析步驟如下：1.針對直接與間接環境變化趨勢方向及重點加以蒐集資料；2.針對蒐集到的資料加以歸納、分析及判斷，提出有利與不利點；3.最後提出本公司因應對策與可行方案，以及4.專案提報討論及裁示。

小博士解說

誰是企業最大的挑戰者？

企業將面對的日常最大挑戰來源，仍是現有競爭者的強力競爭，包括產品、價格、服務、促銷贈品、通路、採購、研發、物流速度、專利權、組織與人才、市場占有率及成本結構等競爭。

對於競爭者的分析有三個階段：1.對現有及未來潛在競爭者，蒐集他們日常行銷情報並提出分析；2.針對雙方的競爭優劣勢、定位及資源力量等加以對照分析，以及3.提出我們的因應對策，分為短、中、長期行動計畫及可行方案。

監測組織單位及功能

專責單位

例如：經營分析組、綜合企劃組、策略規劃組、市場分析組等不同的單位名稱，但都是類似的工作任務。

兼責單位

例如：營業部、研究發展部、法務部、採購部等設有專案小組，均有其少部分人員兼蒐集市場及競爭者訊息。

訊息情報來源管道

1.上游供應商。
2.國內外客戶。
3.參加展覽看到的。
4.網站上蒐集到的。
5.派駐海外的分支據點蒐集到的。
6.專業期刊、雜誌報導的。
7.同業漏出的訊息情報。
8.銀行來的訊息情報。
9.政府執行單位的消息。
10.國外代理商、經銷商、進口商所傳來的訊息。
11.政府發布的資料數據。
12.赴國外企業參訪得到的。
13.據國內外專業的研究顧問公司及調查公司得知。

監測分析步驟

1.針對直接與間接環境變化趨勢方向及重點加以蒐集資料。

2.針對蒐集到的資料加以歸納、分析及判斷，提出有利與不利點。

3.最後提出本公司因應對策與可行方案。

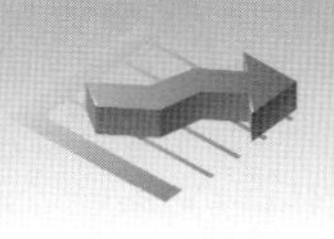

4.專案提報討論及裁示。

Unit 12-10 企業的成長策略

企業的成長策略可區分為三類型：

(一)密集成長策略：指在目前事業體尋求機會以期進一步成長，也可算是在核心事業裡尋求擴張成長。

(二)整合成長策略：指在目前事業體內外，尋求與水平或垂直事業相關行業，以求得更進一步擴張。

(三)多角化成長策略：指在目前事業體外，發展無關之事業，以求得業務擴張。

以下針對上述三種企業成長策略，進行探討說明。

一.密集成長

廠商應該對目前的事業體加以檢視，以了解是否還有機會以擴張市場。根據學者安索夫（Ansoff）曾提出用以檢視密集成長機會架構，稱之為「產品與市場擴張格矩」（Product / Market Expansion Grid），茲說明如下：

(一)市場滲透策略：1.說服現有市場未使用此產品的消費者購買；2.運用行銷策略，吸引競爭者的客戶轉到本公司購買，以及3.使消費者增加使用量。

(二)市場開發策略：將現有產品推展到新區隔或地區。例如：現金卡市場開發。

(三)產品開發策略：公司開發新的產品，賣給現有的客戶。例如：統一超商新國民便當、智慧型手機、光世代寬頻上網、液晶電視、平板電腦等。

二.整合成長

整合成長之型態有三種，茲說明如下：

(一)向後整合成長：或稱向上游整合成長。

(二)向前整合成長：也稱向下游整合成長。例如：統一企業投資統一超商下游通路；再如：台灣大哥大公司投資台灣電店公司下游通路。

(三)水平整合成長：例如宏碁集團，包括宏碁科技公司、明基電通公司及緯創公司等水平式資訊電腦公司；國內金控集團，包括銀行、壽險、證券、投顧等。

三.多角化成長

企業多角化成長的策略，通常採取以下三種方式進行：

(一)垂直整合：此即一個公司自行生產其投入或自行處理其產出。除向前、向後整合之外，亦可以視需要做完全整合或錐形整合。

(二)相關多角化：係指多角化所進入的新事業活動和現存的事業活動之間可以連結在一起，或者視活動之間有數個共通的活動價值鏈要素，而通常這些連結乃基於製造、行銷或技術的共通性。

(三)不相關多角化：此即公司進入一個新的事業領域，但此事業領域與公司現存的經營領域沒有明顯的關聯。

企業三種成長策略類型

一.密集成長	二.整合成長	三.多角化成長
1.市場滲透	1.向後整合	1.集中多角化
2.市場開發	2.向前整合	2.相關多角化
3.產品開發	3.水平整合	3.不相關多角化

從產品／市場成長策略

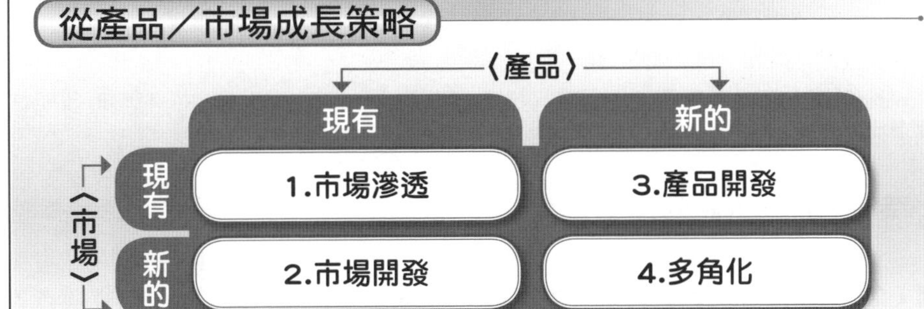

穩定、成長及退縮策略作法

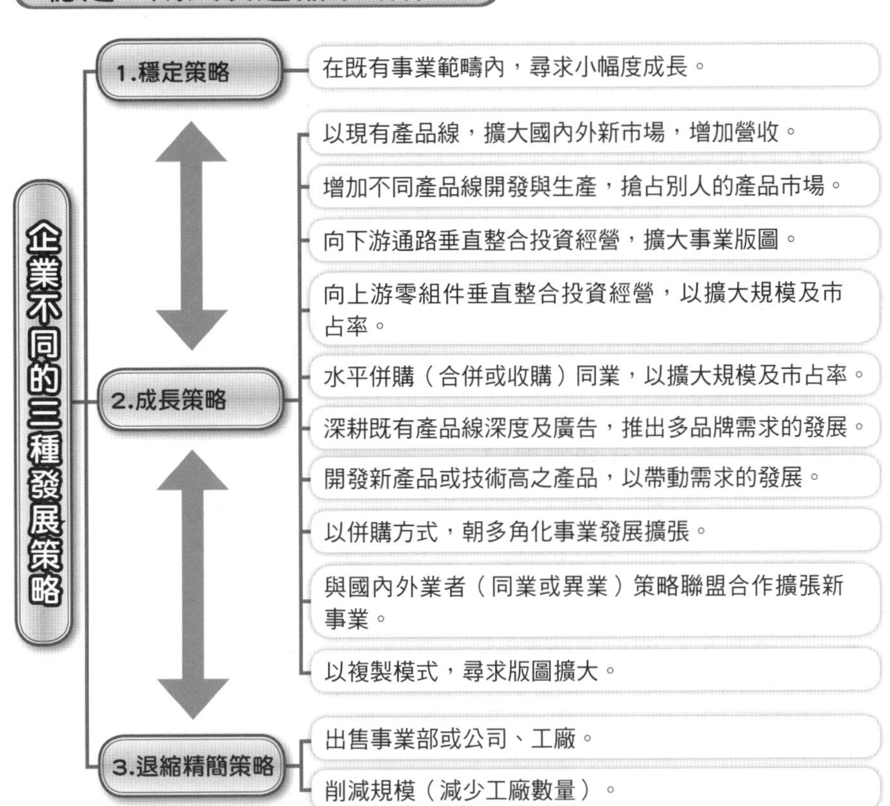

Unit 12-11 投資人關係管理

投資人關係管理（Investor Relation Management, IRM），對現代企業而言，是愈來愈重要。

這些投資者，有些是大型投資機構，有些是散戶小股東；不管是大是小，他們的投資，都希望能夠獲得好的投資報酬。而就公司而言，這些大小股東願意在公開市場上購買我們的股票，代表他對本公司有所寄望。

從實務上來說，投資者關係管理的具體落實，大概有幾點作法，茲整理說明如下，俾供參考使用。

一.定期召開法人說明會

企業必須定期召開法人說明會，亦即針對國外投資機構（QFII）、國內投資機構（含銀行、投信、投顧自營商、財務公司、壽險公司等）定期（每季為佳）舉行對外正式公開的說明會，包括很多媒體業也會來採訪。

二.網站及時更新企業財務及營運

公司網站及證期會上市、上櫃公司網站上，均應及時更新公司最新的財務狀況及重大營運活動說明。

三.每年六月提供年報

公司年報在每年六月召開股東會時，均必須提供。年報中，應依規定詳實記載公司所有營運狀況。

四.企業應設有股務室

公司應有股務室或投資人關係室，以專責專人處理所有大小股東的來信、來電及寄E-Mail等溝通回覆事宜。

五.財務長應及時回應大股東問題

公司財務長及執行長（或稱總經理）應對公司大股東或董事長代表所提出的任何問題，及時回應；並將公司重大政策、策略與財務事宜等，在董事會召開時詳細提出討論與分析，以及做最後決策。

六.每年一次對外公開股東大會

公司每年六月底以前，一定要舉行一次對外公開的股東大會。屆時，會有一些小股東出席參加，公司董事長也會率相關主管出席，除了做營運報告外，也會聆聽小股東的現場意見。

為何要有投資人關係管理？

投資者需要 ＋ 讓股東對公司有信心 → 為了讓投資人對所投資的企業有信心，故企業會設有投資人關係管理。

企業落實投資人關係管理六大作法

1.定期（每季為佳）對外召開法人說明會

2.網站及時更新企業財務及營運

公司網站及證期會上市、上櫃公司網站上，均應及時更新公司最新財務狀況及重大營運活動說明。

3.每年六月提供年報

年報中，應依規定詳實記載公司所有營運狀況。

4.企業應設有股務室

公司應有股務室或投資人關係室，以專責專人處理所有大小股東的來信、來電及寄E-Mail等溝通回覆事宜。

5.財務長應及時回應大股東問題

公司財務長及執行長應及時回應公司大股東或董事長代表的任何問題，並將公司重大政策與財務事宜等，在董事會召開時，詳細提出討論與分析，以及做最後決策。

6.每年六月底以前，一定要舉行一次對外公開的股東大會。

知識補充站

營運績效的指標

所稱營運績效的指標是指下列幾種：1.稅後盈餘額或淨利額，即每年賺多少錢；2.稅後每股盈餘（EPS），即每股賺多少元；3.股東權益報酬率（ROE），即稅後淨利額除以股東權益總額；4.資產報酬率（ROA），即稅後淨利額除以資產總額；5.毛利率為營收額－營業成本＝毛利額，再除以營收額；6.稅後純益率即稅後純益額除以營收額，以及7.公司總市值：即公司現在每股價格×在外流通總股數。

Unit 12-12 企業營運管理的循環 Part I －製造業

要了解企業經營管理，先要了解其循環內容，即是掌握如何經營好一個企業的關鍵點，且必須從製造業及服務業來區別因應，分別在Part I 及Part II 單元介紹。

一.製造業的涵蓋面

製造業，顧名思義即是必須製造出產品的公司或工廠。它幾乎占了一個國家或一個社會系統的一半經濟功能，可區分為傳統產業及高科技產業二種：1.傳統產業：即指統一、臺灣寶僑、聯合利華、金車、味全、味丹、可口可樂、黑松、東元、大同、裕隆汽車等，及2.高科技產業，即指台積電、聯電、宏達電、鴻海、華碩等。

二.製造業的營運管理循環

(一)人力資源管理：1.研發管理是產品力的根基；2.低成本原物料、半成品的採購並追求其品質與供貨的穩定，以及3.追求產品準時出貨及降低成本的生產管理。

(二)行政總務管理：指對零組件、原物料及完成品的品質水準控管並要求穩定。

(三)法務與智財權管理：指產品配送到國外客戶或國內客戶指定地點的倉儲中心或零售據點，並追求最快速度配送效率與最安全的物流管理。

(四)資訊管理：1.行銷管理：指為使產品在零售市場或企業型客戶上，能順利進行所有行銷過程，包括B2B及B2C二種型態；2.售後服務管理：指產品在銷售後的詢問、客訴、回應、安裝、維修等管理，包括客服中心、維修中心、會員中心等。

(五)工程技術管理：指對客戶的應收帳款及應付帳款管理；另外，資金供需管理、投資管理，皆屬會員經營管理。

(六)稽核管理：隨時針對企業行政資源、管理系統、生產品質、工廠環境、 機械設備等進行內部控制與稽核管理。

(七)公關管理：例如會員經營管理，即指對重要客戶的會員分級對待或客製化對待，以及會員卡促銷優惠等。

(八)企劃管理：本質上是經營分析管理，即指對各項經營數據結果，進行分析、評估以及提出對策方案等，並將之導入目標管理及預算管理。

三.製造業贏的關鍵要素

(一)大規模經濟效應：採購及生產量大，成本才會低，產品價格也有競爭力。

(二)研發力強：研發代表產品，研發強才能不斷開發新產品，滿足市場需求。

(三)穩定的品質：這樣客戶才會不斷下訂單；好品質的產品，才會有好的口碑。

(四)企業形象與品牌知名度：例如IBM、Panasonic、Sony、三星、HP、Toshiba、Philips、P&G等，均具高度正面的企業形象與品牌知名度，故能長期經營。

(五)不斷改善，追求合理化經營：成功企業都注重消除浪費、控制成本、合理化經營及改革，因此能降低成本，提升效率及鞏固高品質水準。這是競爭力的根源。

製造業營運管理循環架構

主要活動 →

支援活動

A.人力資源管理

1.研發管理

- 對既有產品及新產品的研究開發管理
- 是產品力的根基來源

2.採購管理

- 指原物料、零組件、半成品之採購管理
- 追求較低的採購成本、穩定的採購品質及供貨的穩定性

3.生產管理

- 指產品的生產與製造過程的管理
- 追求有效率、準時出貨的生產管理及降低生產成本

B.行政總務管理

4.品質管理

- 指對零組件、原物料及完成品的品質水準控管
- 要求穩定的品質水準

C.法務與智財權管理

5.物流管理

- 指產品配送到國外客戶或國內客戶指定地點的倉儲中心或零售據點
- 追求最快速度配送效率與最安全的物流管理

D.資訊管理

6.銷售(行銷)管理

- 指為使產品在零售市場上或企業型客戶上，能夠順利銷售出去的所有行銷過程與銷售行動
- 包括B2B及B2C二種型態

7.售後服務管理

- 指產品在銷售之後的詢問、客訴、回應、安裝、維修等管理
- 包括客服中心（Call Center）、維修中心、會員中心等

E.工程技術管理

8.財會管理

- 指對客戶的應收帳款及應付帳款管理。另外，資金供需管理、投資管理也屬之

F.稽核管理

G.公關管理

9.會員經營管理

- 指對重要客戶的會員分級對待或客製化對待，以及會員卡促銷優惠

H.企劃管理

10.經營分析管理

- 指對各項經營數據結果，進行分析、評估以及提出對策方案等
- 導入目標管理及預算管理

Unit 12-13 企業營運管理的循環 Part II－服務業

前面Part I 介紹製造業的營運管理循環，我們會發現與Part II 要介紹服務業最大的差異是，前者是以生產產品為主軸，後者則是以「販售」及「行銷」產品為主軸。

一.服務業的涵蓋面

服務業是指利用設備、工具、場所、訊息或技能等為社會提供勞務、服務的行業。例如：統一超商、麥當勞、新光三越百貨、家樂福、佐丹奴服飾、統一星巴克、誠品書店、中國信託銀行、國泰人壽、長榮航空、屈臣氏、君悅大飯店、摩斯漢堡、小林眼鏡、TVBS電視臺、燦坤3C等，都是目前消費市場最被人熟知的服務業。

二.服務業的營運管理循環

服務業營運管理循環架構如下：1.人資管理；2.行政總務管理；3.法務管理；4.資訊管理；5.稽核管理，以及6.公關管理等支援體系在從事九項主要活動：商品開發、採購、品質、行銷企劃、現場銷售、售後服務、財會、會員經營及經營分析等。

三.服務業與製造業的管理差異

相較於製造業，服務業提供的是以服務性產品居多，而且也是以現場服務人員為主軸，這與工廠作業員及研發工程師居多的製造業，顯著不同。兩者差異如下：1.製造業以製造與生產產品為主軸，服務業則以「販售」及「行銷」這些產品為主軸；2.服務業重視「現場服務人員」的工作品質與工作態度；3.服務業比較重視對外公關形象的建立與宣傳；4.服務業比較重視「行銷企劃」活動的規劃與執行，以及5.服務業的客戶是一般消費大眾，經常有數十萬到數百萬人，與製造業少數幾個OEM大客戶有很大不同。因此，在顧客資訊系統的建置與顧客會員分級對待經營比較重視。

四.服務業贏的關鍵要素

(一)服務業的連鎖化經營，才能形成規模經濟效應：不管直營店或加盟店的連鎖化、規模化經營，將是首要競爭優勢的關鍵。

(二)提升人的品質經營：才能使顧客受到應有的滿意及忠誠度。

(三)不斷創新與改進：服務業的進入門檻很低；因此，唯有創新，才能領先。

(四)強化品牌形象的行銷操作：服務業會投入較多的廣告宣傳與媒體公關活動的操作，以不斷提升及鞏固服務業品牌形象的排名。

(五)形塑差異化與特色化：服務業的「差異化」與「特色化」經營，服務業如沒有差異化特色，就找不到顧客層，還會陷入價格競爭。

(六)提高現場環境氛圍：服務業也很重視「現場環境」的布置、燈光、色系、動線、裝潢、視覺等，因此有日趨高級化、高規格化的現場環境投資趨勢。

(七)擴大便利化據點：服務業也必須提供「便利化」，據點愈多愈好。

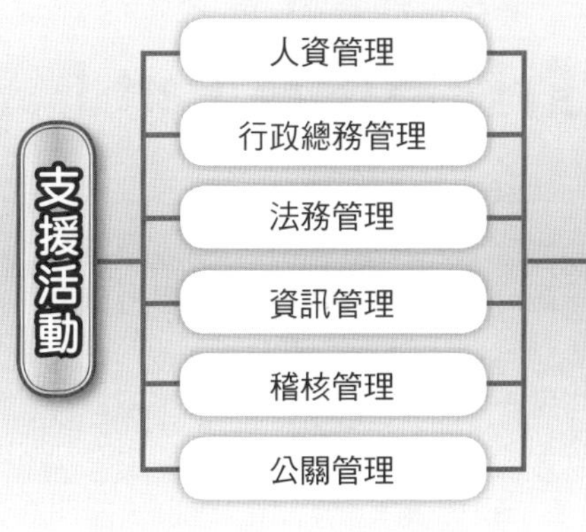

主要活動

1.商品開發管理
2.採購管理
3.品質管理
4.行銷企劃管理
5.現場銷售管理
6.售後服務管理
7.財會管理
8.會員經營管理
9.經營分析管理

服務業贏的六大關鍵

服務業贏的關鍵因素

1. 打造「連鎖化」、「規模化」經營
2. 提升「人的品質」經營
3. 不斷「創新」與「改變」經營
4. 強化「品牌形象」的行銷操作
5. 形塑「差異化」與「特色化」經營
6. 提高「現場環境」設計裝潢高級化
7. 擴大「便利化」的營業據點

製造業贏的五大關鍵

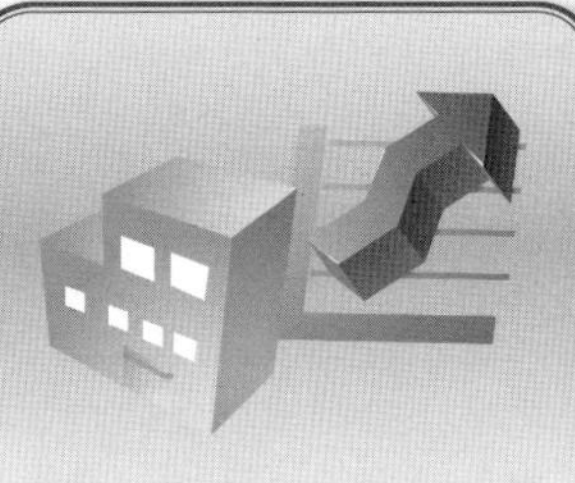

1.要有規模經濟效應化
2.研發力強
3.穩定的品質
4.企業形象與品牌知名度
5.不斷的改善，追求合理化經營

Unit 12-14 完整的年度經營計畫書撰寫 Part I

面對歲末以及新的一年來臨之際，國內外比較具規模及制度化的優良公司，通常都要撰寫未來三年的「中長期經營計畫書」或未來一年的「今年度經營計畫書」，作為未來經營方針、經營目標、經營計畫、經營執行及經營考核的全方位參考依據。古人所謂「運籌帷幄，決勝千里之外」即是此意。

若有完整周詳的事前「經營計畫書」，再加上強大的「執行力」，以及執行過程中的必要「機動、彈性調整」對策，必然可以保證獲得最佳的經營績效成果。另外，一份完整、明確、有效、可行的「經營計畫書」也代表著該公司或該事業部門知道「為何而戰」，並且「力求勝戰」。

然而一個完整的公司年度經營計畫書應包括哪些內容？本單元提供以下案例作為撰寫經營計畫書的參考版本。由於各公司及各事業總部的營運行業及特性均有所不同，故可視狀況酌予增刪或調整使用。

由於內容豐富，本主題分Part I 與Part II 兩單元介紹。

一.去年度經營績效回顧與總檢討

本部分內容包括：1.損益表經營績效總檢討（含營收、成本、毛利、費用及損益等實績與預算相比較，以及與去年同期相比較）；2.各組業務執行績效總檢討，以及3.組織與人力績效總檢討。

二.今年度經營大環境深度分析與趨勢預判

本部分內容包括：1.產業與市場環境分析及趨勢預測；2.競爭者環境分析及趨勢預測；3.外部綜合環境因素分析及趨勢預測，以及4.消費者／客戶環境因素分析及趨勢預測。

三.今年度本事業部／本公司經營績效目標訂定

本部分內容包括：1.損益表預估（各月別）及工作底稿說明，以及2.其他經營績效目標可能包括：加盟店數、直營店數、會員人數、客單價、來客數、市占率、品牌知名度、顧客滿意度、收視率目標、新商品數等各項數據目標及非數據目標。

四.今年度本事業部／本公司經營方針訂定

本部分內容可能包括：降低成本、組織改造、提高收視率、提升市占率、提升品牌知名度、追求獲利經營、策略聯盟、布局全球、拓展周邊新事業、建立通路、開發新收入來源、併購成長、深耕核心本業、建置顧客資料庫、擴大電話行銷平臺、強化集團資源整合運用、擴大營收、虛實通路並進、高品質經營政策、加速展店、全速推動中堅幹部培訓、提升組織戰力、公益經營、落實顧客導向、邁向新年度新願景等各項不同的經營方針。

年度經營計畫書參考架構

一.去年度經營績效回顧與總檢討

1.損益表經營績效總檢討（含營收、成本、毛利、費用及損益等實績與預算相比較，以及與去年同期相比較）。
2.各組業務執行績效總檢討。
3.組織與人力績效總檢討。

二.今年度經營大環境深度分析與趨勢預判

1.產業與市場環境分析及趨勢預測。
2.競爭者環境分析及趨勢預測。
3.外部綜合環境因素分析及趨勢預測。
4.消費者／客戶環境因素分析及趨勢預測。

三.今年度本事業部／本公司經營績效目標訂定

1.損益表預估（各月別）及工作底稿說明。
2.其他經營績效目標可能包括：加盟店數、直營店數、會員人數、客單價、來客數、市占率、品牌知名度、顧客滿意度、收視率目標、新商品數等各項數據目標及非數據目標。

四.今年度本事業部／本公司經營方針訂定

五.今年度本事業部／本公司贏的競爭策略與成長策略訂定

六.今年度本事業部／本公司具體營運計畫訂定

七.提請集團各關係企業與總管理處支援協助事項

八.結語與恭請裁示

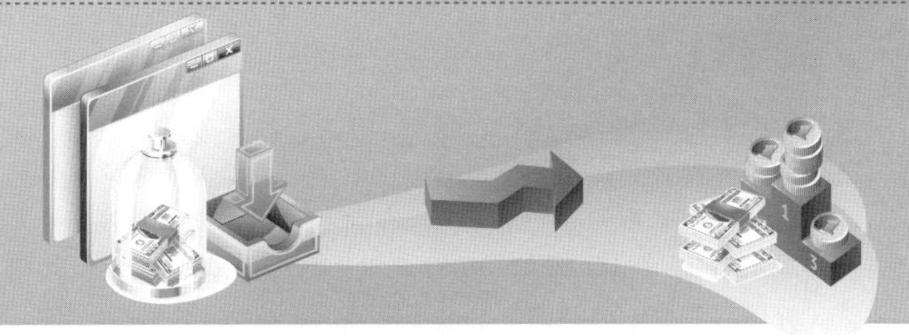

Unit 12-15 完整的年度經營計畫書撰寫 Part II

前面Part I 提到完整的年度經營計畫書，首先應對去年度經營績效總檢討，再對今年度經營環境深度分析及趨勢預判，接下來擬定今年度的經營績效目標及經營方針，有了這些明確目標後，本單元Part II 要更進一步擬定贏的策略及具體計畫，提請集團支援協助。這樣一來，就是一份完整可行的「經營計畫書」。

五.今年度本事業部／本公司贏的策略訂定

本部分內容可能包括：差異化策略、低成本策略、利基市場策略、行銷4P策略（即產品策略、通路策略、推廣策略及訂價策略）、併購策略、策略聯盟策略、平臺化策略、垂直整合策略、水平整合策略、新市場拓展策略、國際化策略、品牌策略、集團資源整合策略、事業分割策略、掛牌上市策略、組織與人力革新策略、轉型策略、專注核心事業策略、品牌打造策略、市場區隔策略、管理革新策略，以及各種業務創新策略等。

六.今年度本事業部／本公司具體營運計畫訂定

本部分內容可能包括：業務銷售計畫、商品開發計畫、委外生產／採購計畫、行銷企劃、電話行銷計畫、物流計畫、資訊化計畫、售後服務計畫、會員經營計畫、組織與人力計畫、培訓計畫、關係企業資源整合計畫、品管計畫、節目計畫、公關計畫、海外事業計畫、管理制度計畫，以及其他各項未列出的必要項目計畫。

七.提請集團各關企與總管理處支援協助事項

經營計畫書的邏輯架構如下：1.去年度經營績效與總檢討；2.今年度「經營大環境」分析與趨勢預判；3.今年度本事業部／本公司「經營績效目標」訂定；4.今年度本事業部／本公司「經營方針」訂定；5.今年度本事業部／本公司贏的「競爭策略」與「成長策略訂定」；6.今年度本事業部／本公司「具體營運計畫」訂定；7.提請集團「各關企」與集團「總管理處」支援協助事項，以及8.結語與恭請裁示。

小博士解說

營運計畫書

所謂「營運計畫書」（Business Plan）是指公司向金融機關融資貸款，或向特定個別對象私募增資，發行公司債募資或信用評等、向董事會及股東會做年度檢討報告、公司正式上市上櫃申請或申請現金增資等財務計畫時都必須撰寫營運計畫書，可能是當年度或未來三到五年等。其架構包括：產業分析、市場分析、競爭分析、營運績效現狀、未來發展策略與計畫、經營團隊、競爭優勢，以及未來幾年之財務預測等內容，好讓對方對本公司產生信心。

年度經營計畫書

撰寫思維架構圖

1.檢討截至目前的業績狀況如何

- 檢討的期間
- 檢討的數據分析
- 檢討單位別分析

2.檢討業績達成或未達成的原因

- 國內環境原因分析
- 競爭對手原因分析
- 國際環境原因分析
- 國內消費者／客戶原因分析
- 本公司內部自身環境原因分析

3.選出業績未來達成最關鍵及最迫切應解決的問題所在

- 從短／長期面看
- 從各種產／銷／人／發／財／資等面看
- 從損益表結構面看
- 從產業／市場結構面看
- 從人與組織能力本質面看

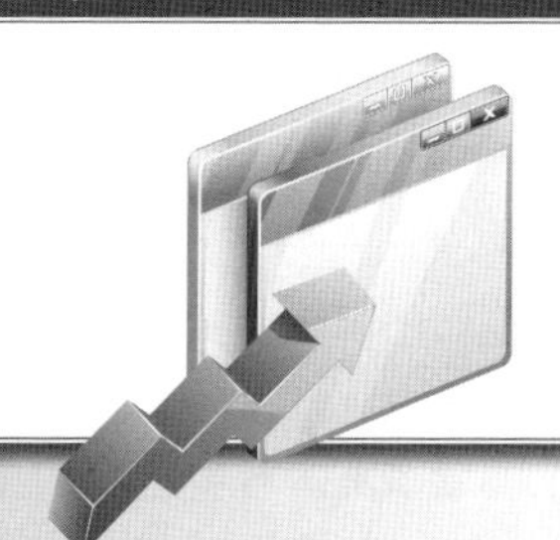

4.研訂問題解決及業績造成的各種因應對策及具體方案

- 應站在戰略性制高點來看待
- 應思考贏的競爭策略及布局
- 應思考這個產業及市場競爭中的KSP是什麼
- 訂出具體計畫，並要思考6W/3H/1E的十項原則
- 是否需要外部專業機構的協助

5.要考慮及評估「執行力」或「組織能力」的最終關鍵點

- 要建立高素質及強大執行力的企業文化與組織團隊能力
- 要區分執行前、中及執行後三階段管理

Unit 12-16 簡報撰寫原則與簡報技巧 Part I

無論對內或對外，要決定一個重大決策之前，事先透過簡報過程而達到充分溝通的效果是非常必要的。當然，要先撰寫一份完整的書面簡報，再來就是會議現場的口語簡報。由於本主題內容深入，故分Part I 及Part II 兩單元介紹。

一.簡報類型

基本上，簡報類型有以下兩種：

(一)對內簡報：對上級長官、老闆及業務單位的簡報。

(二)對外簡報：對外部機構的簡報，包括對策略聯盟夥伴、銀行團體、法人說明會、董事會、媒體記者、投資機構、海外總公司、重要客戶及業務夥伴的簡報。

二.簡報撰寫的原則

(一)簡報撰寫的美編水準要夠：一眼望穿，這是精心編製的高水準美編表現。美編猶如一位女生的外在打扮及化妝，是一個外在美的表現。

(二)簡報撰寫要注意邏輯順序：簡報的大綱及內容一定要有邏輯性與系統性的撰寫表現，就像一部好電影一樣，從頭到尾很有邏輯性的進展，不可太混亂。

(三)簡報撰寫要掌握圖優於表，表優於文字的表達方式：不能寫太冗長的文字，也不能寫太少的文字，能用圖形或表格方式表達的，絕對優於一大串的文字內容。因為圖表，有使人一目了然的良好效果。

(四)簡報內容一定要站在聽簡報者的角度為出發點：包括客戶、老闆、股東、投資人、合作夥伴及消費者等人的角度及立場。

(五)簡報撰寫內容要從頭到尾多看幾遍，多討論幾次，一定要盡可能完整周全，勿有遺漏處：多想想對方會問些什麼問題，盡可能在簡報內容裡一次呈現，才能代表一個完美無懈可擊、可圈可點的簡報內容。

(六)簡報撰寫內容要給對方高度的信心，且沒有太多的質疑：簡報內容要展現出貴公司團隊及專案小組已有萬全的準備及經驗。

(七)簡報撰寫要「to the point」：也就是寫出對方（對內或對外簡報皆然）真正想聽、想要知道、能滿足他們需求、帶給他們利益、為他們解決問題，以及為他們找到新出路與新方向的所在。

(八)簡報撰寫的內容，要思考到「6W/3H/1E」的十項事項是否都已含括進去：包括6W：What, When, Where, Who, Why, Whom；3H：How much, How long, How to do；1E：Evaluation，不要遺漏對這十項原則的思考點。

(九)簡報內容應適度運用一些有學識基礎的專業理論用詞：如果能夠「實務＋學問」那就是一項頂級的簡報內容。因為聽簡報的對象有可能是老闆級、高階主管級、專業性很強的經理人或碩博士以上學歷，會在法人說明會、國外策略聯盟合作案、大型客戶會談等會議出現；因此要展現出有學識基礎的專業內容，才具有說服力。

簡報類型

對內簡報

對上級長官、老闆及業務單位簡報。

＋

對外簡報

對策略聯盟夥伴、銀行團體、法人說明會、董事會、媒體記者、投資機構、海外總公司、重要客戶及業務夥伴簡報。

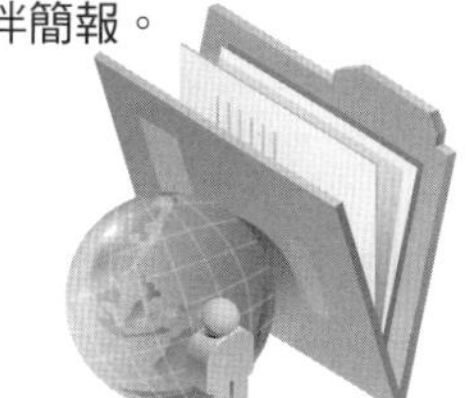

簡報撰寫九大原則

1.簡報撰寫的美編水準要夠，才能吸引簡報對象的目光。

2.簡報撰寫要注意從頭到尾很有邏輯性的進展，不可太混亂。

3.簡報撰寫要掌握圖優於表，表優於文字的表達方式，使人一目了然的良好效果。

4.簡報內容一定要站在聽簡報者的角度立場為出發點。

5.簡報撰寫內容要從頭到尾多看幾遍，多討論幾次，一定要盡可能完整周全，勿有遺漏處。

6.簡報撰寫內容要給對方高度的信心，且沒有太多的質疑。

7.簡報撰寫要「to the point」，也就是寫出對方（對內或對外簡報皆然）真正想要知道的所在。

8.簡報撰寫的內容，要思考到「6W/3H/1E」的十項事項是否都已含括進去。

9.簡報內容應適度運用一些有學識基礎的專業理論用詞，那麼「實務＋學問」就能說服那些聽簡報的對象，可能是老闆級、高階主管級、專業性很強的碩博士學歷的人。

Unit 12-17 簡報撰寫原則與簡報技巧 Part II

前面已介紹簡報撰寫的原則，再來要介紹簡報現場的口語表達與臨場反應。

當然，好的簡報內容撰寫已為未來的成功開啟大門；但更重要的是，哪些人要去簡報現場？是否要組織一個團隊來分工並相互提醒？而誰是最理想的簡報人選呢？不要小看這些細節，其實往往是左右成敗的關鍵。

三.簡報管理要點

嚴格來說，一份簡報就代表一個團隊，需要多人參與構思與行動，實務運作上有以下幾點可供參考：

(一)要有簡報團隊：要組成「堅強的簡報團隊」親赴現場。

(二)要注意簡報人層次的「對待性」問題：亦即了解聽簡報的人或公司是什麼職務與階層的人，我們就要派出相對的簡報人出馬才行。這是尊重與禮貌的問題。

(三)提早親赴現場準備：比預計時間提早到現場做好各種準備，然後從容的等對方聆聽者出席，切勿在現場匆匆忙忙。

(四)注意書面報告的完整性：書面資料、份數及裝訂，在事前準備妥當，不可掛一漏萬。

(五)簡報人要預先演練：負責現場的「簡報人」是主角，一定要做好演練的準備工作。

(六)簡報完畢的應對：簡報完畢後，對方所提各項問題，我方都應虛心接受及妥善溫和回答，不應讓對方有我方善辯的不良感受，並要感謝對方提出的問題點。

四.理想簡報人應有的態度

實務上，理想的簡報人不見得是簡報撰寫人，他必須具備以下應有的態度：

(一)讓對方感受到簡報人的用心：簡報人必須事前對簡報內容有充分的熟悉及演練，而不是一個簡報機器。一定要讓對方感受到你的專業、投入、用心、準備，以及帶給對方的信賴感。

(二)簡報人要看對方的階層與職務，而派出相對的負責簡報人員：對方如果是中大型公司，總經理在聽簡報，那我方就不能派出年資太淺的基層專員，一定要派出經理、協理或副總經理到場對應。

(三)簡報時間應該好好掌握，務必在對方要求的時間內完成：原則上，一項簡報盡可能在三十分鐘內完成，除非是超大型的簡報，涉及很多專業面向，才能超過。

(四)簡報人應展現的「態度」：謙虛中帶有自信；誠懇中帶有專業；平實而不浮華；團隊而非個人英雄。

(五)簡報人要有大將之風：簡報人不宜緊張，要有大將之風，要見過世面。

(六)簡報人要大方引人注目：簡報人口齒應清晰、服裝應端莊、精神應有活力、神情不宜太侷促、要面帶笑容、落落大方、說話要引人注意。

簡報管理要點

1.要組成「堅強的簡報團隊」親赴現場。

2.要注意簡報人層次的「對待性」，這是尊重與禮貌的問題。

3.提早時間赴現場做好各種準備，然後從容的等對方聆聽者出席。

4.書面資料、份數及裝訂，應在事前準備妥當，不可掛一漏萬。

5.負責現場的「簡報人」是主角，一定要做好演練的準備工作。

6.簡報完畢後，對方所提的各項問題，我方都應虛心接受及妥善溫和回答，不應讓對方有我方善辯的不良感受，並且要感謝對方所提出的問題點。

理想簡報人應有的態度

1.簡報人必須事前對簡報內容有充分的演練及熟悉，讓對方感受到你的專業與用心。

2.簡報人要看對方的階層與職務，而派出相對的負責簡報人員。

3.簡報時間應該好好掌握，務必在對方要求的時間內完成，原則上三十分鐘內完成，除非超大個案。

4.簡報人應展現的「態度」是謙虛中帶有自信、誠懇中帶有專業、平實而不浮華、團隊而非個人英雄。

5.簡報人不宜緊張，要有大將之風，要見過世面。

6.簡報人口齒應清晰、服裝應端莊、精神應有活力、神情不宜太侷促、要面帶笑容、落落大方、說話要引人注意。

第13章

邁向成功之路企業實務

章節體系架構▼

Unit 13-1 SWOT分析及因應策略

企業經營管理營運過程中，最常運用的分析工具就是SWOT分析。所謂SWOT分析，就是企業內部資源優勢（Strength）與劣勢（Weakness）分析，以及所面對環境的機會（Opportunity）與威脅（Threat）分析。

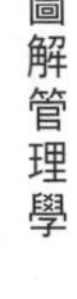

針對SWOT分析之後，企業高階決策者，即可以研討因應的決策或是策略性決定。有關SWOT分析圖示如下：

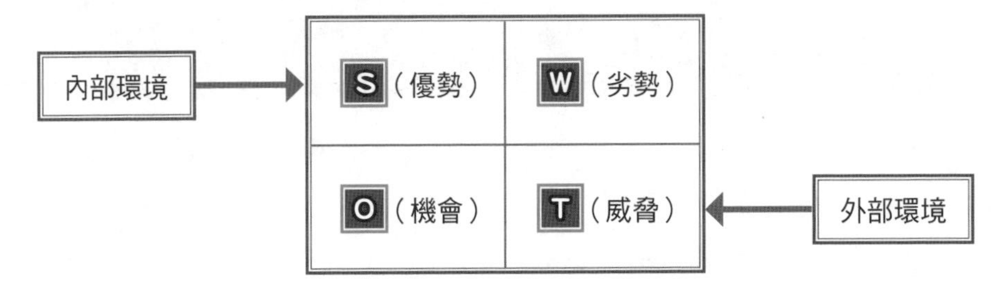

一.攻勢策略

當外在機會多於威脅，以及企業內部資源條件優勢多於劣勢時，企業可以大膽的採取攻勢策略展開行動。

例如：統一超商在SWOT分析之後，認為公司連鎖經營管理經驗豐富，而咖啡連鎖商機及藥妝連鎖商機愈來愈顯著，是進入時機到了。因此，就轉投資成立統一星巴克公司及康是美公司，目前亦已營運有成。

二.退守策略

當外在機會少而威脅大，以及企業內部資源條件優勢漸失，而呈現劣勢時，企業就可能必須採取退守策略。例如：臺灣桌上型電腦營運條件優勢已漸失，因此必須轉向筆記型電腦的高階產品，而放棄桌上型電腦的生產。

三.穩定策略

當外在機會少而威脅增大，但企業仍有內部資源優勢，則企業可採取穩定策略，力求守住現有成果，並等待好時機做新的發展。例如：中華電信公司面對多家民營固網公司強力競爭之威脅，但因中華電信既有內部資源優勢仍相當充裕，遠優於三大固網公司新成立的有限資源。

四.防禦策略

當外在機會大於威脅，公司內部資源優勢卻少於劣勢，則企業應採取防禦性策略。

SWOT分析二種圖示法

第一種

	S：強項(優勢)	W：弱項(劣勢)
公司內部環境	S1：strength S2：＿＿＿＿	W：weakness W1：＿＿＿＿ W2：＿＿＿＿
	O：機 會	**T：威 脅**
公司外部環境	O：opportunity O1：＿＿＿＿ O2：＿＿＿＿	T：threat T1：＿＿＿＿ T2：＿＿＿＿

第二種

	強項(優勢)	弱項(劣勢)
機 會	A 行動	B 行動
威 脅	C 行動	D 行動

知識補充站

OT分析

公司在行銷整體面向，面臨哪些外部環境帶來的商機或威脅？可從下列改變進行是否帶來有利或不利的分析：1.競爭對手面向；2.顧客群面向；3.上游供應商面向；4.下游通路商面向；5.政治與經濟面向；6.社會化、文化、潮流面向；7.經濟面向，以及8.產業結構面向。

知識補充站

SW分析

行銷企劃人員也要定期檢視公司內部環境及內部營運數據的改變，而從此觀察到本公司過去長期以來的強項及弱項是否也有變化？強項是否更強或衰退了？弱項是否得到改善或更弱了？包括：1.公司整體市占率，個別品牌市占率的變化；2.公司營收額及獲利額的變化；3.公司研發能力的變化；4.公司業務能力的變化；5.公司產品能力的變化；6.公司行銷能力的變化；7.公司通路能力的變化；8.公司企業形象能力的變化；9.公司廣宣能力的變化；10.公司人力素質能力的變化，以及11.公司IT資訊能力的變化。

Unit 13-2 產業環境分析之要項 Part I

產業環境是任何一個企業身處該產業中，所必須有的基本認識。對於本產業的過去、現在及未來發展和演變，必須隨時掌握，然後才會有因應對策及調整策略可言。

對於任何一個產業環境分析，它所涉及的內容，大抵包含以下八要項，由於內容豐富，分Part I 及Part II 兩單元介紹。

一.產業規模大小分析

了解這個產業規模有多大？產值有多少？是基礎的第一步。包括：市場營收額？市場多少家競爭者？市場占有率多少？現在多少？及未來成長多少？當產業規模愈大，代表這個產業可以發揮的空間也較大。例如：臺灣的資訊電腦產業、消費金融產業及IC半導體產業等。

二.產業價值鏈結構分析

任何一個產業都會有其上、中、下游產業結構，了解這其間的關係，才能知道企業所處的位置及可以創造價值的地方，以及如何爭取優勢及成功關鍵因素，才能爭取領導位置。

三.產業成本結構分析

每個產業成本結構都有差異，例如：化妝保養品的原物料成本就很低，但廣告及推廣人員費用就占較高比例。而像IC晶圓代工，其廣告宣傳費用的支出就很少。另外，像食品飲料、紙品等，其各層通路費用也占較高比例。然而像直銷產業（如安麗、如新、雙鶴等），或電視購物公司及型錄購物公司，就可省略層層通路成本。

四.產業行銷通路分析

每個內銷或外銷產業的通路結構、層次及型態，也會有所差異，包括進口商、代理商、經銷商、批發商、大零售業者、連鎖業者、專賣店、OEM工廠等。隨著資訊材料工具普及、直營店擴張及全球化發展，產業行銷通路其實也有很大改變。

例如：美國Dell電腦以網上on line直銷賣電腦，成效卓著。統一食品工廠自己直營統一7-11的通路體系，也有很大勢力。傳統批發商則慢慢失去存在價值，使其空間受到擠壓的主要原因是大賣場的崛起，均直接向原廠議價、大量進貨，以降低成本。

五.產業未來發展趨勢分析

例如：桌上型電腦市場已飽和，單價已下降，很難獲利。因此，必須轉向筆記型電腦、平板電腦、智慧型手機市場發展。再如 Hi-Net 撥接上網幾乎被寬頻上網（光纖、Cable Modem）所取代的明顯變化。另外，像手機智慧化、電視連網化、有線電視數位化及隨選視訊化等。

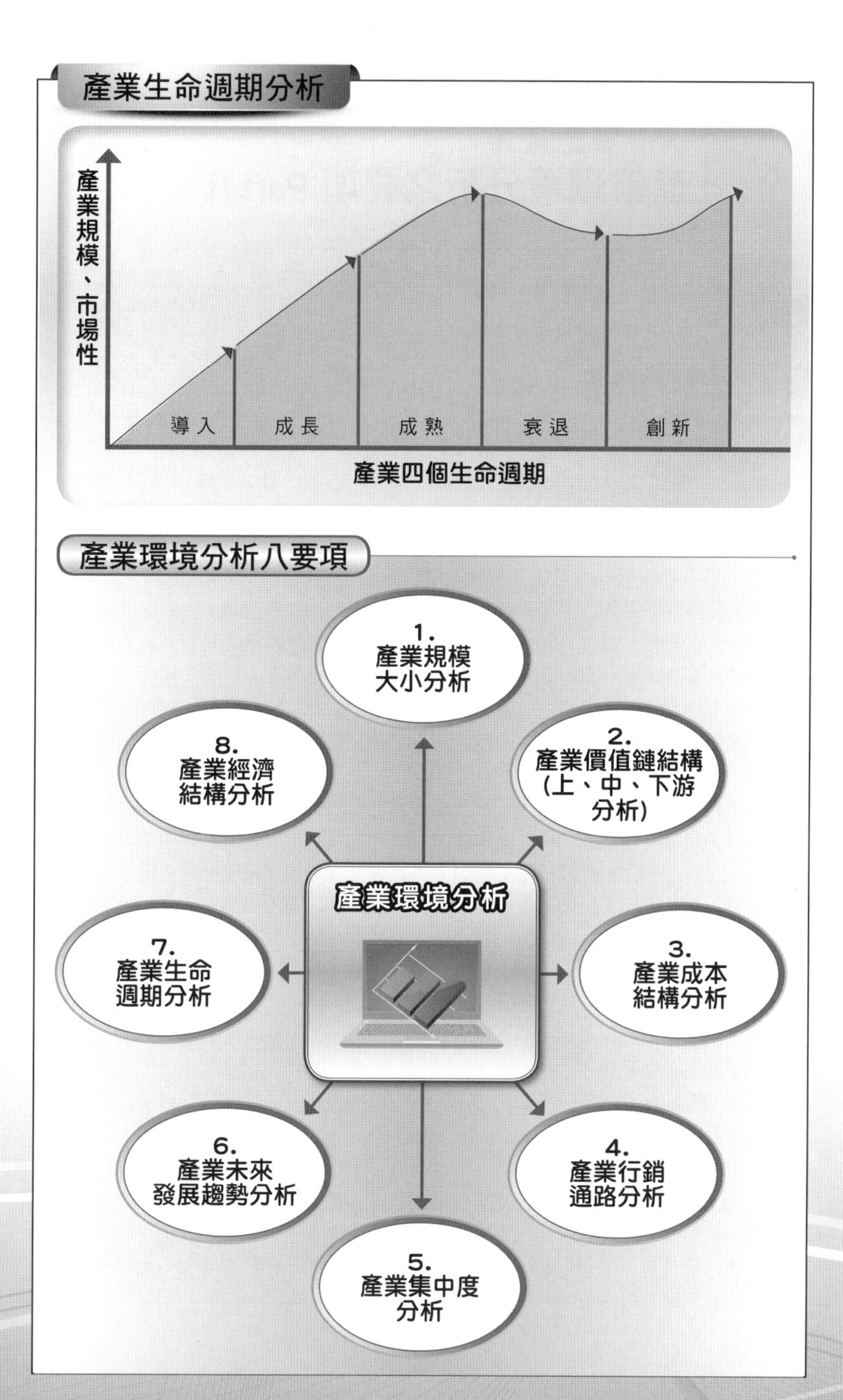
產業生命週期分析
產業規模、市場性
導入
成長
成熟
衰退
創新
產業四個生命週期
產業環境分析八要項
1. 產業規模大小分析
2. 產業價值鏈結構(上、中、下游分析)
3. 產業成本結構分析
4. 產業行銷通路分析
5. 產業集中度分析
6. 產業未來發展趨勢分析
7. 產業生命週期分析
8. 產業經濟結構分析
產業環境分析

Unit 13-3 產業環境分析之要項 Part II

前文Part I已介紹了五種產業環境分析要項，再來要繼續說明其他三種。

企業除必須掌握各種產業環境的分析外，對現有競爭者的強力競爭也必須有所了解。

六.產業生命週期分析

產業就如同人的生命一樣，會經歷導入期、成長期、成熟期到衰退期等自然變化。如何觀察及掌握這些週期變化的長度及轉折點，然後策定公司的因應對策，是分析的重點。一般來說，大部分的產業是處在成熟期階段，因此產業競爭非常激烈。

七.產業集中度分析

產業集中度係指該產業中的產能及銷售量，是集中在哪幾家大廠身上。如果是集中在少數幾家廠商身上，那我們就稱這幾家廠商是「領導廠商」。如果此產業的規模，在前五家廠商，即占了80%的產銷占有率，則代表此產業是屬於非常集中度高的產業，此五家廠商決定了此市場的生命。

產業集中度愈高的產業，正也代表了這可能是一個典型「寡占」的產業結構。例如：國內的石油消費市場，中國石油及台塑石油公司二家公司產銷規模，即占臺灣95%的汽車消費市場，是高度集中的產業型態。

臺灣由於內銷市場規模太小，因此很容易前二大品牌，即占了市場規模的一半以上，包括下列行業均是如此：1.便利超商：統一7-11、全家；2.大賣場：家樂福、大潤發；3.汽油：中油、台塑石油；4.KTV：錢櫃及好樂迪；5.速食麵：統一、維力；6.現金卡：萬泰銀行、台新銀行；7.壽險：國泰人壽、南山人壽，以及8.國際航空：中華、長榮航空。

八.產業經濟結構分析

產業經濟結構，係指每一個產業的結構性，可以區分為四種型態：

1.獨占性產業。

2.寡占性產業。

3.獨占競爭產業。

4.完全競爭產業。

一般來說，獨占性及寡占性產業的獲利性會較高，因為不會面臨競爭壓力；但如果是獨占競爭或完全競爭產業，那麼在面臨價格戰之下，企業獲利就很不容易。對大部分產業結構來說，以獨占競爭結構的產業居多。亦即，在此產業內，大概有五家至十五家的競爭廠商角逐市場。

企業如何分析競爭者

企業現有競爭者的強力競爭要項

1.產品競爭	2.價格競爭	3.服務競爭
4.促銷贈品競爭	5.通路競爭	6.採購競爭
7.研發競爭	8.物流速度競爭	9.專利權競爭
10.組織與人才競爭	11.市場占有率競爭	12.成本結構競爭

競爭者分析程序

1.對現有及未來潛在競爭者，蒐集他們日常行銷情報並提出分析。

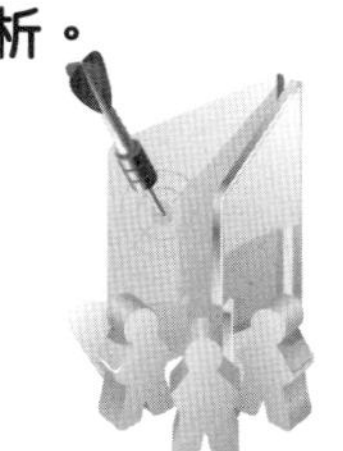

2.針對雙方的競爭優劣勢、定位及資源力量等加以對照分析。

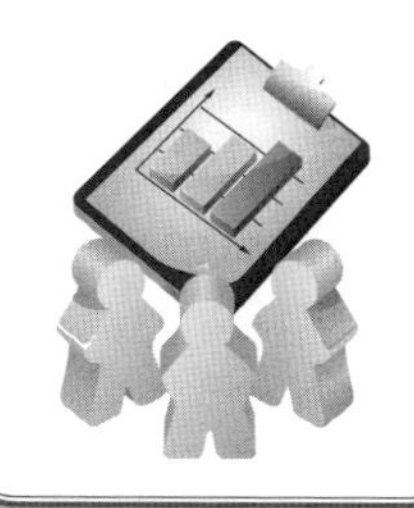

3.提出我們的因應對策，分為短、中、長期行動計畫及可行方案。

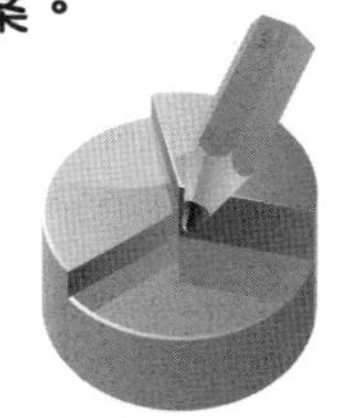

競爭者環境分析十四構面

1.定位分析	2.競爭策略分析	3.市場占有率分析
4.顧客分析	5.成本結構分析	6.研發能力分析
7.價格分析	8.產品分析	9.通路分析
10.廣告與促銷分析	11.組織人才與薪獎分析	
12.全球布局分析	13.採購與供應商分析	14.資金與財務分析

Unit 13-4 波特的產業獲利五力分析

哈佛大學著名的管理策略學者麥可・波特（Michael Porter）曾在其名著《競爭優勢》（*Competitive Advantage*）書中提出影響產業（或企業）發展與利潤之五種競爭的動力。

一.產業獲利五力的形成

波特教授當時在研究過幾個國家不同產業之後，發現為什麼有些產業可以賺錢獲利，有些產業不易賺錢獲利。後來，波特教授總結出五種原因，或稱為五種力量，這五種力量會影響這個產業或這個公司是否能夠獲利或獲利程度的大與小。例如：如果某一個產業，經過分析後發現：

1.現有廠商之間的競爭壓力不大，廠商也不算太多。

2.未來潛在進入者的競爭可能性也不大，就算有，也不是很強的競爭對手。

3.未來也不太有替代的創新產品可以取代我們。

4.我們跟上游零組件供應商的談判力量還算不錯，上游廠商也配合很好。

5.在下游顧客方面，我們產品在各方面也會令顧客滿意，短期內彼此談判條件也不會大幅改變。

如果在上述五種力量狀況下，我們公司在此產業內，就較容易獲利，而此產業也算是比較可以賺錢的行業。當然，有些傳統產業雖然這五種力量都不是很好，但如果他們公司的品牌或營收、市占率是屬於行業內的第一品牌或第二品牌，仍然是有賺錢獲利的機會。

二.獲利五力的說明與分析

(一)新進入者的威脅：當產業之進入障礙很少時，將在短期內會有很多業者競相進入，爭食市場大餅，此將導致供過於求與價格競爭。因此，新進入者的威脅，端視其「進入障礙」程度為何而定。而廠商進入障礙可能有七種：1.規模經濟；2.產品差異化；3.資金需求；4.轉換成本；5.配銷通路；6.政府政策，以及7.其他成本不利因素。

(二)現有廠商間的競爭狀況：即指同業爭食市場大餅，採用手段有：1.價格競爭：降價；2.非價格競爭：廣告戰、促銷戰，以及3.造謠、夾攻、中傷。

(三)替代品的壓力：替代品的產生，將使原有產品快速老化其市場生命。

(四)客戶的議價力量：如果客戶對廠商之成本來源、價格有所了解，而且具有採購上優勢時，則將形成對供應廠商之議價壓力，亦即要求降價。

(五)供應廠商的議價力量：供應廠商由於來源的多寡、替代品的競爭力、向下游整合力量等之強弱，形成對某一種產業廠商之議價力量。另外一個行銷學者基根（Geegan）則認為，政府與總體環境的力量也應該考慮進去。

產業五力的形成

如果某一個產業，經過分析後發現：

1. 現有廠商之間的競爭壓力不大，廠商也不算太多。

2. 未來潛在進入者的競爭可能性也不大，就算有，也不是很強的競爭對手。

3. 未來也不太有替代的創新產品可以取代我們。

4. 我們跟上游零組件供應商的談判力量還算不錯，上游廠商也配合很好。

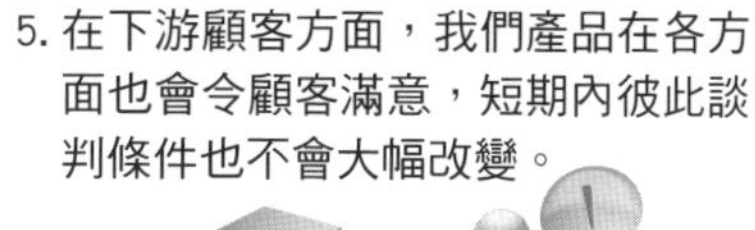

5. 在下游顧客方面，我們產品在各方面也會令顧客滿意，短期內彼此談判條件也不會大幅改變。

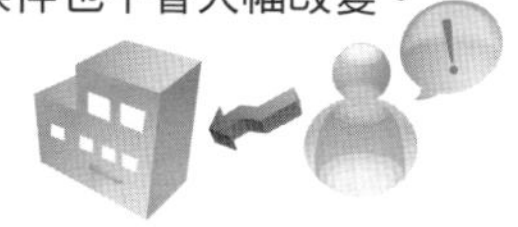

如果在上述五種力量狀況下，我們公司在此產業內，就較容易獲利，而此產業也算是比較可以賺錢的行業。

產業五力架構圖

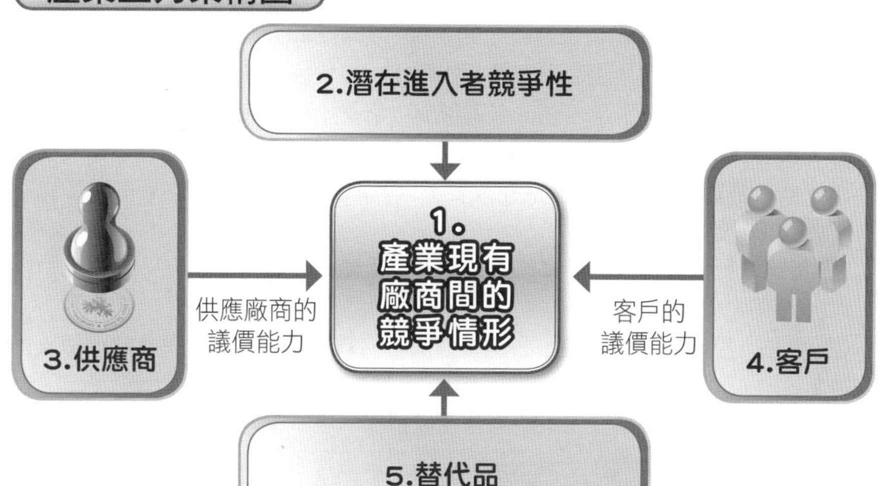

Unit 13-5 三種層級策略與形成

若從公司（或集團）的組織架構推演來看策略的研訂，以及從策略層級角度來看，策略可區分為三種類型，而形成策略管理的過程，可以區分為五個過程，以下說明之。

一.策略的三種層級

從公司組織架構，我們可以發展出以下三種策略層級：

(一)總公司或集團事業版圖策略：例如富邦金控集團策略、統一超商流通次集團策略、宏碁資訊集團策略、東森媒體集團策略、鴻海電子集團策略、台塑石化集團策略、廣達電腦集團策略、金仁寶集團策略等。

(二)事業總部營運策略：例如筆記型電腦事業部、伺服器事業部、列表機事業部、桌上型電腦事業部及顯示器事業部之營運策略，包括成本優勢、產品差異化、利基優勢的策略，以及策略聯盟合資與異業合作者。（註：SBU係為Strategic Business Unit 戰略事業單位，國內稱為事業總部或事業群。此係指將某產品群的研發、採購、生產及行銷等，均交由事業總部最高主管負責。）

(三)執行功能策略：從各部門實際執行面來看，大致有業務行銷、財務、製造生產、研發、人力資源、法務、採購、工程、品管、全球運籌等功能策略。

二.策略的形成與管理

有了上述公司組織層面的三種策略層級為基礎，再來就是策略的形成與管理，可以區分為五個過程，包括：

(一)對企業外部環境展開偵測、調查、分析、評估、推演與最後判斷：這個階段非常重要，一旦無法掌握環境快速變化的本質、方向，以及對我們的影響力道，而做出錯誤判斷或太晚下決定，則企業就會面臨困境，而使績效倒退。

(二)策略形成：策略不是一朝一夕就形成，它是不斷的發展、討論、分析及判斷形成的，甚至還要做一些測試或嘗試，然後再正式形成。當然策略一旦形成，也不是說不可改變。事實上，策略也經常在改變，因為原先的策略如果效果不顯著或不太對，馬上就要調整策略了。

(三)策略執行：執行力是重要的，一個好的策略，而執行不力、不貫徹或執行偏差，都會使策略大打折扣。

(四)評估、控制：執行之後，必須觀察策略的效益如何，而且要及時調整改善，做好控制。

(五)回饋與調整：如果原先策略無法達成目標，表示策略有問題，必須調整及改變，以新的策略及方案執行，一直要到有好的效果出現才行。

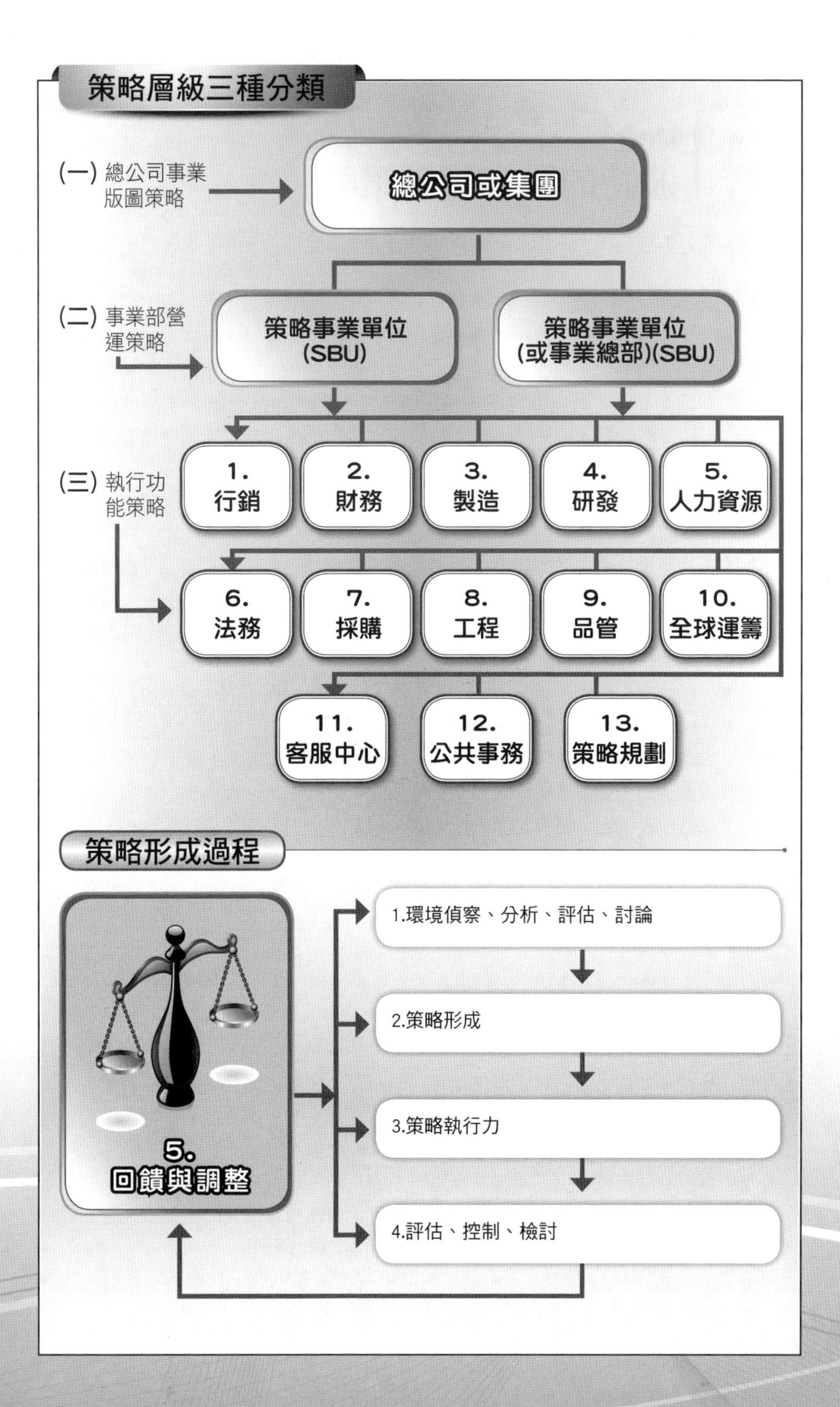
策略層級三種分類
(一) 總公司事業版圖策略
總公司或集團
(二) 事業部營運策略
策略事業單位(SBU)
策略事業單位(或事業總部)(SBU)
(三) 執行功能策略
1.行銷
2.財務
3.製造
4.研發
5.人力資源
6.法務
7.採購
8.工程
9.品管
10.全球運籌
11.客服中心
12.公共事務
13.策略規劃
策略形成過程
1.環境偵察、分析、評估、討論
2.策略形成
3.策略執行力
4.評估、控制、檢討
5.回饋與調整

Unit 13-6 波特的基本競爭策略

根據前述五種競爭力，麥可・波特又提出企業可採行的三種基本競爭策略。

一.全面成本優勢策略

全面成本優勢策略是指根據業界累積的最大經驗值，控制成本低於對手的策略。

要獲致成本優勢，具體作法通常是靠規模化經營實現。至於規模化的表現形式，則是「人有我強」。在此所指的「強」，首要追求的不是品質高，而是價格低。所以，在市場競爭激烈中，處於低成本地位的企業，將可獲得高於所處產業平均水準的收益。

換句話說，企業實施成本優勢策略時，不是要開發性能領先的高端產品，而是要開發簡易廉價的大眾產品。

不過，波特也提醒，成本優勢策略不能僅著重於擴大規模，必須連同降低單位產品的成本，才具備經濟學上分析的意義。

二.差異化策略

差異化策略是指利用價格以外的因素，讓顧客感覺有所不同。走差異化路線的企業將做出差異所需的成本（改變設計、追加功能所需的費用）轉嫁到定價上，所以售價變貴，但多數顧客都願意為該項「差異」支付比對手企業高的代價。

差異化的表現形式是「人無我有」；簡單說，就是與眾不同。凡是走差異化策略的企業，都是把成本和價格放在第二位考慮，首要考量則是能否設法做到標新立異。這種「標新立異」可能是獨特的設計和品牌形象，也可能是技術上的獨家創新，或是客戶高度依賴的售後服務，甚至包括別具一格的產品外觀。

以產品特色獲得超強收益，實現消費者滿意的最大化，將可形塑消費者對於企業品牌產生忠誠度。而這種忠誠一旦形成，消費者對於價格的敏感度就會下降，因為人們都有便宜沒好貨的刻板印象；同時也會對競爭對手造成排他性，抬高進入壁壘。

三.集中專注利基經營

集中專注利基經營是指將資源集中在特定買家、市場或產品種類；一般說法，就是「市場定位」。如果把競爭策略放在特定顧客群、某個產品鏈的一個特定區段或某個地區市場上，專門滿足特定對象或特定細分市場的需要，就是集中專注利基經營。

集中專注利基經營與上述兩種基本策略不同，它的表現形式是顧客導向，為特定客戶提供更有效和更滿意的服務。所以，實施集中專注利基經營的企業，或許在整個市場上並不占優勢，但卻能在某一較為狹窄的範圍內獨占鰲頭。

這類型公司所採取的作法，可能是在為特定客戶服務時，實現低成本的成效或滿足顧客差異化的需求；也有可能是在此一特定客戶範圍內，同時做到低成本和差異化。

集中專注利基經營策略

競爭範圍	較低成本	差異性
廣泛	1.全面成本優勢	2.差異化
狹窄	3.低成本集中經營	4.差異化集中經營

低成本集中經營vs.差異化集中經營

企業創造差異化策略十二種方向

1. 產品外觀設計差異化
2. 產品功能差異化
3. 產品包裝差異化
4. 售後服務差異化
5. 配送速度差異化
6. 品牌價值差異化
7. 服務人員素質差異化
8. 付款方式差異化（分期付款）
9. 廣告宣傳差異化
10. 原物料材質使用差異化
11. 限量銷售的差異化

企業降低成本與成本優勢領先七大構面

1. 降低人工成本
2. 降低零組件、原物料成本
3. 降低管銷費用
4. 生產線自動化程度提升，精簡用人數量。
5. 不斷改善及精簡製程或服務流程，以提升效率。
6. 強化人員訓練與學習力，加快作業效率。
7. 準確預估銷售量，以降低庫存壓力；並精簡產品線，簡化產品項目及降低庫存成本。

Unit 13-7 何謂OEM、ODM、OBM？

企業實務運作上，尤其是製造業，常會聽到哪些企業是OEM廠商，哪些企業是ODM廠商，哪些企業是OBM廠商。內行人當然一聽便知，但也有一些聽得一頭霧水的人，以下我們就來簡單扼要說明這三種英文名詞各有什麼代表涵義。

一.OEM的涵義

所謂OEM（Original Equipment Manufacturer）即是指「委託代工生產」之意。包括國內廣達、仁寶公司等為國外名牌大廠代工生產筆記型電腦，或明碁電通為國際手機大廠代工手機一樣。其生產規格、功能等均依照國外大廠的要求而做。賺的是辛苦的微薄生產代工利潤。但是OEM量很大，還是值得做，否則就沒有大訂單了。

而國外大廠因為擁有品牌、通路及市場能力，故能賺取較多的行銷利潤。而這些國外大廠所獲利潤與國內廠商製造代工利潤相比，則是天與地的差別。

二.ODM的涵義

所謂ODM（Original Design Manufacturer）又比OEM高一個層次，亦即指代工產品的設計、規格、功能，均由臺灣本公司所提出，有一些附加設計與研發價值在裡面，只要獲得國外大廠認同，即可以形成訂單生產。

過去臺灣電子產品ODM廠商，長期以來靠著強大的產品設計力、低成本生產力和良好的客製化服務，滿足美國品牌客戶低成本製造的需求，曾建構起在全球市場規模高達540億美元的霸業。在過去這些年來，這些主要集中在PC與消費性電子產品領域的臺灣ODM廠商，雖然沒有響亮的品牌，卻創造高達34%的年複合成長率，成績亮眼。

不過，現在臺灣ODM廠商為了成長，已到不得不轉型發展的關鍵時刻，因為中國OEM（設備代工製造）廠商追上來了，值得本土企業研擬因應對策以突圍。

三.OBM的涵義

所謂OBM（Original Brand Manufacturer）又比ODM高一個層次，也是最高的層次，此即指自創品牌。包括生產與行銷均掛上自己公司的牌子，享有行銷利潤。

例如：明碁電通公司既有為國外大廠代工生產手機，也有自己推出的BenQ手機的自創品牌的雙重模式存在。當然，以全球銷售量來看，BenQ的銷售量還是比OEM訂單少很多。畢竟，以自有品牌行銷全球是一段投資很大，而且很艱辛的路途。不是大廠的實力，是做不起來自有品牌的。不過，由韓國三星手機、三星家電的成功事實來看，國內某些大廠的自創品牌是正確的。

2020年8月美國《財星》公布500大企業排名，韓國三星集團已是全球品牌第19名，而臺灣有9家進入500大——名次最高是26名的鴻海。

OEM、ODM、OBM

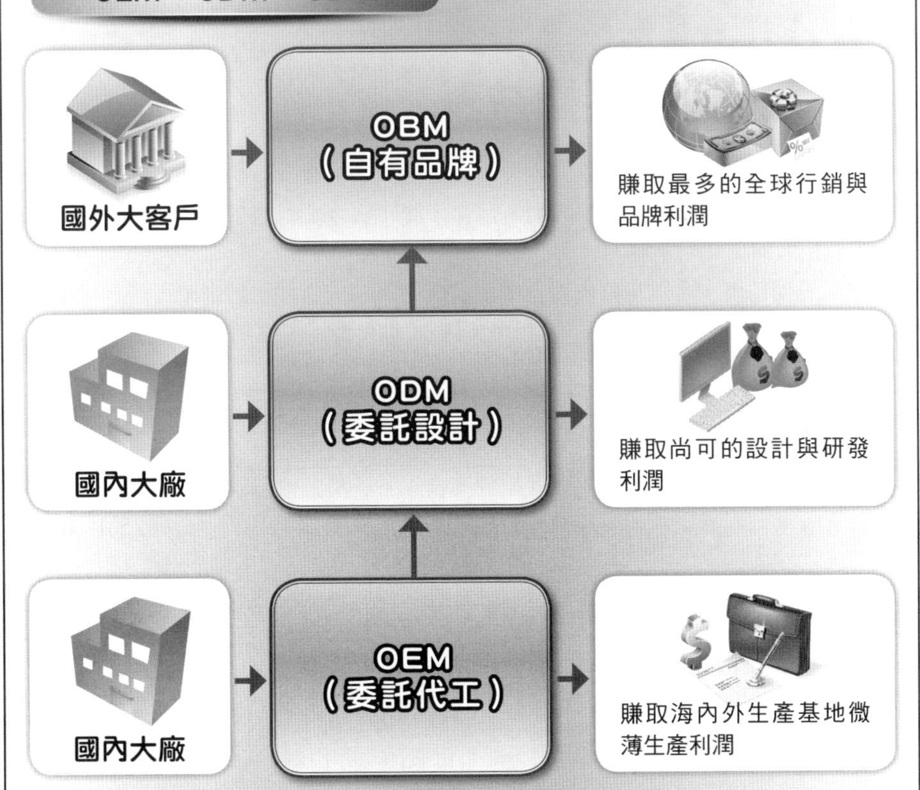

知識補充站

三星崛起的背後

韓國與臺灣在一開始發展經濟，兩者都以外銷為導向，但對於產業發展的方向就大不相同。

臺灣外銷以藝品、紡織品等為主起家，韓國卻發展家電及重工業，錄放影機、汽車比臺灣還要早外銷美國，尤其在汽車業的自行生產，臺灣是遠遠落後於韓國。韓國之所以朝重工業發展，也因為本身具有鐵礦資源的優勢，但重工業需要龐大的資本及人力，所以必須以大企業為政府主要輔導的對象，所以當初包括LG、三星、大宇、現代集團的崛起都受到政府相當大的資助。

但臺灣一開始即以輕工業為主，所以臺灣企業也大都以中、小企業為主。近年來由於電子業的發展，大型企業才逐漸出線，但臺灣政府除了早期十大建設對經濟成長打下了根基外，近年許多的經濟政策，很多不是淪為空談，不然就是無法落實而效益大大的被打折扣，政府對於企業的實際協助更是少之又少。

Unit 13-8 如何看懂損益表

企業管理者必須對企業的營運狀況有所了解，除財會本行的其他專業部門的高階主管，最好養成讀懂財務報表的能力。這樣才能了解企業營運是處在何種階段，要如何改善並採取何種經營策略，才有助於企業未來的發展。

尤其是損益表，可以清楚表達企業每階段的獲利或虧損，其中收入部分能讓企業管理者了解哪些產品或市場可再開源，而哪些成本及費用可控制或減少。

總括來說，數字會說話，每一個數據背後都有它的意涵，管理者不能輕忽。

一.損益表的構成要項

基本上，損益表主要構成要項就是營業收入（各事業總部收入或各產品線收入）扣除營業成本（製造成本或服務業進貨成本），即為營業毛利（一般在25%~40%之間）。

營業毛利再扣除營業管銷費用（一般在5%~15%之間，視不同行業而定），即為營業淨利。

營業淨利再加減營業外收入與支出後，就稱為稅前淨利（一般在5%~15%之間）。稅前淨利再扣除所得稅（25%），即為一般熟知的稅後淨利（一般在3%~10%之間）。稅後淨利除以在外流通股數，即為每股盈餘（EPS）。

每股盈餘乘以十至三十倍即為股價。

股價乘以流通總股數，即為公司總市值（Market Value）。

二.損益表各項分析

從損益表中，可以追蹤出很多「問題及解決方案」的作法，必須逐項剖析探索，每一項都要深入追根究柢，直到追出問題及解決的確切答案。例如：

1.我們的營業成本為何比競爭對手高？高在哪裡？高多少比例？為什麼？改善作法如何？

2.營業費用為何比別人高？高在哪些項目？如何降低？

3.營業收入為何比別人成長慢？問題出在哪裡？是在產品或通路？廣告或SP促銷活動？還是服務或技術力？

4.為什麼我們公司的股價比同業低很多？如何解決？

5.為什麼我們的ROE（股東權益報酬率）不能達到國際水準？

6.為什麼我們的利息支出水準與比率，比同業還高？

綜上所述，我們可以得知損益表內的每個科目其實都有其意涵，分別代表並記錄這家企業經營過程中所有發生的交易行為，讓管理者有跡可循，可說是管理者非懂不可的財務報表之一。

損益表範例

1.營業收入（各事業總部收入或各產品線收入）

－ 2.營業成本（製造成本或服務業進貨成本）

3.營業毛利（Gross Profit）（一般在25%～40%之間）

－ 4.營業費用（管銷費用）
（一般在5%～15%之間，視不同行業而定）

5.營業淨利

± 6.營業外收入及支出

7.稅前淨利（一般在5%～15%之間）

－ 8.所得稅（25%）

9.稅後淨利（Net Profit）（一般在3%～10%之間）
10.每股盈餘（EPS=稅後淨利÷在外流通總股數）
11.股價（EPS×10～30倍=股價）
12.股價×流通總股數=公司總市值（Market Value）

損益表各項分析

1.我們的營業成本為何比競爭對手高？高在哪裡？高多少比例？為什麼？改善作法如何？

2.營業費用為何比別人高？高在哪些項目？如何降低？

3.營業收入為何比別人成長慢？問題出在哪裡？是在產品或通路？廣告或SP促銷活動？還是服務或技術力？

4.為什麼我們公司的股價比同業低很多？如何解決？

5.為什麼我們的ROE（股東權益報酬率）不能達到國際水準？

6.為什麼我們的利息支出水準與比率，比同業還高？

Unit 13-9 現金流量表與財務結構

什麼是現金流量表？財務結構指的是什麼？它能表現出企業哪些營運狀況？其實單以字面來看，就可以知道這些是與企業的現金流動及多少資金可運用有關。

有人是這樣形容現金流量表的——現金流量表一如人的心臟，每天輸送著人體的血液，不足的話，則相當容易休克。既然如此，管理者怎能不多多親近了解它？

一.現金流量表的構面

所謂「現金流量表」是公司財務四大報表中的重要一項。其最主要的目的，是在估算及控管公司每月、每週及每日的現金流出、現金流入與淨現金餘額等最新的變動數字，以了解公司現在有多少現金可動用或是不足多少。

當預估到不足時，就要緊急安排流入資金的來源。包括信用貸款、營運周轉金貸款、中長期貸款、海外公司債或股東往來等方式籌措。

而對於現金流出與流入的來源，主要也有三種：第一種是透過「日常營運活動」而來的現金流進、流出，包括銷售收入及各種支出等；第二種則是「投資活動」的現金流進與流出，是指重大的設備投資或新事業轉投資案，以及第三種則是指「財務面」的流出與流進。例如：償還銀行貸款、別公司歸還借款，或是轉投資的紅利分配等。

二.財務結構的指標

所謂「財務結構」是一個公司資本與負債額的比例狀況如何，這是從資產負債表計算而來的。

(一)財務結構比例二個重要指標：

第一個是「負債比例」，其計算公式：負債總額÷股東權益總額。另外，也有用這個方式計算，即：中長期負債額÷股東權益總額。

第二個是「自有資金比例」，即上述公式的相反數據即是。

(二)重要指標之分析：

1.就負債比例來看：正常的最高指標應是1：1，不應超過這個比例。換言之，如果興建一個台塑石油廠，總投資額就需要2,000億元時；如果自有資金是1,000億元，那麼銀行聯貸額也不要超過1,000億元為佳。因為超出了就代表「財務槓桿」操作風險會增高。尤其，在不景氣時期中，一旦營收及獲利不理想，而且持續很長時，公司會面臨到期還款壓力。即使屆期可以再展延，也不是很好的財務模式。

2.就自有資金比例來看：太高也不是很好，因為若完全用自己的錢來投資事業，一則公司面對上千億大額投資，不可能籌到這麼多資金，而且也沒有發揮財務槓桿作用，尤其在走低利率借款的現況下。當然，自有資金比例高，代表著低風險，也是值得肯定的。但是，公司在追求成長與大規模下，勢必要借助財務槓桿運作，才能在短時間內，擴大全球化企業規模目標。

現金流量表的構面

1.主要在估算及控管公司每月／每週／每日的現金流出、現金流入與淨現金餘額最新數字，了解公司現有多少現金可動用。

2.預估不足時，就要緊急安排流入資金的來源。

3.現金流出與流入主要來源：①透過「日常營運活動」而來的。②投資活動的現金流進與流出。③財務面的流出與流進。

財務結構的重要指標

財務結構 ＝ 公司資本與負債額的比例

財務結構比例

1.**負債比例＝負債總額÷股東權益總額**；也有這樣算法，即：
＝中長期負債額÷股東權益總額

2.**自有資金比例：**即上述公式的相反數據即是。

重要指標之分析

1.就負債比例來看：正常的最高指標應是1：1，超過就代表「財務槓桿」操作風險增高。

2.就自有資金比例來看：太高也不是很好，因為完全用自己的錢投資事業，一則公司不可能籌到，而且也沒有發揮財務槓桿作用。當然自有資金多，代表風險低。

借助財務槓桿運作

公司才能在短時間內，擴大全球化企業規模目標。

知識補充站

CAPEX

CAPEX即是「長期性資本支出」的意義（Capital Expenditure）。例如：台塑石化公司投資4,000億元建造雲林麥寮六輕大廠，這4,000億即是資本支出，包括填海工程、整地工程、設備採購、廠房建立、研發與品質設備、運油車輛採購、輸油管鋪建等，均屬於CAPEX。

因CAPEX先期投資大，且回收較為慢，可能需要花三至五年的時間不等，因此，必須以銀行團長期聯貸及增資活動等支應。台塑石化公司在營運五、六年後，已開始賺大錢，成為台塑集團中最賺錢的公司。

Unit 13-10 投資報酬率與損益平衡點

企業是一個營利單位，當然是以獲利為前提，但獲利之前，是否需要先沙盤推演營運上定期基本開銷，需要創造多少銷售才能支付？而當企業要進行投資時，投資案的獲利程度又要如何設算，才能胸有成竹的進行？

一.投資報酬率的計算

所謂「投資報酬率」（Return on Investment, ROI）係指公司對某件投資案或新業務開發案所投入的總投資額，然後再看其每年可以獲利多少，而換算得出的投資報酬率。當然在核算投資報酬率時，最正規的是用IRR方法（內在投資報酬率試算法）。只要一個投資報酬率高於利率水準，就算是一個值得投資的案子。這是指公司用自己的錢投資，或向銀行融資借貸的錢投資，都還能賺到超過支付給銀行的利息，當然是值得投資了。

此外，還有計算「投資回收年限」，亦即這個投資總額，要花多少年的獲利累積，才能賺回當初的總投資額。例如：某項大投資額耗資1,000億元，若自第三年，每年平均可賺100億元，則估計至少十年才能賺回1,000億元。此外，還要彌補前二年的虧損才行。

當然，當初試算的投資報酬率是一個參考指標，另外必須考慮其他戰略上的必要性。有時投資報酬率不算很好的案子，但公司也決定要做，很可能有其他非常重要性、策略性的考量，才迫使公司不得不投資。例如：投資上游的原物料或關鍵零組件工廠，以保障上游採購來源。

另外，投資報酬率只是假設試算而已。事實上隨著國內外經濟、產業、技術、競爭的變化，當初計算的投資報酬率可能無法達成，或反而更高，提前回收，這都是有可能的。

二.損益平衡點的重要性

所謂「損益平衡點」（Break-Even Point, BEP），即是指當公司營運一項新事業或新業務時，必須每月或每年達成多少銷售量或銷售額時，才能使該項事業損益平衡，而不賺也不賠。很多新事業或部門，在剛起頭時，因連鎖店數規模或公司銷售量，尚未達到一定規模量，因此呈現短期虧損，這是必然的。但是一旦跨越損益平衡點的關卡，公司營運獲利就有明顯的起色。

從會計角度來看，達到損益平衡點時，代表公司的銷售額，已可負擔固定成本及變動成本，因此才能損益平衡。

從公司經營立場來看，當然儘量力求加速達到損益平衡點，至少三年內，最多不能超過五年。即使不賺錢但也不要繼續虧損，因為會把資本額虧光，而被迫增資，或向銀行再借款，甚至關門倒閉。

投資報酬率的計算

什麼是投資報酬率？

這是指公司對某件投資案或新業務開發案，所投入的總投資額，然後再看其每年可以獲利多少，而換算得出的投資報酬率。

核算投資報酬率的方法

1.最正規的是用IRR（Internal Return Rate），即內部投資報酬率試算法。
2.其他還有計算「投資回收年限」。

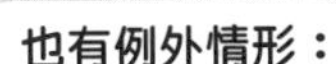

也有例外情形：

投資報酬率只是假設試算，事實上隨著外在環境的變化，可能無法達成或反而提前回收，這都是有可能的。

損益平衡點的重要性

什麼是損益平衡點？

這是指當公司營運一項新事業或新業務時，必須每月/每年達成多少銷售量/銷售額時，才能使該項事業損益平衡，不賺不賠。

從會計角度來看

達到損益平衡點時，代表公司的銷售額，已可負擔固定成本及變動成本，因此才能損益平衡。

從公司經營來看

當然力求加速達到損益平衡點，至少三年，最多不能超過五年。

知識補充站

成本／效益分析

所謂成本／效益分析（Cost and Effect Analysis）分析，即指對某一件投資案、某一件設備更新案、某一件策略聯盟合作案、某一個業務革新計畫、某一個單位的成立、某一件政策的改變或某一個委外事業及某一個組織存廢等，均須進行成本與效益的分析，提出投入成本與產出效益之分析及評估。

然後依據效益必須大於成本的正面結果下，才能做出好的決策，避免決策失誤的不良影響。

當然，有時企業也會考量到長期的戰略性效益，而暫時犧牲短期的回收效益。因此，必須從戰略層面與戰術層面，區別看待此事。

Unit 13-11 BU制度詳解 Part I

BU制度是近年來常見的一種組織設計制度，它是從SBU（Strategic Business Unit：戰略事業單位）制度，逐步簡化稱為BU（Business Unit）；然後，因為可以有很多個BU存在，故也可稱為BUs。由於內容豐富，分Part I 與Part II 單元介紹。

一.何謂BU制度

BU組織，即指公司可以依事業別、公司別、產品別、任務別、品牌別、分公司別、分館別、分部別、分層樓別等之不同，而將之歸納為幾個不同的BU單位，使之權責一致，並加以授權與課予責任，最終要求每個BU要能夠獲利才行；此乃BU組織設計之最大宗旨。BU組織也有人稱之為「責任利潤中心制度」（Profit Center），兩者確實頗為相近。

二.BU制度的優點何在

BU組織制度究竟有何優點呢？大致有以下幾點：

1.確立每個不同組織單位的權力與責任的一致性。

2.可適度有助於提升企業整體的經營績效。

3.可引發內部組織的良性競爭，並發掘優秀潛在人才。

4.可有助於形成「績效管理」競向的優良企業文化與組織文化。

5.可使公司績效考核與賞罰制度，有效連結在一起。

三.BU制度有何盲點

BU組織制度並非萬靈丹，不是每一個企業採取BU制度，每一個BU就能賺錢獲利，這未免也太不實際了；否則，為什麼同樣實施BU制度的公司，依然有不同的成效呢？其盲點有以下兩點：

1.當BU單位負責人不是一個很優秀的領導者或管理者時，該BU仍然績效不彰。

2.BU組織要發揮功效，仍須有配套措施配合運作，才能事竟其功。

四.BU組織單位如何劃分

實務上，因為各行各業甚多，因此可以看到BU的劃分，從下列切入：公司別BU、事業部別BU、分公司別BU、各店別BU、各地區BU、各館別BU、各產品別BU、各品牌別、各廠別、各任務別、各重要客戶別、各分層樓別、各品類別、各海外國別等。

舉例來說：甲飲料事業部劃分茶飲料BU、果汁飲料BU、咖啡飲料BU，以及礦泉水飲料BU四種；乙公司劃分A事業部BU、B事業部BU，以及C事業部BU三種；丙品類劃分A品牌BU、B品牌BU、C品牌BU，以及D品牌BU四種；丁公司劃分臺北區BU、北區BU、中區BU、南區BU，以及東區BU五種。

BU制度的優點與缺點

優點

1. 確立每個不同組織單位的權力與責任一致性。
2. 可適度提升企業整體的經營績效。
3. 可引發內部組織的良性競爭，並發掘優秀潛在人才。
4. 可有助形成「績效管理」競向的優良企業文化與組織文化。
5. 可使公司績效考核與賞罰制度，有效連結在一起。

缺點

1. 當BU單位的負責人，如果不是一個很卓越優秀的領導者或管理者時，該BU仍然績效不彰。
2. BU組織要發揮功效，仍須有配套措施配合運作才能事竟其功。

BU組織單位劃分案例

甲飲料事業部

1.茶飲料BU
2.果汁飲料BU
3.咖啡飲料BU
4.礦泉水飲料BU

乙公司

1.A事業部BU
2.B事業部BU
3.C事業部BU

丙品類

1.A品牌BU
2.B品牌BU
3.C品牌BU
4.D品牌BU

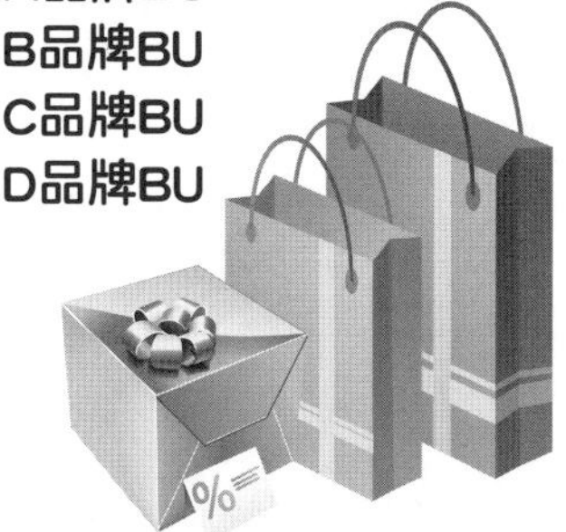

丁公司

1.臺北區BU
2.北區BU
3.中區BU
4.南區BU
5.東區BU

Unit 13-12 BU制度詳解 Part II

前面Part I 提到企業設有BU制度，雖然是有助於經營績效的提升，但不一定保證賺錢，因也有其盲點所在。Part II 部分就要針對此方面提出如何有效運作BU制度，才能更發揮BU制度的優點，進而達到其成功的目標。

五.BU制度如何運作

BU制度的步驟流程，大致如下：

1.適切合理劃分各個BU組織。

2.選任合適且強有力的「BU長」或「BU經理」，負責帶領單位。

3.研擬可配套措施，包括：授權制度、預算制度、目標管理制度、賞罰制度、人事評價制度等。

4.定期嚴格考核各個獨立BU的經營績效成果如何。

5.若BU達成目標，則給予獎勵及人員晉升等。

6.若未能達成目標，則給予一段觀察期，若仍不行，就應考慮更換BU經理。

六.BU制度成功的要因

BU組織制度並不保證成功且令人滿意；不過歸納企業實務上，成功的BU組織制度，有如下要因：

1.要有一個強有力BU Leader（領導人、經理人、負責人）。

2.要有一個完整的BU「人才團隊」組織。一個BU就好像是一個獨立運作的單位，必須有各種優秀人才的組成。

3.要有一個完整的配套措施、制度及辦法。

4.要認真檢視自身BU的競爭優勢與核心能力何在？每一個BU必須確信超越任何競爭對手的BU。

5.最高階經營者要堅定決心貫徹BU組織制度。

6.BU經理的年齡層有日益年輕化的趨勢。因為年輕人有企圖心、上進心、對物質經濟有追求心、有體力、活力與創新；因此，BU經理對此會有良性的進步競爭動力存在。

7.幕僚單位有時仍未歸屬各個BU內，故仍積極支援各個BU的工作推動。

七.BU制度與損益表如何結合

BU制度最終仍要看每一個BU是否為公司帶來獲利與否，每一個BU部能賺錢，全公司累計起來就會賺錢。所以如果將BU制度與損益表的效能成功結合起來使用，即能很清楚知道每個BU的盈虧狀況。其實這也是先前提到為什麼有人也將BU組織，稱為「責任利潤中心制度」的原因了。BU制度與損益表結合的使用方法如右表所示。

BU制度如何運作

BU制度的步驟流程

1.適切合理劃分各個BU組織。

2.選任合適且強有力的「BU長」或「BU經理」，負責帶領單位。

3.研擬可配套措施，包括：授權制度、預算制度、目標管理制度、賞罰制度、人事評價制度等。

4.定期嚴格考核各個獨立BU的經營績效成果如何。

5.若BU達成目的，則給予獎勵及人員晉升等。

6.若未能達成目標，則給予一段觀察期，若仍不行，就應考慮更換BU經理。

BU制度與損益表如何結合

損益表＼各BU	BU1	BU2	BU3	BU4	合計
① 營業收入	$○○○○○	$○○○○	$○○○○	$○○○○	① 營業收入
② 營業成本	$(○○○○○)	$( )	$( )	$( )	$( )
③ 營業毛利	$○○○○○	$○○○○	$○○○○	$○○○○	③ 營業毛利
④ 營業費用	$(○○○○○○)	$( )	$( )	$( )	$( )
⑤ 營業損益	$○○○○○	$○○○○	$○○○○	$○○○○	⑤ 營業損益
⑥ 總公司幕僚費用分攤額	$(○○○○)	$( )	$( )	$( )	$( )
⑦ 稅前損益	$○○○○	$○○○○	$○○○○	$○○○○	$○○○○

Unit 13-13 預算管理 Part I

預算管理對企業界相當重要，也是經常在會議上被當作討論的議題。企業如果想要常保競爭優勢，就必須事先參考過去經驗值，擬定未來年度的可能營收與支出，才能作為經營管理的評估依據。由於探討內容豐富，故分Part I 及Part II 兩單元介紹。

一.預算管理的意義

所謂「預算管理」，即指企業為各單位訂定各種預算，包括營收預算、成本預算、費用預算、損益（盈虧）預算、資本預算等，然後針對各單位每週、每月、每季、每半年、每年等定期檢討各單位是否達成當初訂定的目標數據，並且作為高階經營者對企業經營績效的控管與評估主要工具之一。

二.預算管理的目的

預算管理的目的及目標，主要有下列幾項：

(一)營運績效的考核依據：預算管理是作為全公司及各單位組織營運績效考核的依據指標之一，特別是在獲利或虧損的損益預算績效是否達成目標預算。

(二)目標管理方式之一：預算管理亦可視為「目標管理」（Management by Objective, MBO）的方式之一，也是最普遍可見的有力工具。

(三)執行力的依據：預算管理可作為各單位執行力的依據或憑據；有了預算，執行單位才可以去做某些事情。

(四)決策的參考準則：預算管理亦應視為與企業策略管理相輔相成的參考準則，公司高階訂定發展策略方針後，各單位即訂定相隨的預算數據。

三.預算何時訂定及種類

企業實務上都在每年年底快結束時，即十二月底或十二月中時，即要提出明年度或下年度的營運預算，然後進行討論及定案。

基本上，預算可區分為以下種類：1.年度（含各月別）損益表預算（獲利或虧損預算）：此部分又可細分為營業收入預算、營業成本預算、營業費用預算、營業外收入與支出預算、營業損益預算、稅前及稅後損益預算；2.年度（含各月別）資本預算（資本支出預算），以及3.年度（含各月別）現金流量預算。

四.要訂定預算的單位

全公司幾乎都要訂定預算，不同的是有些是事業部門的預算，有些則是幕僚單位的預算。幕僚單位的預算是純費用支出，而事業部門的預算則有收入，也有支出。

因此，預算的訂定單位，應該包括：1.全公司預算；2.事業部門預算，以及3.幕僚部門預算（財會部、行政管理部、企劃部、資訊部、法務部、人資部、總經理室、董事長室、稽核室等）。

預算管理的目的

預算管理的目的為何？

1.預算管理是作為全公司及各單位組織營運績效考核的依據指標之一，特別是在獲利或虧損的損益預算績效是否達成目標預算。

2.預算管理亦可視為「目標管理」（Management by Objective, MBO）的方式之一，也是最普遍可見的有力工具。

3.預算管理可作為各單位執行力的依據或憑據，有了預算，執行單位才可以去執行某些專案。

4.預算管理亦應視為與企業策略管理相輔相成的參考準則，公司高階訂定發展策略方針後，各單位即訂定相隨的預算數據。

預算何時訂定？

每年十二月中或十二月底，提出明年度或下年度的營運預算，然後進行討論及定案。

預算種類

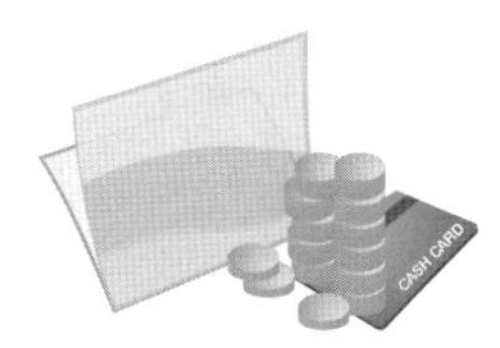

1.年度（含各月別）損益表預算（獲利或虧損預算）

- 營業收入預算
- 營業成本預算
- 營業費用預算
- 營業外收入與支出預算
- 營業損益預算
- 稅前及稅後損益預算

2.年度（含各月別）資本預算（資本支出預算）

3.年度（含各月別）現金流量預算

Unit 13-14 預算管理 Part II

預算管理的重要性從Part I 即可得知，然而是否代表公司有完善的預算制度，就一定賺錢？答案當然是否定的。但不可否認的，它的確是一項好的績效控管工具。

五.預算訂定的流程

至於預算訂定的流程，大致如下：

1.經營者提出下年度的經營策略、經營方針、經營重點及大致損益的挑戰目標。

2.財會部門主辦，並請各事業部門提出初步年度損益表預算及資金預算數據。

3.財會部門請各幕僚單位提出該單位下年度的費用支出預算數據。

4.由財會部門彙整各事業單位及各幕僚部門的數據，然後形成全公司的損益表預算及資金支出預算。

5.然後由最高階經營者召集各單位主管共同討論、修正及最後定案。

6.定案後，進入新年度即正式依據新年度預算目標，展開各單位的工作任務與營運活動。

六.預算何時檢討及調整

在企業實務上，預算檢討會議經常可見，就營業單位而言，應討論的內容如下：

1.每週要檢討上週達成業績狀況如何，幾乎每月也要檢討上月損益狀況如何？

2.與原訂預算目標相比是超出或不足？超出或不足的比例、金額及原因是什麼？又有何對策？

3.如果連續一、二個月都無法依照預算目標達成，則應該進行預算數據的調整。

調整預算，即表示要「修正預算」，包括「下修」預算或「上調」預算；下修預算，即代表預算沒達成，往下減少營收預算數據或減少獲利預算數字。總之，預算關係著公司最終損益結果，因此必須時刻關注預算達成狀況而做必要調整。

七.預算制度的效果及趨勢

有預算制度，是否表示公司一定會賺錢？答案當然是否定的。預算制度雖很重要，但也只是一項績效控管的管理工具，並不代表預算控管就一定會賺錢。

公司要獲利賺錢，此事牽涉到多面向問題，包括產業結構、景氣狀況、人才團隊、老闆的策略、企業文化、組織文化、核心競爭力、競爭優勢、對手競爭等太多的因素了。不過，優良的企業，是一定會做好預算管理制度的。

最後要提的是，近年來企業的預算制度對象有愈來愈細的趨勢，包括已出現有：1.各分公司別預算；2.各分店別預算；3.各分館別預算；4.各品牌別預算；5.各產品別預算；6.各款式別預算，以及7.各地域別預算。

這種趨勢，其實與目前流行的「各單位利潤中心責任制度」是有相關的。因此，組織單位劃分日益精細，權責也日益清楚，接著各細部單位的預算也就跟著產生了。

預算訂定流程

1.經營者提出下年度的經營策略、經營方針、經營重點及大致損益的挑戰目標。

2.由財會部門主辦，並請各事業部門提出初步年度損益表預算及資金預算的數據。

3.財會部門請各幕僚單位提出該單位下年度的費用支出預算數據。

4.由財會部門彙整各事業單位各幕僚部門的數據，然後形成全公司的損益表預算及資金支出預算。

5.由最高階經營者召集各單位主管共同討論、修正及最後定案。

定案後

6.進入新年度即正式依據新年度預算目標，展開各單位的工作任務與營運活動。

損益表預算格式

月分損益表

	1月	2月	3月	4月	5月	6月	7月	8月	9月	10月	11月	12月	合計
①營業收入													
②營業成本													
③=①−②營業毛利													
④營業損益													
⑤=③−④營業費用													
⑥營業外收入與支出													
⑦=⑤−⑥稅前淨利													
⑧營利事業所得稅													
⑨=⑦−⑧稅後淨利													

Unit 13-15 企業成功的關鍵要素

任何一種產業均有其必然的「關鍵成功因素」（Key Success Factor, KSF）。成功因素很多，面向也很多，但是其中必然有最重要與最關鍵的。

好像電視主播可區分為超級主播及一般主播，超級主播對收視率成功提升是一個關鍵因素。

值得注意的是，在不同行業及不同市場，可能會有不同的關鍵成功因素。

例如：筆記型電腦大廠跟經營一家大型百貨公司的成功因素，可能是不完全一樣。

最重要的是，企業必須探索為什麼在這些關鍵因素上沒做好而落後競爭對手呢？如果超越對手，就必須在這些KSF上面，尋求突破、革新及優勢。

當然要強過競爭對手，非得具有強大的核心競爭力與策略「綜效」的能力不可，然後再由一個堅強的經營團隊貫徹執行，所謂的成功便近在眼前了。

一.強大的核心競爭力

核心競爭力（Core Competence）是企業競爭力理論的重要內涵，又可稱為「核心專長」或「核心能力」。公司的核心專長，將可創造出公司的核心產品，並以此核心產品與競爭者相較勁，而取得較高的市占率及獲利績效。

二.精準的策略「綜效」

所謂「綜效」（Synergy），即指某項資源與某項資源結合時，所創造出來的綜合性效益。

例如：金控集團是結合銀行、證券、保險等多元化資源而成立的，而且其彼此間的交叉銷售，也可產生整體銷售成長的效益出來。

再如：某公司與他公司合併後，亦可產生人力成本下降及相關資源利用結合之綜合性改善。

再如：統一7-11將其零售流通多年經營技術的Know-How，移植到統一康是美及星巴克公司，加快其經營成效，此亦屬一種綜效成果。

三.完善的經營團隊

經營團隊（Management Team）是企業經營成功的最本質核心。企業是靠人及組織營運展開的。

因此，公司如擁有專業的、團結的、用心的、有經驗的經營團隊，則必可為公司打下一片江山。但是團隊，不是指董事長或總經理，而是指公司中堅幹部（經理、協理）及高階幹部（副總及總經理級）等更廣泛的各層級主管所形成的組合體。而在部門別方面，則是跨部門所組合而成的。

企業成功的關鍵要素

企業要如何才會成功？

關鍵成功因素

- 不同行業及不同市場，可能會有不同的關鍵成功因素。
- 企業必須探索為什麼在這些關鍵因素沒做好而落後競爭對手？
- 如果超越對手，就必須在這些關鍵成功因素，尋求突破、革新及優勢。

核心競爭力

- 企業的核心專長，將可創造出核心產品，並以此核心產品與競爭者相較勁，而取得較高的市占率及獲利績效。

綜 效

- 指某項資源與某項資源結合時，所創造出來的綜合性效益。
- 例如：金控集團是結合銀行、證券、保險等多元化資源成立，而其彼此間的交叉銷售，也可產生整體銷售成長的效益。

經營團隊

- 這是企業經營成功的最本質核心。
- 企業中堅幹部（經理、協理）及高階幹部（副總及總經理級）等各層級主管所形成的組合體。
- 部門別方面，則是跨部門所組合而成的。

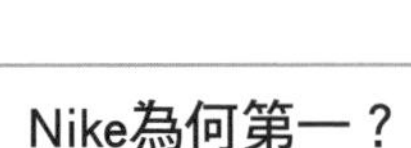

Nike為何第一？

為什麼Nike出了這麼多紕漏之後，還能穩居運動相關產品的領導品牌？其實，這就是消費者與Nike間不均等議價力量所致，當Nike的議價力量較強，消費者只能被予取予求。

又因市場獨占，是不均等議價力量最簡單明顯的現象，且其獨占力量，與過去因生產要素、通路及政府保護的市場獨占者不同，Nike是建立在擁有運動這個情感願景上面，是靠精心計畫的經營策略與商業模式成功的，值得準備要以自有品牌揚威國際的臺灣廠商學習。

Unit 13-16 企業持續競爭優勢的訣竅

企業既然成立，正常來說，沒有不希望永續經營的道理。因此如何常保企業競爭優勢並持續獲利，這是必須關注的課題。

一.持續性競爭優勢

所謂「持續性競爭優勢」是指企業對目前所擁有各種競爭優勢點，能夠在可見的未來持續下去。因為，競爭優勢是瞬息萬變的，不管在技術、規模、人力、速度、銷售、服務、研發、生產、特色、財務、成本、市場、採購等優勢，均會隨著競爭對手及產業環境的變化而變化。因此，今天的優勢，明天不見得仍然保有，因此，必須想盡各種方法與行動，以確保優勢能持續領先下去。至少領先半年，一年也可以。

二.事業與獲利的模式

所謂「事業模式」也可稱為「商業模式」或「獲利模式」，是指企業以何種方式，產生營收來源及獲利來源。

事業模式是企業經營當中非常重要的一件事。不管是既有事業或進入新事業領域，都必須要有可行、具成長性、有優勢條件、吸引人以及能夠賺錢的事業模式。

仔細來說，就是做任何一個事業，都必須首先考慮三點：

(一)你的營收模式是什麼？客戶群有哪些？市場規模多大？想進哪一塊市場？憑什麼能耐進去？營收來源及金額會是多少？這些都做得到嗎？實現了嗎？你的模式可不可行？你的模式是否有競爭力？你的模式如何勝過別人？這些顧客願意給你這些生意做嗎？如果顧客願意是為了什麼？

(二)你的營業成本及營業費用要花費多少？占營收多少比率？要多少營收額，才會損益平衡？別的競爭者又是如何？

(三)最後，才會看到是否真能獲利？在第幾年可以獲利？獲利多少？

三.產業生命週期

產業一如人的生命，也會歷經出生、嬰兒、兒童、青少年、壯年、中年、老年等生命階段。而產業或產品大致也會有四種階段：導入期、成長期、成熟（飽和）期及衰退期。當然有部分產業在衰退期時，若能經過技術創新或服務創新，將會有一波「再成長期」出現。例如：手機業過去是黑白手機，但現在則有4G、5G智慧型手機，且是可上網的多媒體手機。再如：傳統映像管的電視機（CRT-TV），現在則有普及的4K連網液晶電視機（LCD-TV）。這些都是再創新成長的展現。

分析「產業生命週期」的意義，除了解其處在產業哪個階段外，最重要的是要研擬階段的因應策略，以具體行動面對產業週期。當然，產業趨勢也有不可違逆時，此時只能順勢而為，不應勉強逆勢而上。換言之，必須走上大家共同遵循的方向，否則將是一條死胡同。

持續性競爭優勢

這是指企業對目前所擁有的各種競爭優勢點，能夠在可見的未來持續下去。

- 優勢包括技術、規模、人力、速度、銷售、服務、研發、生產、特色、財務、成本、市場、採購。
- 至少領先半年，一年也可以。

事業與獲利的模式

▶ 這是指企業以何種方式產生營收來源及獲利來源

1.你的營收模式是什麼？

- 客戶群有哪些？
- 憑什麼能耐進去？
- 你的模式是否有競爭力？
- 如果顧客願意是為了什麼？
- 市場規模多大？想進哪一塊市場？
- 營收來源及金額會是多少？
- 這些顧客願意給你這些生意做嗎？

2.你的營業成本及營業費用要花費多少？

- 占營收多少比率？
- 別的競爭者又是如何？
- 要多少營收額下，才會損益平衡？

3.最後，才會看到是否真能獲利？

- 在第幾年可以獲利？
- 獲利多少？

▶ 產業生命週期

導入期

成長期

成熟（飽和）期

衰退期

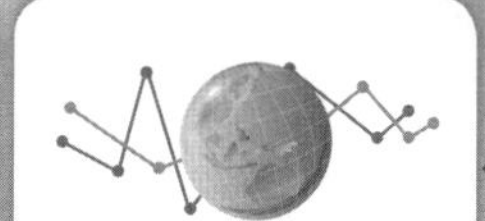

再一波成長期出現

此時加入技術創新或服務創新

案例1

手機業過去是黑白手機，但現在則有智慧型手機，且是可上網的多媒體手機。

案例2

傳統映像管的電視機（CRT-TV），現在則有普及的4K連網液晶電視機（LCD-TV）。這些都是再創新成長的展現。

第14章

創業計畫書撰寫與創業基本知識

章節體系架構▼

Unit 14-1 創業計畫書內容撰寫 Part I

現在很多年輕上班族或中年轉業者或失業的朋友們，有不少人都想朝創業路線邁進。他們經常問我，一份創業計畫書應該如何撰寫？內容應該包括哪些？資金來源如何等相關問題。茲說明如下，供各位有意開創一家店面、一家公司或一種生意，應關注的相關事宜。由於內容豐富，分 Part I、Part II 兩單元介紹。

一.創業計畫書又稱為一份BP

創業計畫書的英文簡稱為Business Plan或Business Proposal，故簡稱為BP。BP就是指創業計畫書，有時也常稱為營運計畫書。在企業實務上，剛創立一個新事業時，要撰寫創業計畫書，而對既有事業的營運，有時也需寫下年度或未來三年中期營運計畫書，故營運計畫書的撰寫是非常重要的。

二.撰寫一份BP的目的

創業者或是在公司內部想要拓展新事業單位或轉投資某些新創公司，經常要撰寫一份營運計畫書（BP），其目的有幾個：1.向有錢人募資；2.向創投公司募資；3.向銀行借款；4.對自己及團隊負責。

三.創業計畫書撰寫大綱項目

依完整性來看，一份創業計畫書應該含括至少十個項目，如下所述：

(一)創業種類、行業別

1.創業動機與背景；2.創業公司名稱、店名稱；3.創業營業項目；4.產品名稱或服務名稱；5.事業規模大小；6.直營門市店？或加盟門市店？7.是製造業或服務業？

(二)市場分析

1.此市場是否有商機存在？是否可以賺錢？為什麼？切入角度為何？2.此市場進入門檻如何？3.此市場是否有成長性？4.此市場現在競爭性如何？5.此市場未來展望性如何？6.此市場勝出的關鍵成功因素為何？7.此市場競爭條件為何？8.潛在顧客在哪裡？9.相關法令的了解？10.一般毛利率多少？淨利率多少？11.市場價格如何？12.此行業或此市場處在哪一種生命週期？（成長、成熟、飽和、衰退）13.此行業的產業結構如何？產業價值鏈如何？

(三)階段經營目標

1.創業公司短／中／長期經營目標；2.創業公司未來願景與未來展望。

(四)資金規劃

1.個人／他人；出資金額及比例？2.是否要向銀行貸款？3.是否要向親朋好友借款？4.初期開辦費是多少？5.第一年要準備多少營運資金？6.第一次實收資本額要多少？

創業計畫書（BP）（Business Plan）

創業計畫書

又稱營運計畫書

創業計畫書的目的

目的

1. 向有錢人募資
2. 向創投公司募資
3. 向銀行借款
4. 對自己及團隊負責

掌握創業成功的十大基本要件

創業成功的十大基本要件

1.人才團隊（經營團隊）是否OK？

2.行業與行業項目選擇與切入的正確性？以及是否還有商機空間的判斷力？

3.是否真的擁有掌握到這個行業的關鍵成功因素？

4.三年財力資金的準備是否沒有問題？

5.在經營過程中是否能夠不斷的調整營運對策、方針與作法？

6.地點選擇的正確性？（指服務業）

7.創業者個人或團隊的強烈事業企圖心與意志力。

8.具備成功的企業領導力與管理力。

9.要有耐心、堅持及高度視野。

10.要有膽識，而且用心投入，不斷改善精進。

Unit 14-2 創業計畫書內容撰寫 Part II

前面已提到創業計畫書撰寫的目的，以及創業計畫書撰寫大綱的前四項內容，本單元繼續介紹創業計畫書撰寫大綱的其他六項內容。

(五)行銷策略（營運策略）

1.市場在哪裡？2.市場定位何在？3.銷售對象為何？目標客層為何？4.銷售方式為何？5.競爭優勢何在？6.產品規劃為何？7.行銷通路規劃為何？8.定價規劃為何？9.廣宣與促銷規劃為何？10.服務規劃為何？11.銷售組織規劃為何？12.行銷主軸策略為何？13.技術來源為何？

(六)財務預估

1.第一年或前三年的收入與支出的預估？2.第幾年可望損益平衡？3.第幾年可開始獲利賺錢？4.第幾年可以將投資額回收？5.如何償還銀行貸款？

(七)內部管理規劃

1.組織架構與人力編制如何？2.S.O.P（標準作業流程的制定）。3.員工獎勵制度辦法制定。4.資訊化處理建置。5.各部門人才招聘與挖角。

(八)人才團隊（經營團隊）簡介

1.負責人（董事長、總經理）簡介。2.各部門高階負責主管簡介。

(九)風險性評估

1.國內外景氣變動影響？2.重要關鍵零組件、原物料來源？3.過度競爭壓力？4.客源流失？5.進入門檻太低？6.商圈移轉改變？

(十)市場調查（可行性評估）

1.服務業商圈地點市調。2.目標客層（消費者）需求市調。3.既有競爭對手現況掌握市調。4.通路商現況市調。5.市面產品、定價、成本與獲利市調。6.技術來源市調。7.人才來源市調。8.客戶來源市調。

小博士解說

創業較易成功的個人特質

1.有旺盛企圖心的人。 2.有很多點子、想法的人。 3.寧為雞首不為牛後的人。 4.敢冒險的人。 5.不喜歡上班族固定生活的人。 6.有膽識的人。 7.追逐金錢的人。 8.追求自我實現，有願望的人。 9.人脈關係良好的人。 10.不能太內向的人。 11.果斷、堅定、不會優柔寡斷的人。 12.不易有挫折感的人。 13.天生較樂觀的人。 14.抗壓性高的人。 15.想領導別人的人。 16.敢於實踐行動的人。 17.機會成本比較低的人。 18.學歷不用太高的人。

創業計畫書撰寫大綱項目

1. 創業種類、行業別
2. 市場分析
3. 階段經營目標
4. 資金規劃
5. 行銷策略（營運策略）
6. 財務預估
7. 內部管理規劃
8. 人才團隊（經營團隊）簡介
9. 風險性評估
10. 市場調查（可行性評估）

創業較易成功的行業有哪些？

1. 餐飲連鎖業（各式各樣吃的、喝的）
2. 觀光大飯店、旅遊業（陸客來臺、國人旅遊）
3. 網際網路及電子商務業
4. 委外行業（如廣告、公關、整合、行銷、數位行銷設計公司）
5. 代理國外名牌精品業
6. 化妝保養品業
7. 銀髮族業
8. 科技產品與零組件業
9. 創新服務業
10. 其他可能的創業

Unit 14-3 經濟部創業貸款介紹 Part I

目前政府單位對青年人創業貸款是鼓勵的，負責單位為經濟部中小企業處。茲將青年創業貸款相關辦法、內容、程序及必要文件資料，摘述如下，由於內容豐富，分Part I、Part II 兩單元介紹。

一.貸款人條件

20～45歲有意創業或已創業青年人。

二.創業貸款額

1.每人每次最高貸款額為400萬元，其中含100萬元信用貸款。

2.同一公司最高可貸1,200萬元，其中個人信貸額為300萬元。

三.貸款利率

目前年息利率約為1.95%（很低）。

四.償還年限

1.抵押貸款：十年內償還。

2.信用貸款：六年內償還。

3.每月按期繳納利息及本金償還。

4.寬限償還期為抵押貸款三年、不還本金；信用貸款一年、不還本金。

五.目前青年創業輔導成果（至2017年1月）

1.獲貸人：4.16萬人；2.獲貸事業體：1.1萬家；3.貸出總額：103億元；4.創造出5萬個就業機會及一些中小企業家。

六. 青創貸款承辦銀行

臺灣銀行、合作金庫商業銀行、臺灣中小企業銀行、臺灣土地銀行、第一商業銀行、彰化商業銀行、華南商業銀行、兆豐國際商業銀行、臺灣新光商業銀行等各分行，以及玉山商業銀行、臺北富邦商業銀行及高雄銀行等部分營業單位。

七.青創貸款填寫的資料

1.「青年創業貸款計畫書」（表格式）一式二份。

2.「借款申請人」（表格）。

3.「個人資料表」（表格）。

創業貸款介紹

1.貸款人條件

20～45歲有意創業或已創業青年

2.貸款額度

每人每次最高：400萬元，
同一公司最高：1,200萬元

3.貸款利率

1.95%（很低）

4.償還年限

抵押貸款：10年內；信用貸款：6年內

5.創業經營計畫書

(1)經營現況

・產品名稱、主要用途、品質水準、功能、特點、客源。

(2)市場分析

・市場所在、目標客層、公司定位、如何擴大客源、銷售方式、行銷通路、競爭優勢、市場潛力、未來展望。

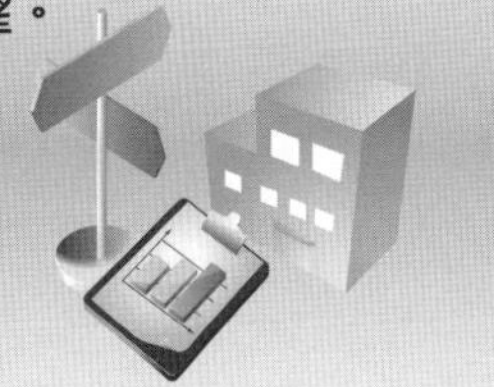

(3)還款計畫

・依照損益表預估，說明償還貸款來源及債務履行方法。

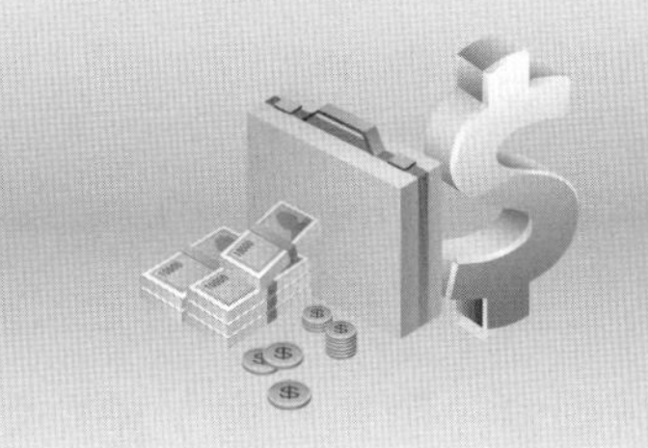

Unit 14-4 經濟部創業貸款介紹 Part II

前面已介紹創業貸款人的條件、貸款額、貸款利弊、償還年限、目前貸出成果、貸款承辦銀行、貸款須填寫的資料等內容，以下另就創業經營計畫書內容、貸款程序、銀行評估信用五原則、青創諮詢電話等，作如下說明：

八.青創貸款計畫書（表格）內容

(一)甲表：申請人基本資料。(二)乙表：創辦事業資料，包括：1.創辦事業名稱；2.設立登記日期；3.事業地址、電話；4.主要產品名稱；5.現有員工人數；6.生產設備；7.貸款用途（資本性支出、周轉金）；8.預估獲貸後第一年營業收入；9.預估獲貸後第一年營收、成本、毛利、費用及損益；10.申貸銀行；11.創業經營計畫書（詳右圖）；12.申請人出資額；13.公司登記資本額；14.貸款總額（含擔保及無擔保）；15.本計畫資金總額；16.申請日期。

九.創業經營計畫書（表格）三大部分

1.經營現況：產品名稱、主要用途、品質水準、功能、特點、客源等。

2.市場分析：市場何在、目標客層、公司定位、如何擴大客源、銷售方式、行銷策略、行銷通路、競爭優勢、市場潛力、未來展望等。

3.償貸計畫：依照預估損益表，說明償還貸款來源及債務履行方法。

十.青年創業貸款辦理程序

1. 填寫「青年創業貸款計畫書」一式二份、「借貸申請書」、「個人資料表」三項文件。

2.銀行接著會辦理：(1)徵信調查；(2)實地了解申請人所創事業的經營狀況。

3.擔保品提供查核。

4.撥貸（撥錢入帳）。

十一.任何銀行評估信用五原則

銀行評估信用5P原則：

1.借款戶（People）。

2.資金用途（Purpose）。

3.還款來源（Payment）。

4.債權保障（Protection）。

5.授信展望（Perspective）。

十二.新創會（原青創會）諮詢電話

電話(02) 2332-8558；網址https://www.careernet.org.tw/

創業經營計畫書三大部分

創業經營計畫書

1.經營現況

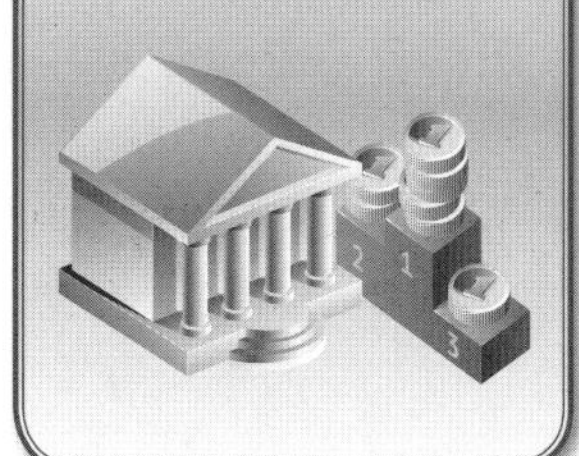

2.市場分析

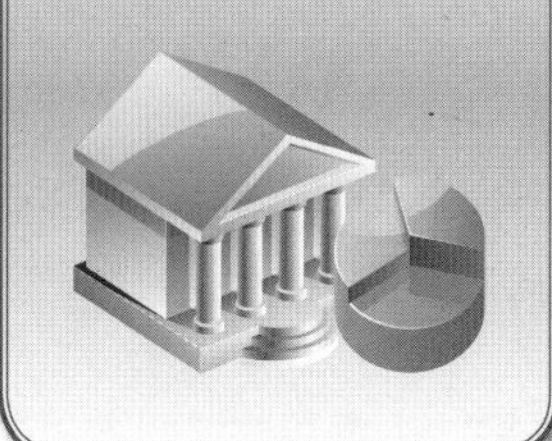

3.償貸計畫

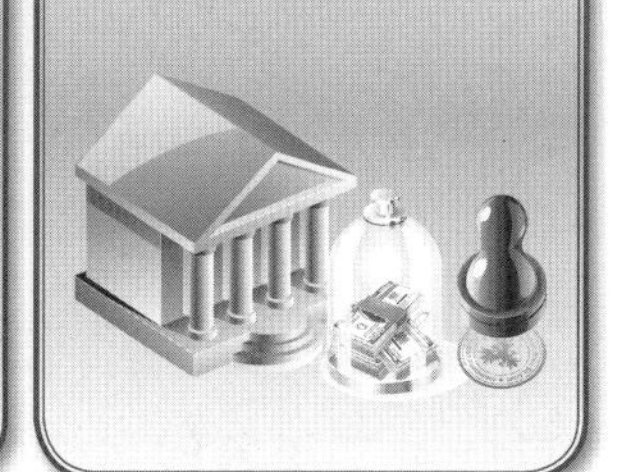

銀行辦理青年創業貸款程序

辦理青年創業貸款程序

1. 申請人填具「青年創業貸款計畫書」一式二份，向承辦銀行提出貸款申請。
2. 銀行填列「青年創業貸款申請案件查詢表」，查詢是否已提出貸款申請。
3. 申請人填具「借款申請書」及「個人資料表」，提供借款人及保證人之徵信資料等。
4. 銀行辦理徵信調查，進行初審。
5. 抵押貸款在貸放前辦妥擔保品設定手續，以及投保以銀行為受益人之必要保險。
6. 信用貸款辦理聯合審查後，由中小企業信用保證基金提供九成信用保證。
7. 完成核定程序後，辦理借款保證人之對保手續。
8. 撥款前，借戶於申貸金融單位開立存款戶以利撥款。
9. 借戶提出貸款契約或借據等貸款憑證以便撥貸。

Unit 14-5 創業為何及如何賺錢或虧錢

創業容易，但要創業成功或賺錢，卻不是人人可以做到的。有很多也是創業失敗或不賺錢的案例在存。本單元，從各種層面分析創業為何及如何賺錢或虧錢，以作為借鏡。

一.一般狀況下：新創公司

1.前一～二年→可能會虧錢；2.第三年→可能開始損益平衡（不虧也不賺，打平）！3.第四年→可能才開始賺錢！

二.前一至二年為何可能虧錢

任何新創公司或事業單位，在最初一～二年，甚至一～四年都有可能虧錢。三十五年前統一超商7-11創業前七年都虧錢，差一點要收起來，最後堅持下去，才有今日成功的統一超商公司。創業公司前幾年虧錢原因，包括：1.沒有品牌知名度；2.尚未達到規模經濟；3.通路上架不夠普及；4.沒錢做廣告宣傳；5.新品品質不夠好；6.定價偏高；7.成本降不下來；8.口碑不足；9.地點不對；10.其他因素。

三.第三年：損益平衡點

B.E.P（Break-Even-Point）→營業收入漸增→達到損益兩平點，不會虧錢了！

四.第四年：開始獲利賺錢

每月營業收入大幅增加→每月超過損益兩平點→每月開始獲利賺錢、有Profit！

五.創業公司如何提高營業收入

1.改善、提升產品品質、功能與設計；2.加強通路上架普及；3.調整價格，有平價時尚感；4.增加推廣、廣宣、促銷預算；5.逐步打造出品牌力；6.強化服務力；7.其他對策（例如：門市店裝潢提升、人員銷售力等）。

六.加強Cost-down控制、降低成本

1.製造成本；2.OEM代工成本；3.進貨成本。

七.加強Expense-down控制、降低費用

1.用人薪水支出；2.房租費用；3.水電費用；4.加班費用；5.健保費、國民年金費；6.交際費；7.雜費等。

八.毛利率

1.一般水準：3成～4成（30%～40%）；2.較高水準：5成～7成（50%～70%）；3.指粗的利潤率，還沒有扣除公司營業費用之前的毛利潤。

創業公司虧錢五大原因

1.營業收入不足、偏低
2.營業成本偏高
3.營業費用偏高
4.毛利率偏低
5.營業外支出偏高（Ex：利息費用）

創業賺錢五大原因

1.營業收入提高了
2.營業成本降低了
3.營業費用降低了
4.毛利率提高了
5.營業外支出降低了

虧錢

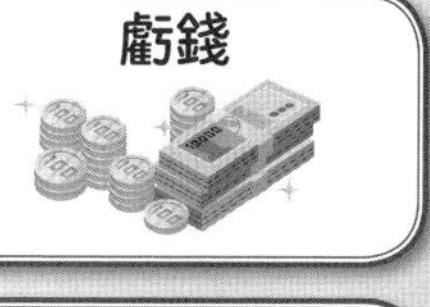

因為營業收入不足！

Why？

1.尚未達到規模經濟
2.沒有品牌知名度
3.通路上架不夠
4.沒錢做廣告宣傳
5.產品品質不夠好
6.成本降不下來
7.定價偏高
8.口碑不足
9.地點不對
10.其他因素

第15章

身為主管領導與管理的51個分析管理工具、技能與觀念

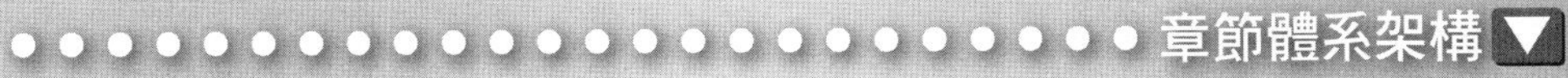

Unit 15-1 身為主管領導與管理的51個分析管理工具、技能與觀念 Part I

身為主管在領導與管理企業時，本身須具備51個分析管理工具、技能與觀念，本章內容十分豐富，特分七單元介紹。

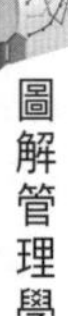
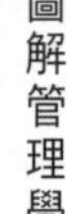

一. SWOT分析（檢視內外部環境變化）

分析本公司的強項（優勢）、弱項（弱勢），以及面對外部環境變化趨勢的商機與威脅。

二.競品分析（競爭者品牌分析）

分析市場上主力競爭品牌或競爭公司的行銷、生產、銷售、品質、產品線、定價、通路、推廣及財務、損益等之比較分析。

三.外部環境管理分析

分析國內外政治、經濟、貿易、國民所得、就業／失業、科技、社會、文化、人口結構、消費習性、購買力、產業結構、環保、競爭者、供應商、通路商、法令及產業政策等之變化與趨勢走向。

例如：美國、歐洲、中國大陸、日本等四大國的經濟變化，都會影響到臺灣。

四.營運（銷售）管理分析（每週／每月／每季／每年）

營運（銷售）管理分析包括：1.實際與預算目標的達成率比較分析；2.實際與去年同期消長比較分析；3.實際與競爭同業比較分析；4.實際與整體產業消長比較分析。

五.損益表管理分析（每月、每季、每年）

損益表管理分析項目如下：1.營收額消長（成長或衰退）；2.營業成本（成本率）；3.營業毛利（毛利率）；4.營業費用（費用率）；5.營業損益（淨利或虧損）；6.實際與預算目標的比較分析。

六.BU管理分析（每月、每年）

BU（Business Unit）「單位獨立責任利潤中心」的經營損益分析，包括各分公司、各店別、各館別、各產品別、各事業部、各品牌別、各單位別等。

七.KPI指標管理分析（每月、每年）

KPI（Key Performance Indicator；關鍵績效指標），由各單位、各部門提出考核他們績效的重要指標，包括門市店、業務部（營業部）、生產部（製造部）、研發部（R&D）、產品開發部、產品設計部、行銷企劃部、物流倉儲部、人資部、採購部、管理部、資訊部等。

八.績效管理（每週、每月、每年）

績效管理（Performance Management）係針對KPI、預算目標、銷售目標、製造目標等，考核是否達成預計目標數據，並加以考核及獎懲。

九.成本控制、成本下降管理分析

(一)針對製造成本Cost-down（下降）之管理，包括原物料成本、零組件成本、進貨成本、人工成本，以及製造費用等五大項目加以下降。

(二)另外，針對營業費用（管銷費用）之下降，包括總公司、各營業據點及幕僚人員之人數精簡下降或遇缺不補，以及辦公室租屋、廣宣費用、加班費、交際公關費、水電費、電話費、文具費、雜費等之精簡。

SWOT分析

分析本公司的強項（優勢）、弱項（弱勢），以及面對外部環境變化趨勢的商機與威脅。

S（Strengths）S 強項	W（Weaknesses）弱項 W
O（Opportunities）O 機會	T（Threats）威脅 T

競品分析

分析市場上主力競爭對手的品牌或公司的行銷、生產、銷售、品質、產品線、定價、通路、推廣及財務、損益等。

味全 林鳳營鮮奶

HIGH 高品質 QUALITY 濃·純·香 MILK

統一 瑞穗鮮奶

光泉鮮奶

I ♥ MILK 光泉鮮乳

福樂 北海道鮮奶

Unit 15-2 身為主管領導與管理的51個分析管理工具、技能與觀念 Part II

十.開源與節流管理分析

1.節流（Cost-down）如前述。2.開源分析，包括開發新市場、開發新產品、改良產品、深耕既有市場、海外市場開發、區隔市場、投入新事業單位、轉投資等。

十一.影響一個產業／公司獲利五力架構分析（波特教授）

分析一個產業或一個公司之所以能夠獲利及獲利程度的五個力量，包括：1.既有競爭者狀況；2.潛在未來新進入者狀況；3.與下游客戶關係程度；4.與上游供應商關係程度；5.未來替代品狀況。

十二.公司的三種基本競爭策略分析（波特教授）

公司的三種基本競爭策略分析，包括採取：1.低成本領先策略（成本比別人低）；2.差異化策略（特色化、獨特性、Differential）；3.專注經營（Focus）。只有達成這三種策略，競爭才會贏。

十三.樹狀圖分析法（分析原因或解決對策）

分析面臨問題的原因或解決對策時，可採用樹狀圖加以圖示。

十四.魚骨圖分析法

魚骨圖分析法如右圖所示。

十五.P-D-C-A管理循環法

P：Plan－計畫、企劃。 D：Do－執行力。

C：Check－考核、追辦、追蹤進度。 A：Action－再行動、再調整。

每一位主管針對組織單位的領導與管理，都要時刻記住P-D-C-A。

十六.O-S-P-D-C-A

P-D-C-A（參考第十五項）。

O：Objective－目標→S：Strategy－策略→P：計畫→D：執行→C：考核→A：再行動。

十七.問題解決四步驟法

問題解決四步驟法即：1.問題是什麼（Question）→2.問題造成的原因分析（Reason Why）→3.解決的因應對策及方案為何（Answer）→4.查看是否已解決OK（Result）。

十八.企業價值鏈分析法（波特教授）

企業價值鏈分析法如右圖所示。

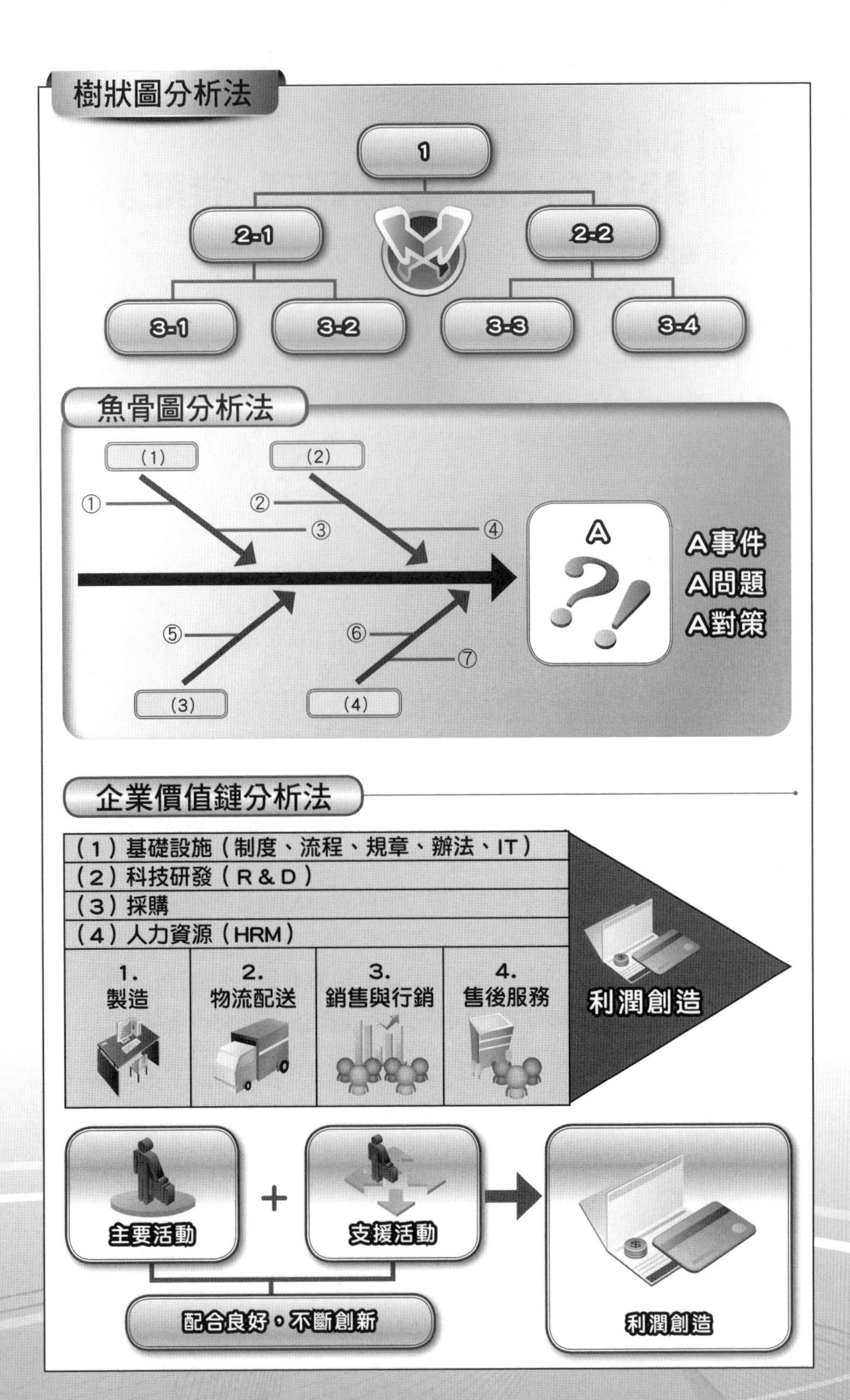
樹狀圖分析法
1
2-1
2-2
3-1
3-2
3-3
3-4
魚骨圖分析法
(1)
(2)
①
②
③
④
⑤
⑥
⑦
(3)
(4)
A
A事件
A問題
A對策
企業價值鏈分析法
(1)基礎設施(制度、流程、規章、辦法、IT)
(2)科技研發(R&D)
(3)採購
(4)人力資源(HRM)
1. 製造
2. 物流配送
3. 銷售與行銷
4. 售後服務
利潤創造
主要活動
+
支援活動
配合良好,不斷創新
利潤創造

Unit 15-3 身為主管領導與管理的51個分析管理工具、技能與觀念 Part III

十九.競爭優勢與核心能力（核心競爭力）法

1.競爭優勢（Competitive Advantage）；2.持續競爭優勢（Sustainable Competitive Advantage）；3.核心能力、核心競爭力（Core-Competence）。

企業必須擁有相對的或絕對的競爭優勢與核心能力，才會從激烈競爭環境中勝出。

二十.P-D-F管理分析法

前王品餐飲集團戴勝益董事長分析王品會勝出，是堅持下列原則：

1.P：Positioning（客觀性定位，定位精準成功）；2.D：Differential（具有差異化特色）；3.F：Focus（專注經營本業，不跨行）。

二十一.行銷組合4P/1S分析法

行銷要致勝，必須同步、同時做好行銷4P/1S的組合策略。即：1.Product：產品策略；2.Price：定價策略；3.Place：通路策略；4.Promotion：推廣策略（廣宣公關策略）；5.Service：服務策略。

二十二.市調數據分析法

為獲取消費者或會員的各種滿意度或潛在需求或看法等，透過市調蒐集第一手資料情報，才能做決策。

(一)定量（量化）市調法：包括電話訪問、網路填寫、街訪、家訪、店訪之大樣本問卷答覆。

(二)定性（質化）市調法：包括FGI/FGD（Focus Group Interview）焦點團體座談會、或一對一深度專家訪談。

二十三.國外先進國家、先進公司、大型展覽會參觀、訪問法

藉由出國參展、出國考察，以利掌握國外先進國家與市場的最真實發展，以作為借鏡。

二十四.蒐集具公信力機構的次級資料法

上網蒐集或購買政府或專業研究機構的各種研究報告及數據資料，作為分析數據之用。

二十五.數據管理法

要做決策就要有充分的科學化數據做支撐才可以。數據來源包括：1.各種次級資料來源（上網查詢）；2.各種市調原始資料來源；3.POS系統資料來源（POS；Point of Sales；銷售據點的即時資訊情報資料）；4.探詢競爭對手資料來源；5.公司內部各種財會報表、營業報表及經營分析報表等。

P-D-F管理分析法

王品餐飲集團在餐飲界勝出，主要是堅持下列原則：

- **P** Positioning（客觀性定位，定位精準成功）
- **D** Differential（具有差異化特色）
- **F** Focus（專注經營本業，不跨行）

行銷組合4P／1S分析法

行銷要致勝，必須同步、同時做好行銷4P/1S的組合策略。即：

4P

1. Product：產品策略
2. Price：定價策略
3. Place：通路策略
4. Promotion：推廣策略（廣宣公關策略）

1S

1. Service：服務策略

市調數據分析法

1. 定量（量化）市調法

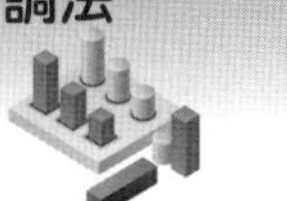

→ 包括電話訪問、網路填寫、街訪、家訪、店訪之大樣本問卷答覆。

2. 定性（質化）市調法

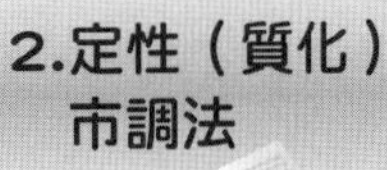

→ 包括FGI／FGD（Focus Group Interview）焦點團體座談會、或一對一深度專家訪談。

Unit 15-4 身為主管領導與管理的51個分析管理工具、技能與觀念 Part IV

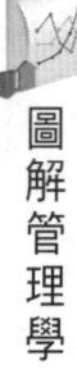

二十六.賽局理論分析法（Game Theory）

(一)做任何決策前，總要想到主力競爭對手現在怎麼樣？未來會如何？我們要怎麼做？對手會如何反應？我們第二步、第三步又該如何因應？

(二)與競爭對手可以採取既競爭又合作的策略（即競合策略）。

二十七.做事思考的6W／3H／1E分析

(一)6W：What（做什麼）、Why（為什麼如此）、Who（誰去做）、Whom（對誰做）、Where（在何處做）、When（何時做、何時完成）。

(二)3H：How to do（如何做）、How Much（花多少錢）、How Long（做多久）。

(三)1E：Evaluation（評估）。

二十八.成本／效益分析法

凡事做之前，要先想想做此事的成本（Cost）與效益（Effect）的比較如何。當效益大於成本就值得做；反之，則不能做。

二十九.有形／無形效益分析

有形效益即具有明確數字的，可以算出來的；無形效益則不易算出來的，但也算效益評估的一種。

三十.Priority分析法（輕重緩急）

Priority（優先性）：企業面對內外部環境變化與因應對策，必須考量事情的優先順序；凡是影響重大的、迫切的、必須馬上解決的，就列為優先處理事項。

三十一.戰略與戰術區分分析法

經營企業面對領導與管理時，必須區分這是戰略觀點或是戰術觀點。

(一)戰略觀點：要看得高、看得遠、看得廣、看得深，看的是長期影響及大格局。

(二)戰術觀點：則是看得短些、看得窄些、看得淺些，看的是短期影響與較小格局。

三十二.目標管理法（MBO）

MBO（Management by Objective），即是指公司、事業部、各部門、各單位、各業務人員都必須設立各自應達成的目標數據，然後依照考核追蹤，是否如期達成目標數據。凡事要先訂定目標，然後才易於管理。

賽局理論分析法（Game Theory）

1. 首先在做任何決策前，總想到主力競爭對手目前如何？未來會如何？應如何應對？對手會如何反應？第二步、第三步又該如何因應？

2. 競合策略——即與競爭對手可以採取既競爭又合作的方式。

做事思考的6W／3H／1E分析

6W

1. What（做什麼）
2. Why（為何如此）
3. Who（誰去做）
4. Whom（對誰做）
5. Where（在何處做）
6. When（何時做、何時完成）

3H

1. How to do（如何做）
2. How Much（花多少錢）
3. How Long（做多久）

1E

1. Evaluation（評估）

知識補充站

賽局理論

賽局理論又稱「博奕理論」(Game Theory)或「互動決策理論」，是一種策略思考，即一群決策者在做決策時，對所面臨的問題與戰略行為，所進行的一套有系統且強有力的分析工具方法。賽局理論提供了一套系統設定的數理分析方法，讓決策者在謀求利害衝突下，做最適當的因應策略，透過策略推估，尋求自己的最大勝算或利益，進而在競爭環境中求生存。

Unit 15-5 身為主管領導與管理的51個分析管理工具、技能與觀念 Part V

三十三.市場法則與邏輯分析（Logical）

(一)市場法則就是通常市場同業或是異業，他們是怎麼作法？為何要如此作法？他們的成功，一定有其合理性（Make-sense）與共識性存在。不能違背這種市場法則。

(二)所謂邏輯分析，就是看待事情、詢問事情、思考與分析問題，必須合乎邏輯性，若不合乎邏輯性，可能就不是正確的解決之道。

三十四.Show me the money（要賺錢、能賺錢）

任何一位老闆重視的各種分析報告、企劃報告、檢討報告及創新報告，重要的是他們背後一定要帶有「Show me the money」，才是一份好的報告。

三十五.團隊決策討論法

團隊決策討論法（Group Decision-making）即現在的任何決策，大部分已是團隊討論後的決策；團隊成員有其不同的歷練、專長、觀點與立場，故統合團隊成員的討論、意見與智慧，優質的人才團隊，將是一個比較妥善周延與正確的決策。

三十六.優質人才團隊

(一)企業經營成功與致勝的最根本核心本質，就在於「要有優質的人才團隊」。

(二)包括優質的研發、設計、採購、製造、品管、倉儲、物流、銷售業務、行銷企劃、財務會計、人資、總務、法務、客服中心、售後服務、稽核、資訊、商品、經營分析、經營企劃等。

(三)所以，公司會經營不善、虧損或成不了大公司，除了老闆因素外，就是缺乏一個優質的人才團隊。

三十七.關鍵成功因素分析（K.S.F）

K.S.F（Key Success Factor）是指經營任何企業或行業，一定會有其關鍵成功因素。若能從K.S.F 下手分析，就可以知道公司應該如何做才會成功。公司要勝出，就一定要努力打造及強化這些K.S.F。

三十八.豐田汽車創辦人：重複問五次「為什麼」？

發掘隱藏的真正問題

為什麼？		原因
(1)	←	
(2)	←	
(3)	←	
(4)	←	
(5)	←	

追根究柢，找出問題背後的問題。

多重方案比較

分析及選擇（Alternative Plan）

遇到重大決策問題，應該要以不同的角度、不同的觀點、不同的條件，提出多重方案（甲案、乙案、丙案）提供作為比較分析及最後的抉擇。

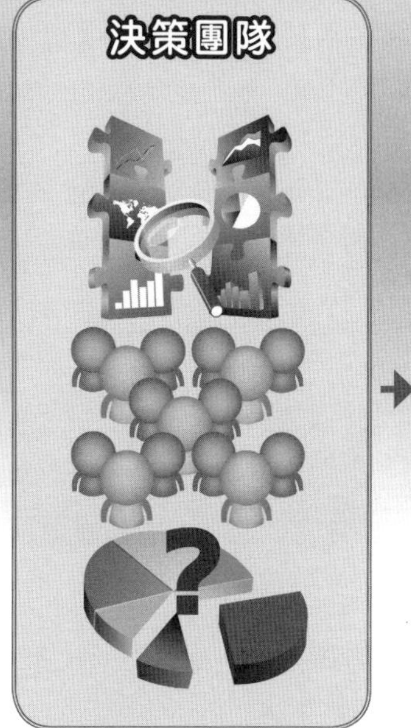

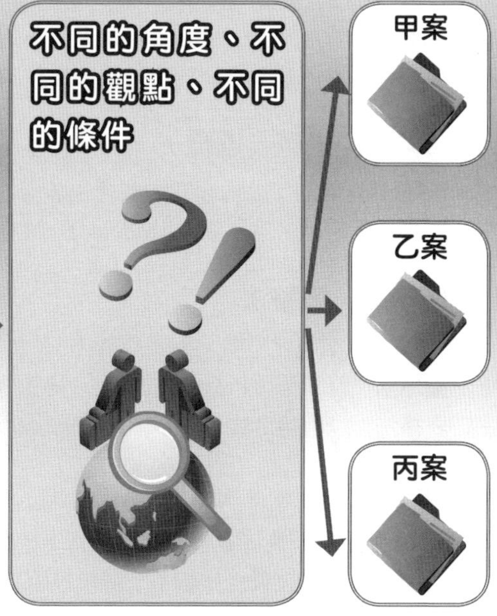

知識補充站

關鍵成功因素分析（K.S.F）

關鍵成功因素分析（Key Success Factor, KSF）是指經營任何企業或行業，一定會有其關鍵成功因素，此成功因素將可提升企業的競爭能力，使企業在同質性產業中勝出。例如：家樂福量販店，以大量進貨方式取得與供應商議價的優勢，大幅降低每種品項的進貨成本，此低成本策略即是家樂福在量販業中的主要競爭優勢，也是關鍵成功因素之一。

貼心叮嚀

1.賈伯斯說：「求知若渴，虛懷若谷」。
2.紀律很重要，有紀律性的學習、有紀律性的進步、有紀律性的目的，最後一定成功。
3.把握現在，投資未來。
4.每一天學習一件事、一個觀念，一年就有365件事及觀念，十年就有三千多件事及觀念。這些事及觀念，終有一天在工作上會用得到。

Unit 15-6 身為主管領導與管理的51個分析管理工具、技能與觀念 Part VI

三十九.多重方案比較：分析及選擇（Alternative Plan）

遇到重大決策問題，應該要以不同的角度、不同的觀點、不同的條件，提出多重方案（甲案、乙案、丙案）供作為比較分析及最後的抉擇。

四十.Trade-off（抉擇、選擇）

公司資源是有限的，公司面對的環境是多變的，公司的對策也可以是多種的；但是最終只能擇一而定時，就必須做Trade-off，然後堅持下去。

四十一.圖示法、表格法

圖示法、表格法遠比一堆文字表達為佳：

(一)圖示法：條形圖、Pie圖、曲線圖、邏輯樹圖、魚骨圖等各種圖示法。

(二)表格法：以表格方式，表示出數字的變化、百分比的變化、結構比的變化。

四十二.3C分析法

(一)Consumer：消費者分析、顧客分析（了解顧客需求）。

(二)Competitor：競爭者分析（了解競爭對手狀況）。

(三)Company：公司自我條件分析（了解自己狀況）。

四十三.顧客導向／市場導向分析法

Consumer Orientation（顧客導向）是一切企業經營與市場行銷問題解決的核心本質所在。公司是為了顧客而存在，贏得顧客，公司才能存活下去。

四十四.知識→常識→見識→膽識分析法

(一)知識：課本、書上的學問與知識必須足夠。

(二)常識：除了自己事業的知識與技術之外，必須還有其他多元面向的常識，要多觀察、多與別人交談、多看電視、多看書報雜誌、多上網查詢瀏覽。

(三)見識：多歷練、多做事、不經一事不長一智，真正做過一遍後，才會有真正的體會，並成為自己的能力。

(四)膽識：前三者都具備了之後，就會有膽識、就會當機立斷、就會做出正確決策、就會有直覺觀、就會有勇氣面對一切變化。

四十五.廣度、高度、深度、遠度分析法

各層主管發現問題、分析問題及解決問題，必須站得高、看得遠、看得深，才能夠領導企業走得長遠。

圖示法

條形圖

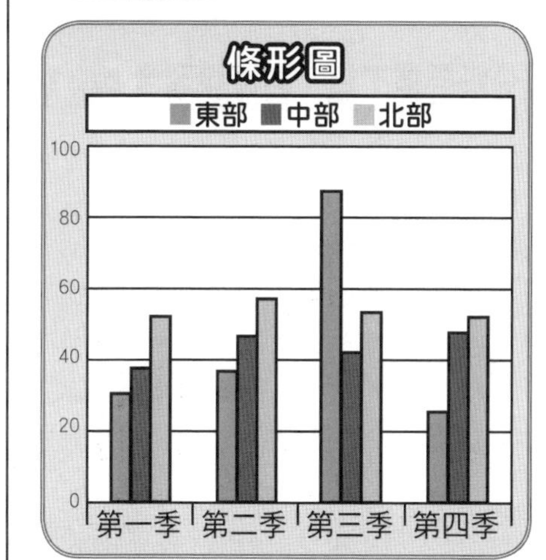

Pie圖

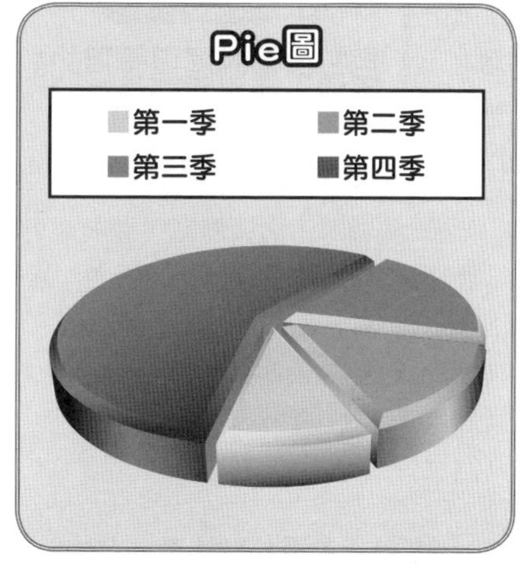

曲線圖

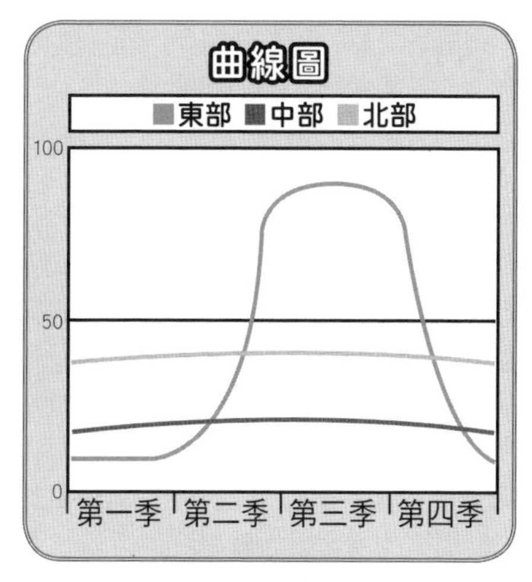

邏輯樹圖

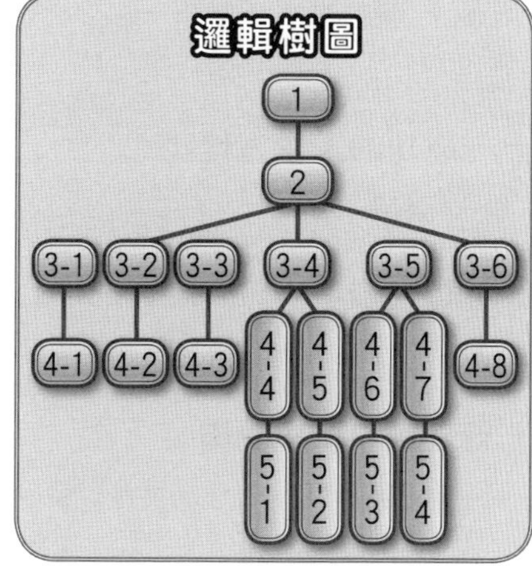

魚骨圖

C.保存設備不佳
A.產品不合標準
無空調設備
未依驗收標準實施
易被老鼠入侵
產品規格不明確
藥品日耗損率過高
取擷藥品
通風不佳
取用時間
未冷藏
D.人為作業疏失
B.保存方式不良

表格法

	第一季	第二季	第三季
每股盈餘	12.95	20.65	22.03
營業毛利率	10.05%	19.60%	21.35%
稅前淨利率	7.5%	10.3%	13.8%

Unit 15-7

身為主管領導與管理的51個分析管理工具、技能與觀念 Part VII

四十六.獨立思考能力分析法

身為一個領導者與管理者，要多思考、要建立自己的獨立思考能力，不要人云亦云，毫無自己的見解、分析與判斷力。獨立思考能力包括：

(一)要周延、要完整、不要缺漏。

(二)要全方位、要各面向。

(三)要有自己的想法。

(四)要深度看問題。

四十七.知識＋經驗＋思考＋常識

知識＋經驗＋思考＋常識→最終，要能融會貫通、舉一反三、無所不至、直觀力（直覺力）。

四十八.成功的人生方程式

說明如右頁圖示。

四十九.鎖定強項、做有勝算的事

找出自身強項，專注最有勝算的事。企業經營是如此，個人職業生涯亦是如此。

五十.管理＝科學＋藝術

就企業實務來說，管理其實是二個組合而成的內涵。包括：1.理性的科學；2.感性的藝術。理性是針對事情的管理，而感性是針對人的管理；也就是我們常講的「做人，做事」的道理。一個管理者若能兼具理性科學與感性藝術，其做人做事必會成功。

五十一.會議召開法（給予各部門、各級主管適當壓力）

(一)全公司每週一次召開一級主管會報（會議）。

(二)業務部（營業部）每天傍晚召開內部會議。

(三)跨公司每月一次關係企業資源支援會議。

(四)海外子公司（公司、工廠）每週一次主管會報（視訊電話會議）。

(五)其他各部門內部定期或不定期機動會議。

(六)會議召開目的：主管及老闆追蹤工作執行狀況，以及檢討營運績效與研討對策。

廣度、高度、深度、遠度分析法

各層主管發現問題、分析問題及解決問題，必須站得高、看得遠、看得深，才能夠領導企業走得長遠。

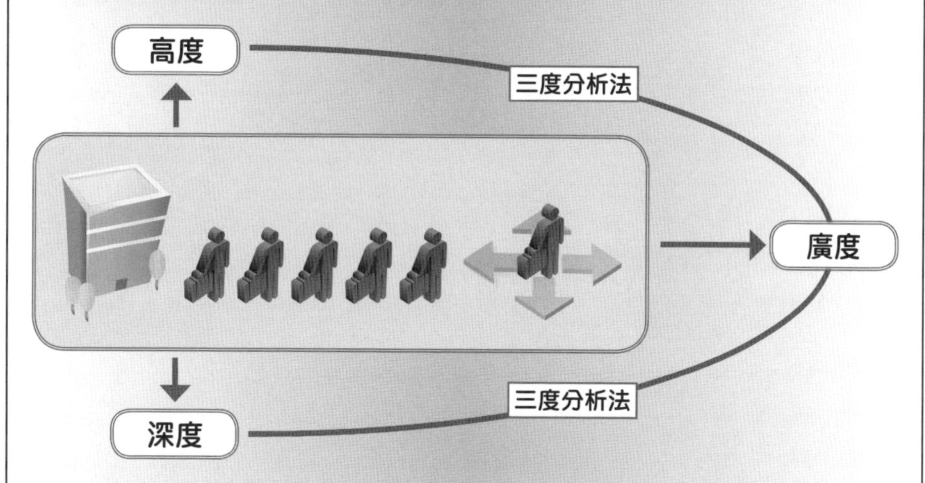

1.看得遠（勿短視）
2.站得高（要有高度、勿矮化）
3.看得深（勿淺度、膚淺化、表面化）

成功的人生方程式

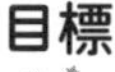

目標

不斷設定目標

＋

能力

高能力

＋

觀念

正確觀念

＋

熱情

極度熱情

＋

專注

專業

管理＝科學＋藝術

管理

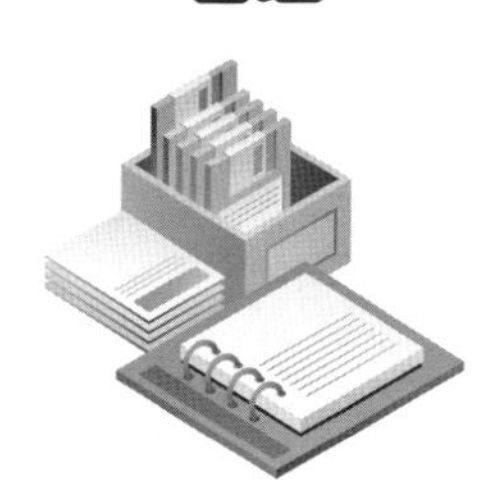

＋

科學

（數字管理）
（數字會說話）
（資訊化）
（標準化）
（制度化）

＋

藝術

（人性化）
（做人處事道理）
（良好人脈存摺）

第16章

最新管理趨勢

章節體系架構

Unit 16-1 CSR與ESG永續經營管理趨勢

一.什麼是CSR

1.CSR(Corporate Social Responsibility)是企業社會責任的簡稱，就是指企業應該本著「取之於社會，用之於社會」，不光只是替大股東、大老闆賺錢而已，而且還更要對社會、對環保、對弱勢贊助有所貢獻。

2.由於資本主義過度發展，使企業規模日益擴大，企業不能只是一味要求賺更多錢而已，而是必須兼顧更多相關的利害關係人，包括：員工、客戶、供應商、消費者、國家、自然環境等。

3.沒有落實企業社會責任的企業，如今，已很難再獲得社會大眾及廣大消費者的認同。

二.ESG又是什麼

1.自2015年起，企業必須重視CSR的呼聲響起，到2020年之後，全球又更進一步擴展到企業必須重視ESG了。

2.所謂ESG，即是企業必須用心、努力做好。

・E：指Environment，環境保護。

・S：指Social，社會關懷與社會贊助。

・G：指Governance，公司治理。

3.做好ESG的企業，才會被認為是能夠：永續經營的優良好企業。

三.EPS+ESG二者並重

過去，長久以來，衡量一家好企業，總是以能創造多少營收額、多少獲利及多少EPS（每股盈餘）為最重要指標。但到了2020年之後，社會大眾及投資機構衡量一家好企業，是否能夠永續經營，則以ESG為衡量。因此，今後的優質好企業必須同時做好：

四.做好ESG對企業的好處

綜合各界的觀點，大型上市櫃公司做好ESG之後，可產生下列幾點好處及優點：

1.強化投資人對企業的信任：上市櫃大公司，最重要的是，必須獲得社會廣大小股東及投資機構的信任，才能把生意長期的做好、做大、做久，信任是很關鍵的經營核心。

2.提高股價：CSR及ESG執行良好的企業，會在資本市場（上市櫃市場）受到國內外投資機構的認同及購買，因此，股票價格及市值都可以獲得上升，這也是企業的一種重大收穫。

3.永續經營：重視並實踐CSR+ESG的企業，比較受到社會大眾及投資大眾的支持，更可以朝向永續經營。

4.塑造企業良好形象：企業若能得到龐大股東大眾及消費大眾的信任、信賴，自然就能塑造出良好的企業形象，這對企業的永續經營也會帶來正面助益。

5.提升競爭力：做好ESG，等同就會為企業帶來它在市場上的競爭力，這又進一步強化企業的長期成長性及長期獲利性的保證。

6.增加員工向心力：重視ESG的企業，也必然會重視它對員工的工作環境改善及薪資福利的加強提升，這都有助於增加員工向心力，降低員工離職率，使工作效率又進一步提高。

五.CSR及ESG報告書

全球各先進國家，包括臺灣，都會要求主要的上市公司，每年都要推出撰寫：「CSR報告書」（企業社會責任報告書）；臺灣目前已在落實執行中。但，未來趨勢是要求自2023年開始，上市大型公司，每年都要推出撰寫更進一步的「永續發展報告書」（ESG報告書，Sustainability Report）

ESG報告書

- 環境保護
- 減碳
- 減少汙染
- 減少廢棄物
- 氣候變化注意

+

- 社會關懷
- 贊助弱勢
- 保護勞工
- 社會參與
- 救濟貧苦

+

- 公司公開、透明、正派經營
- 不能炒股票
- 不營私舞弊
- 企業永續經營

做好：ESG

優質好企業

做好ESG對企業的好處

1.可強化投資人對企業的信任
2.可提高股價
3.可永續經營
4.可塑造企業良好形象
5.可提升競爭力
6.可增加員工向心力

Unit 16-2 敏捷型組織與管理

一.企業面對巨變的環境

(一)現在全球企業都面對了一個VUCA的環境，即：

1.波動 (Volatile)：變化速度加快。

2.不確定 (Uncertain)：缺乏可預測性。

3.複雜 (Complex)：因果關係相互關連性複雜。

4.模糊 (Ambiguous)：事件本身模糊不清。

(二)企業面對VUCA巨變環境，使得企業經營的風險升高，企業不再一帆風順、企業面對更多的挑戰及更多的困境。

二.組織敏捷性 (Organizational Agility)

1.敏捷性是什麼？最簡單的定義就是：企業針對環境變化，必須進行快速偵測及快速回應，才能維持其市場地位的一種組織能力。

2.企業組織面對快速變化的外部環境，迫使企業必須快速回應及快速應變，因此，愈來愈多企業開始重視它們內部組織體的「組織敏捷性」(Organizational Agility) 及「敏捷能力」。

三.企業面對哪些環境的變化

到底，現今企業面對全球及國內哪些環境的快速變化呢？如下：

1.疫情變化；2.科技／技術突破變化；3.少子化變化；4.老年化變化；5.全球局部戰爭變化；6.中美兩大強國政治、軍事、經濟變化；7.跨界競界變化；8.政府政策／法令變化；9.全球供應鏈變化；10.貧窮人口愈多變化，社會對立變化；11.全球通貨膨脹變化；12.升息變化；13.全球經濟景氣變化；14.全球減碳環境變化。

四.從七大面向實踐敏捷性管理

企業面對多變、巨變的環境，應儘速打造出敏捷性的組織及建立敏捷性的經營管理文化出來。因此，企業可以從下面七大面向，加速實踐敏捷性管理。

1.組織結構 (Organization Structure)：如何使組織結構更加扁平化、短小化、分散化、分權化、加速化、層級減少化、官僚批示減少化。

2.人員 (Employee)：如何使全體員工建立起敏捷管理及敏捷經營的思維、理念、信念、指針，從思想到行動，都要切實落實貫徹，人員能改變了，企業自然就會改變了。

3.制度 (Systems)：如何在企業營運的各種制度、規章、辦法都能加以敏捷化。要儘力掃除太複雜、太干擾、太不當的、過時的各種制度，不要被制度綁住了。因此，制度必須改變、改良。

4.作業流程 (Operation Process)：舉凡採購、生產／製造、品管物流、新產品開發、技術研發、售後服務、門市銷售、舖貨上架等內部作流程，都必須加以敏捷化、精簡化、效率提升化、自動化、用人減少化等。

5.策略 (Strategy)：在制定策略方向、方式、分析等選擇時，也必須加快敏捷化，不必討論及思考太久；策略萬一有錯，也可以快速修正過來，但不能拖太久不訂下未來應走的策略。

6.決策 (Decision-making)：舉凡研發決策、新產品決策、製造決策、業務決策、行銷決策、服務決策、人資決策、競爭決策等，都必須加快速度，不能延滯不決，也不能議而不快，決策趕快做下，可以邊做、邊修、邊改，直到決策正確、精準、有效果為止。

7.科技應用面向 (Technology)：要達成敏捷經營，必要要的資訊IT、人工智慧AI、自動化科技、大數據……等科技工具、方法、系統都必須有效的導入，才可以加速達成敏捷化經營與管理的目標。

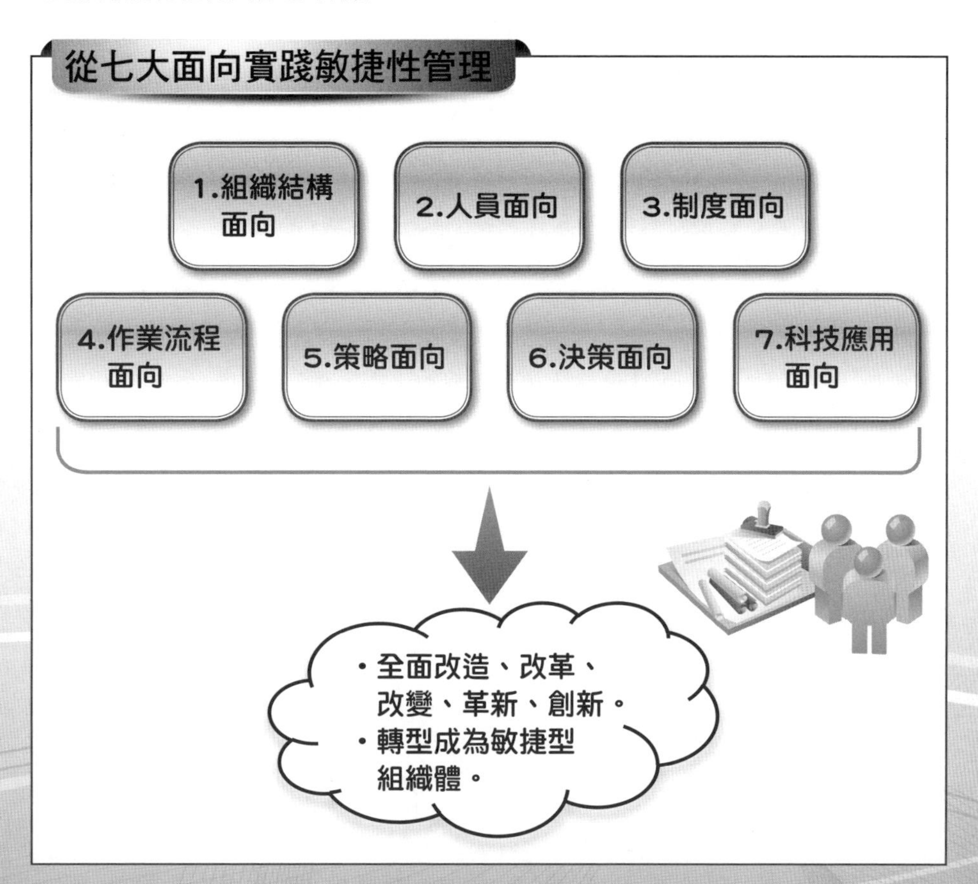

第 17 章

日本第一名便利商店7-11的經營管理智慧

章節體系架構 ▼

Unit 17-1 日本7-11前董事長鈴木敏文的經營智慧

一.面對變化，經營原點就在於徹底實施基本工作

如何站在顧客立場思考的理念，落實在第一線管理。

二.董事長每日主持試吃大會

(一)鈴木敏文董事長每週一到週五，一定在公司會議室舉行試吃大會；試吃大會已三十五年了沒停止。

(二)董事長試吃大會給每一個開發商品的員工帶來壓力，並且都戰戰兢兢，不能出錯，也不能降低要求的標準。

(三)鈴木敏文堅持對品質不能妥協，一旦妥協，進步就停止了，一切都結束了。

三.第一講：我不分析過去的成功

(一)經驗雖可學習，但也有束縛人的一面，在現代是成是敗，取決於精準掌握變化到什麼程度。

(二)永遠一發現變化，馬上調整作法，甚至不惜調整整個組織面貌來適應。

(三)我不分析過去的成功經驗，我只看現在的變化，隨時鍛鍊自己。

(四)很多企業為什麼會失敗？那是因為看不到外面的狀況；只有能真正看透變化，可以對應顧客需求的企業，才能存活下去。

(五)就我來說，我不會用過去的標準來看，我只用「現在的社會，現在的變化，應該要怎麼辦？」這樣的看法去挑戰。

(六)人都有二種思考模式，一種是思考「過去都是怎麼做的」；另一種則是對未來有一個藍圖，然後思考「現在想要怎麼做」，我大概是後者。

(七)我個人一直都是每天認真過每天的生活，抓住眼前每一個機會，想辦法一一將它們實現而已。

四.第二講：朝令夕改學

(一)過去要是有人推翻自己的前言，就會被說是沒有判斷力；現在，環境一變，如果不趕快改，就會被淘汰。

(二)在這個變化的時代，不如先鍛鍊隨時都能夠因應變化的企業體質。

(三)經營原點在徹底實踐基本的工作，只有做好基本工作，才可能因應變化。

日本7-11集團一向以「因應變化」為公司的口號，只有不斷變化的顧客需求，才是我們真正的競爭對手。

(四)如果能把隨時變化的顧客需求，視為競爭對手，競爭就不會有結束的一天。

(五)「顧客」是所有信念的最根本。

五.第三講：不當組織內的乖小孩

(一)只要是對的事，就必須堅持到底，即使是周遭的人反對，不管是什麼職位，都必須勇敢主張自己的意見。

(二)大家認為不行的地方，才有機會及價值。

(三)上司應該要扮演指導的老師，用教導方式去教導部屬，而不是監督的警察。

(四)一句話就是：掌握這個時代的本質，換句話說，就是要「掌握變化」，不要怪罪不景氣！

(五)要觀察社會結構改變，不斷發展新產品。

(六)所有企業持續改善，最終的起點，都是「顧客的觀點」。

(七)在面對少子化、高齡化、全球經濟景氣不振的變動時代中，每天都是決勝關鍵。

(八)重點是如何隨著變化去做改變；還有，我們能不能真的回應顧客的需求。

(九)抓住消費者，就抓住勝算。

六.第四講：都在談顧客需求

(一)日本7-11總公司服務臺的標語是：「因應變化」。

(二)「顧客」與「顧客需求」是最核心的本質觀念。

(三)沒有最終的答案，但永遠有最好的答案。

日本7-11董事長經營四課程

經營4課程

1. 我不分析過去的成功
2. 朝令夕改是對的
3. 不要當組織內的乖小孩
4. 一定要多談顧客需求

最核心本質觀念：顧客

企業經營
最核心本質

顧客

顧客需求

統一超商如何挖掘出消費者的需求

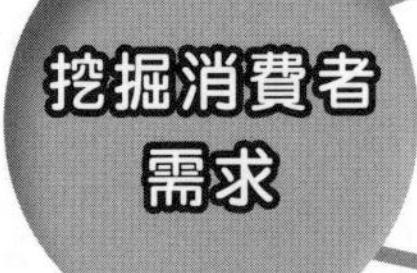

挖掘消費者需求

1. 強大的POS系統（即時銷售情報系統）。
2. 經常走訪海外，如日本、美國、歐洲、韓國、大陸等，觀察他們的最新發展趨勢，推測臺灣的未來。
3. 各單位人員主動用心，用心，就能找到用力之處。

第18章

台積電前董事長張忠謀經營管理學

章節體系架構▼

Unit 18-1 台積電前董事長張忠謀經營管理學 Part I

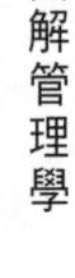

一.企業最重要的三大根基：願景、企業文化與策略

(一)願景（Vision）：

企業領導人必須要清楚的知道公司的願景目標（Vision），否則被員工問到而答不出來的時候，大家會覺得公司沒有目標。

因此，一家公司的總裁或負責人不妨可以想想，找出一個高層次的，可以讓員工視為長遠的目標，至少是十年、二十年可達到的目標。願景應該把員工心中的目標更提高一層，是比較深遠的。

在1996年時，張忠謀為台積電設定的願景，是：「以我們的管理原則為基礎，成為世上首屈一指的虛擬晶圓廠。」到了最近，他又為台積電設立新願景：「要做世上最有聲譽，最服務導向的專業晶圓代工廠，對客戶提供全面的整體利益，因此也贏得最高獲利的公司。」

(二)企業文化（公司價值觀）

張忠謀認為企業文化是公司重要的基礎，如果一家公司有很好、很健康的企業文化，即使它遭遇挫折，也會很快再站起來。

講到公司的企業文化，張忠謀列出台積電10大經營理念：

1.堅持職業道德

2.專注晶圓代工本業

3.國際化放眼世界

4.追求永續經營

5.客戶為我們的夥伴

6.品質就是我們的原則

7.鼓勵創新

8.營造有挑戰性及樂趣的工作環境

9.開放式管理

10.兼顧員工及股東權利並盡力回饋社會

(三)策略：

公司策略，就是公司應該走的方向及作為，時間可以比願景短一些，但也不能每年再改，一個不錯的策略，應該可以五年不改。

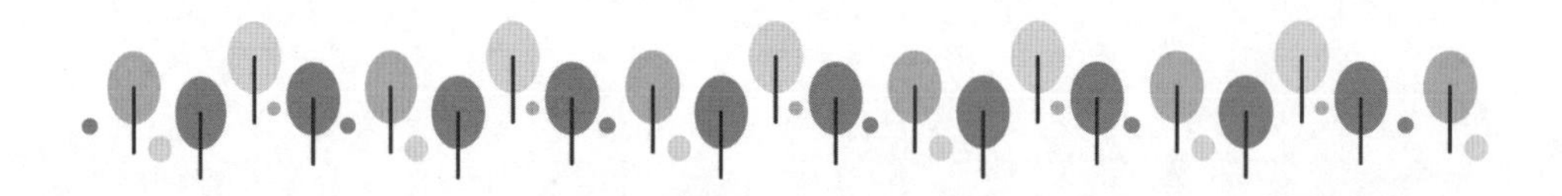

台積電：企業最重要3大根基

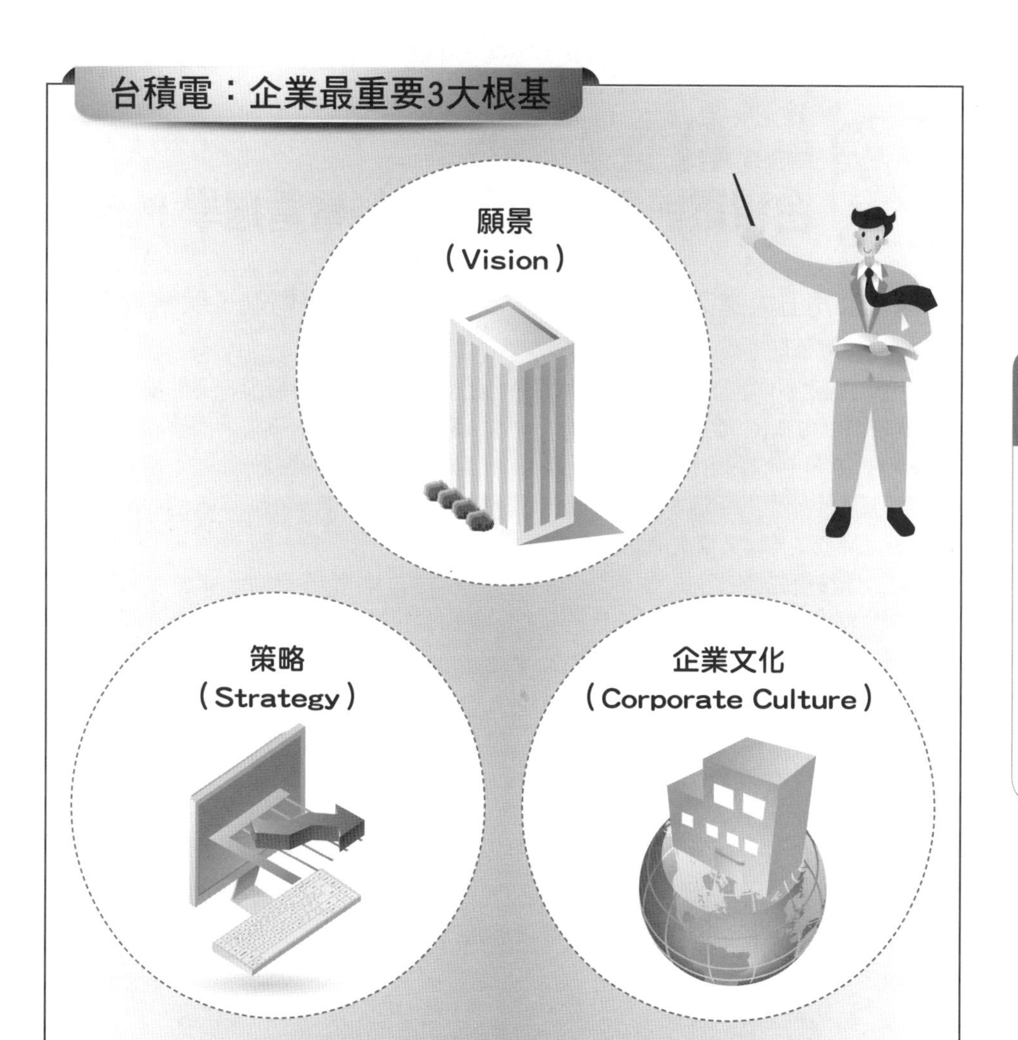

台積電：企業願景

Vision：
「要做世界上最有聲譽、第一大，
且最服務導向的專業晶圓代工廠，
對客戶提供全面的整體利益。」

Unit 18-2 台積電前董事長張忠謀經營管理學 Part II

一.建立公司五大進入競爭障礙：成本、技術、智慧財產、服務與品牌

(一)比成本低！

張忠謀認為，在公司策略中一定要建立競爭障礙，競爭障礙最普遍的就是成本。比成本低，的確是一種競爭障礙，但以成本為障礙是很辛苦的事業。即使成本比別的競爭者低很多，就算低10%、15%已經很不容易了，但這標的百分比並不能算是有利的競爭優勢。如果對手要讓這公司頭痛而採取虧本削價策略，那可以賺的利潤就更低了，所以降低成本並不算是個好的競爭障礙。

(二)比技術先進！

第二種競爭障礙就是擁有先進的技術。這只是少數人擁有的競爭障礙，可以給技術先進者一個訂價權，一個公司如果持續有新的產品出來，運用先進的技術，例如英特爾、微軟、輝瑞藥廠等都是這樣的公司。

(三)智慧財產權（IP）

第三種競爭障礙就是法律上的專利權（Patent Right），也就是一段常說的智慧財產權（Intellectual Property Rights；IPR）。IP專利權可以讓這些廠商自先進技術得來的競爭優勢更為穩固，因為競爭對手是不能侵權的。

(四)服務

客戶關係的競爭障礙，不一定需要先進的技術，但是客戶的信賴感很重要。

台積電一直希望將客戶關係建立為競爭優勢，但這種客戶關係不是與他們打打高爾夫球、送送禮就能建立的，而是靠忠誠的服務，讓客戶對該公司很放心，才願意接受他的服務。

(五)品牌（聲譽）

聲譽也是一種競爭障礙，這種競爭障礙也包括品牌。有很多歐美名牌車、名牌精品，價格高昂但仍賣得很好，這就是由於品牌的緣故。英特爾有很高的知名度，顯示該公司也將電腦晶片做出品牌來了。

台積電：進入競爭障礙的5大要素

1.成本

2.技術

3.智慧財產

4.服務

5.品牌

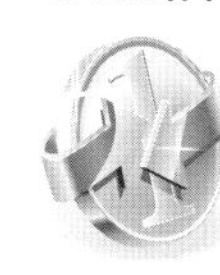

領先的營運

台積電：先進、領先的技術

- 先進技術
- 領先技術

- 創造更高附加價值
- 創造唯一性
- 致使客戶依賴您

Unit 18-3 台積電前董事長張忠謀經營管理學 Part III

(一)董事會是公司治理之樞紐

良好的公司治理，第一步應有獨立、認真、有能力的董事會，是獨立於大股東，獨立於經營階層，而忠於全體股東的。

董事會應至少有過半以上的董事，是獨立董事，事實上，歐美許多董事會，幾乎除了CEO外，所有董事都是獨立董事。

為什麼要有獨立董事會？為了保護小股東權益，董事會不應該讓大股東，拿到他們股權比例以上的公司利益。

(二)怎麼才是認真的董事會？

嚴肅對待它的責任，就是認真。董事會第一個責任是監督。它必須監督公司手法、財務透明，及時宣告重要訊息，沒有內部貪汙等。為了善盡監督責任，董事會必須建立組織與管道，例如：審計會委員會及應酬委員會。

董事會第二個責任，是指導經營階層。包括三者備諮詢、鼓勵及警告，請注意，被諮詢是一個權力，也是一個責任，為了執行這三權，董事會應花費相當多時間聽取經營階層的報告，也應花相當多時間與經理階層對話。

董事會可以聘僱經理人，也就是董事會第3個責任。（3個責任：監督、指導、聘僱經理人）

(三)董事長的角色是什麼？

有能力的董事，推舉出一個領導人，即董事長，就成為有能力的董事會。

董事長領導董事會，他不能命令董事們，也不能罷免他們，但他必須用他的智慧、判斷力、說服力，領導董事會。沒有領導，董事會就會群龍無首，也就不能盡他們對全體股東之責，所以董事長角色非常重要。

(四)董事會是否該制定公司的策略

策略有無可比擬的重要性，對的策略是成功的一半。經理人必須對董事會提擬策略，董事會必須判斷這是高成功機率的策略。董事會也必須經常檢討策略的進展，而且有需要時，督促經理人要作調整。

在經理人部門擬定策略時，董事會應該充分運用三權：監督、報導、聘僱經理人。

台積電：董事會3個責任

1.監督

2.指導

3.聘僱經理人幹部

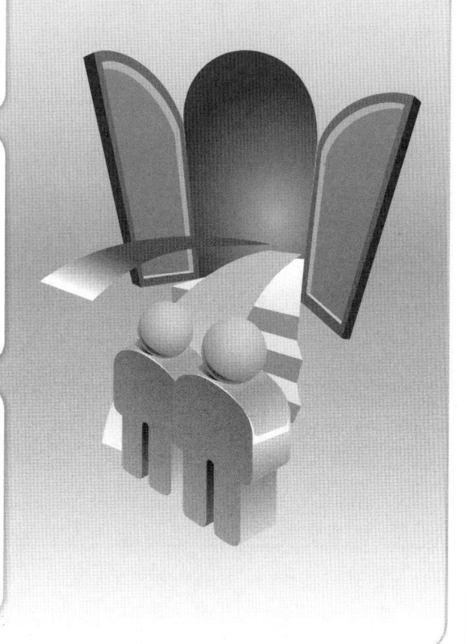

台積電：良好公司治理，應有獨立董事會

良好的公司治理

應有獨立、認真有能力的董事會
董事會應選出有能力、肯負責的優良董事長。

Unit 18-4 台積電前董事長張忠謀經營管理學 Part IV

(一)觀察、學習、思考與嘗試——經理人應該培養的終身習慣

張忠謀表示，我現在想做的事情，是要培養你們觀察、學習、思考、嘗試的習慣，而這也是一位經營管理者始終追求的事情。

張忠謀表示，他的興趣很廣泛，包括政治、經濟、文化等方面，其實這些都是經營管理之學，需要隨時自我革新。他很希望大家養成思考的習慣，想、想、想，IBM公司喊出think的口號是很有道理的。

張忠謀希望能啟發大家的智慧生活；所謂思考步驟，就是指觀察、閱讀、學習及思考。以他自己的習慣，觀察的功夫用在工作上大概占三分之二，工作以外事物的觀察占三分之一。

張忠謀表示學習是觀察加上閱讀的結果，至於思考是最重要的。所謂一個世界級的企業，就是一直在學習思考的企業。

(二)流體型組織，可互相參與的開放環境

張忠謀認為金字塔傳統組織有一個缺點，就是企業的層級越多，主管的附加價值就越低。他喜歡採用扁平化組織，經常是十幾個人向一個人報告；還有一種張忠謀所謂的「流體型組織」，就是同層級的人可以管別人的是互相參與的管理，可以建立開放的「建設性矛盾」環境，很多問題都可以在同一層級之間解決，總經理最好不要管太多事，要多花時間用在思考未來上。如果一個組織裡的每件事都要報告上司才能獲得解決，會浪費很多時間。

張忠謀認為一個公司的董事長要花75%的時間思考未來，總經理也要有50%的時間在這方面，同層級主管的工作可以互相替代。他認為這種流體型組織能夠實踐成功的話，在管理上效果會很好。

台積電：經理人應該培養的終身習慣

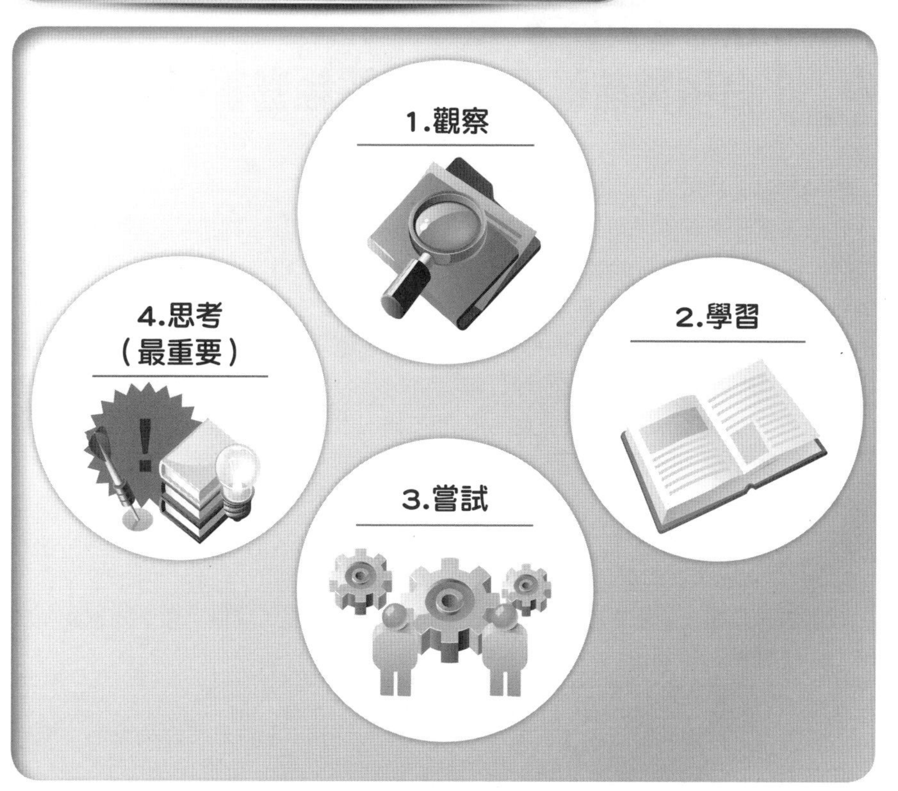

台積電：先進、領先的技術

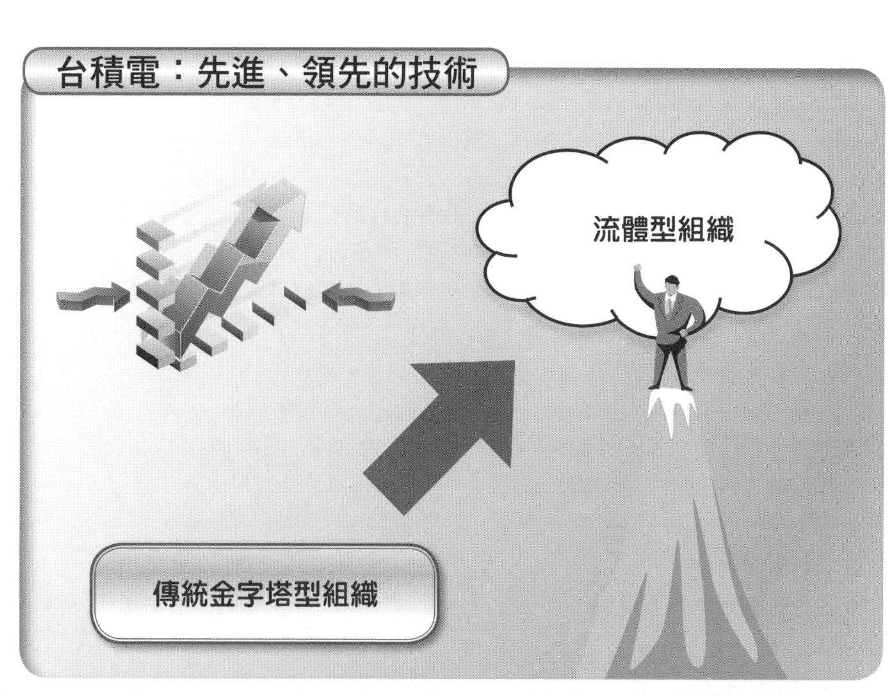

Unit 18-5 台積電前董事長張忠謀經營管理學 Part V

(一)領導人最重要的功能：給方向

張忠謀表示，有些成功的企業家曾表示，成功的領導人最重要的工作是激勵他的員工們，做一個員工的激勵者（Motivator）或是使能者（Enabler）。

張忠謀認為，領導人激勵了下屬，可是他們要做什麼事情？要往哪裡發展？這才是最重要的。領導人是要帶給他們方向的；如果僅是一位激勵者，下屬很努力在做事，可以跑很快，但也有可能在原地打轉。

他強調領導人重要的功能，是「知道方向、找出重點、想出解決大問題的辦法」，這也是檢驗一個好的領導人的主要條件。

張忠謀相信公司裡的人，如果覺得領導人的方向是對的，雖然不一定喜歡不激勵人的主管，但還是會跟隨他。

(二)成功的領導：強勢而不威權

威權領導是完全依賴權威，一種「一言堂」式的領導，這種「你不同意我，你就走路」就是權威領導。

但是，強勢領導的特質則包括：

1.對大決定有強硬的主見；2.常常徵詢別人的意見；3.對方向性及策略性以外的決定從善如流；4.不依賴權威；5.也不花費很多時間說服每一個人。

張忠謀認為，他比較喜歡強勢領導，他相信成功的領導一定是強勢領導，因為領導者要帶領公司的方向，如果沒有主見，那要領導什麼？

(三)修練領導人「器識」的基本功

CEO（總經理、執行長）的器識，就是要領導我們以建立的公司。包括：

1.對於競爭者，我們是可畏的競爭者；2.對於客戶，我們是可靠的供應商；3.對供應商，我們是合作夥伴；4.對股東，我們有最好的投資報酬；5.對員工，我們提供優質、有挑戰性的工作；6.對社會，我們是良好的社會公民。

我認為做到這樣，也就是世界級的公司。未來的領導者，他們要能夠繼續領導這樣的公司。

(四)對未來領導人的建議：

1.確認你的價值觀，包括：誠信就是價值觀之一。

2.確認你的目標。

3.在你的工作上展現最極致的能力。

4.學習比你職位高一階主管的工作，學習它。

5.培養團隊精神。

6.要能感測到危機與良機。預測危機，並趕快採取行動避免發生；認知良機，所以能善加利用。

7.永遠交出更多成果。

8.保持持續學習的能量。

台積電：領導人最重要3大功能

1.知道方向（給方向）

2.找出重點

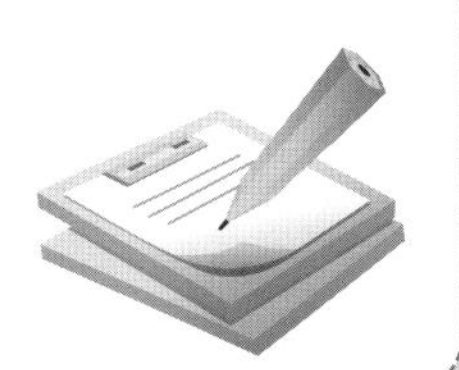

3.想出解決問題的新方法

台積電：成功的領導，強勢而不權威

威權領導

（×）

vs.

強勢領導

（◎）

第19章

提升企業員工競爭力的12項黃金守則

章節體系架構▼

一.要對環境敏銳，尋求改變

1.環境是企業經營最大的變數，企業不可能改變環境，只能應變，因此，覺察環境的變動及早因應，是企業最大的法則。

2.企業一定要對環境敏感及敏銳，並不斷尋求改變。

3.其實環境的轉變，並非在一夕之間忽然完成；在轉變之前，一定會出現各種預告及現象。如果企業對事前的徵兆不夠敏銳，無動於衷，最後總免不了措手不及。

4.企業必須對外在環境的變動敏銳，隨時對現況保持戒慎恐懼之心，在變動前察覺出危機的存在，也察覺出可能的機會，這是企業成功必要的特質。

二.要有追根究底的精神

1.追根究底是一種思考方法，也是一種工作方式，用來尋找事實真相，也用來深究工作奧祕。

2.每一件事情的背後，都有其發生的近因與遠因，如果不追根究底，無法知道事實的真相。

3.台塑集團經營只有四個字：追根究底。

4.問題背後永遠還有問題，端看我們追尋真相的態度，如果我們不求甚解，就只能得到表面的答案。

5.用在企業上的追根究底，就是不滿足於現有的成就，不斷追求更高成長的境界，最終，我們會發覺永遠都可以更進步、更成長。

三.對企業經營數字要敏感

1.企業每一個員工都必須對企業各種經營數字敏感，企業才可能有更高的成就。

2.數字也是另一種科學化的依據，習慣用數字，就是習慣科學思考與科學方法。

3.心中有數字，自然對數字敏感。

4.對數字敏感，可經由訓練、培養對數字的感覺；只要天天用、常常用，對數字就會愈來愈精準。

5.要想成為一個中高階主管，要先培養對數字的敏感度。

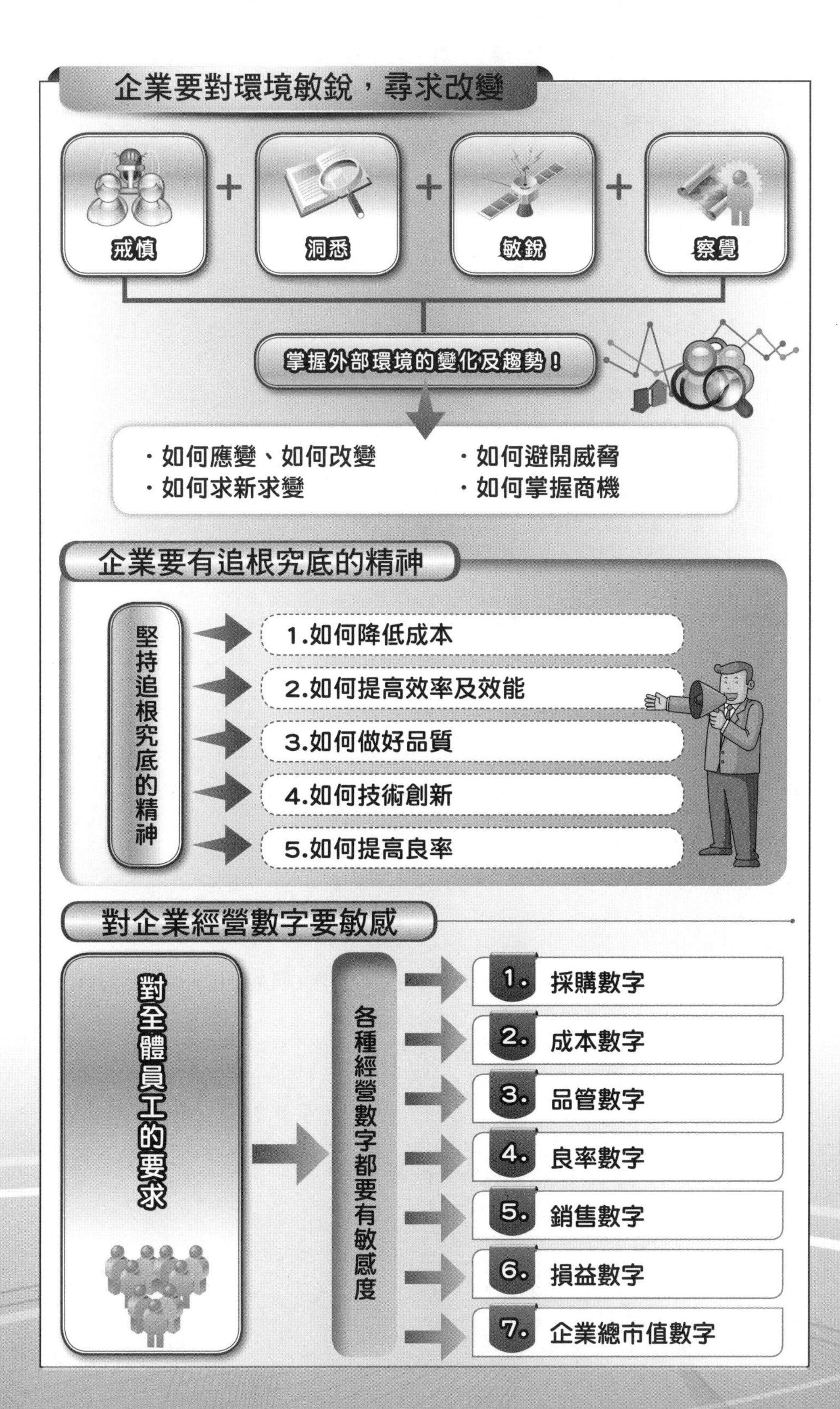
企業要對環境敏銳，尋求改變
戒慎
洞悉
敏銳
察覺
掌握外部環境的變化及趨勢！
・如何應變、如何改變
・如何求新求變
・如何避開威脅
・如何掌握商機
企業要有追根究底的精神
堅持追根究底的精神
1.如何降低成本
2.如何提高效率及效能
3.如何做好品質
4.如何技術創新
5.如何提高良率
對企業經營數字要敏感
對全體員工的要求
各種經營數字都要有敏感度
1. 採購數字
2. 成本數字
3. 品管數字
4. 良率數字
5. 銷售數字
6. 損益數字
7. 企業總市值數字

四.成為能解決問題的人

1.能解決問題的人，是世界上的稀缺人才，也是真正帶動世界向前走的人。

2.會做事只是工作者最基本的能力，如果想要成為卓越的工作者，就要能解決問題。

3.一個好的主管，一定要培養出解決問題的能力，讓自己能處理危機，扭轉逆境。

4.真正能力好的主管，會表現在迎接更高的企業挑戰目標，也會表現在能面對困境、解決問題上。

五.要做對事、找對人、撐得久

1.企業經營或創業並不是非常困難，那就是：要做對事、找到對的人，然後再堅持到底，撐得夠久，就會成功。

2.當企業面臨經營挑戰時，如何做對事、找對人、撐得久，正是逆轉勝的三段思考。

六.企業下決策，必須明快果決

1.企業有些中高階主管經常有下決策時，出現猶豫不決、拖延成習的人。企業面對所有狀況，都應該立即下決定，透過快速的執行，不斷修正錯誤，調整方向，這才是最正確的工作方法。

2.明快果決的自我訓練，第一步是不求完美，只求較佳，並認知完美的決定難以達到。

七.要用最快的速度做對事

1.決策快速，仍要配合執行的快速，才能達成最佳效果。這是一個速度決勝的時代，唯快不破；凡事必須先下手為強，而且還要先完成、先到達目的地，這才是速度決勝。

2.尤其，當一件事涉及市場競爭時，誰先推出市場，就能搶占先機，那就更要講究速度。

3.速度已經成為現代企業經營的重要變數，產品的生命週期變快、變短，市場上不斷出現新事物，決策的速度要更快，工作的速度也是提升。選擇做對的事，以及把事情做對已經不足，還要用最快的速度去完成對的事，才能趕上市場的變動與競爭。

4.每天都要想如何用更快的方法做對事。

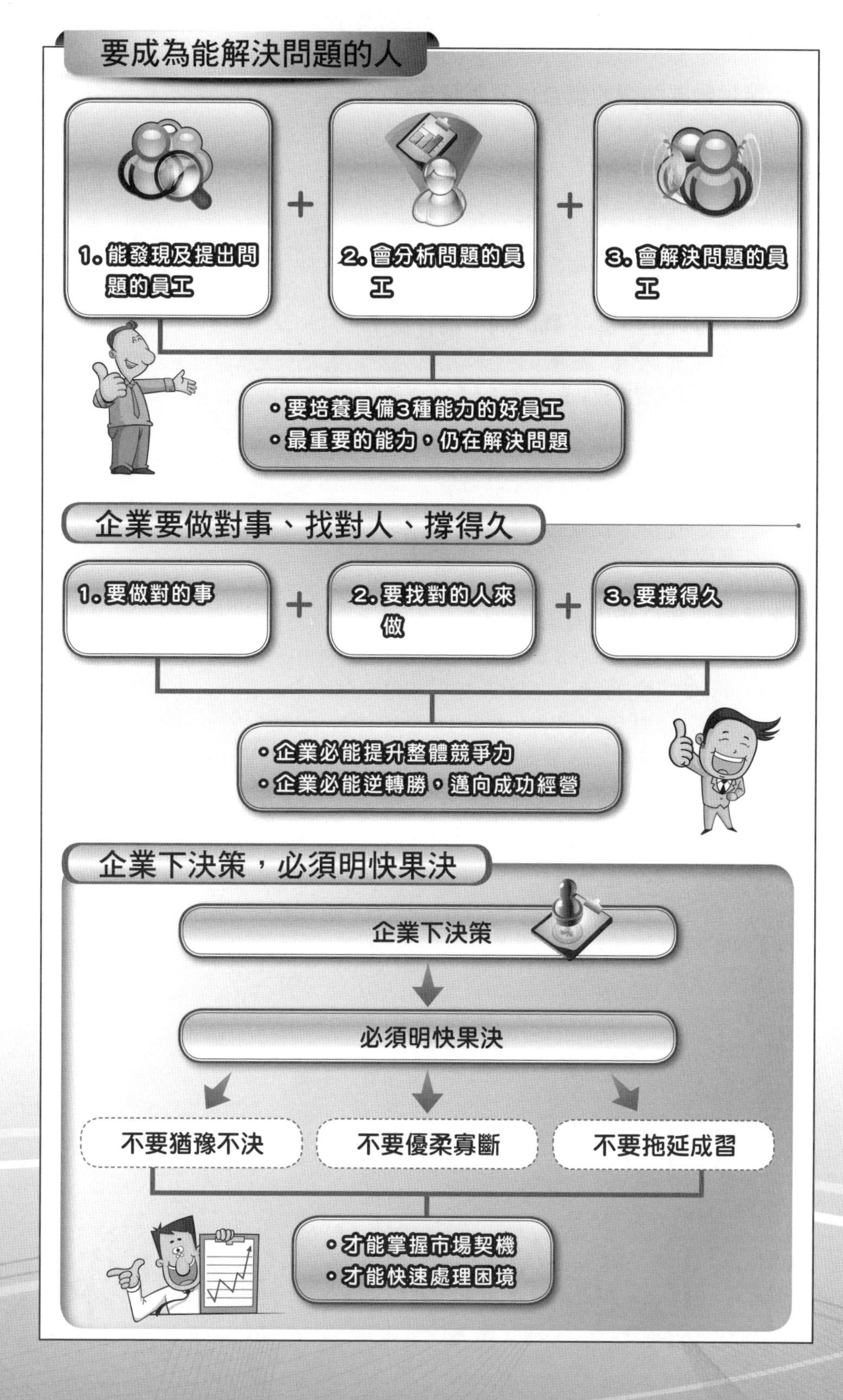

要成為能解決問題的人
1.能發現及提出問題的員工
+
2.會分析問題的員工
+
3.會解決問題的員工
•要培養具備3種能力的好員工
•最重要的能力，仍在解決問題
企業要做對事、找對人、撐得久
1.要做對的事
+
2.要找對的人來做
+
3.要撐得久
•企業必能提升整體競爭力
•企業必能逆轉勝，邁向成功經營
企業下決策，必須明快果決
企業下決策
必須明快果決
不要猶豫不決
不要優柔寡斷
不要拖延成習
•才能掌握市場契機
•才能快速處理困境

八.企業經營要強調協調合作及團隊合作

1.每個員工要成就一番事業，不可能獨立完成，事業愈大，需要的人手愈多，需要的能力愈大。因此，企業必須強調每個人及每個單位之間的溝通協調及團隊合作，才能做成大事，成就企業。

2.一個人要想有更高成就，就要集智眾力，能與他人協調合作，結合眾力為己力，才能突破個人能力的侷限。

九.企業在管理上，要不斷的問：為什麼？

1.要做到追根究底，最簡單有效的方法，就是不斷的問為什麼。不要滿足於簡單的答案，繼續從答案中找問題，持續追問，必須要能刻劃出事實的全貌。

2.不斷的問為什麼，是每一位員工非常重要的自我訓練，在每一次問為什麼時，一定要有答案，如果回答不出來，就表示這個結論沒有清楚的邏輯基礎，是不可信的答案。

3.企業在管理各種問題上，應不要滿足於簡單的答案，持續問問題，這是追根究底的基本態度！

十.企業需要會分析思考的人

1.面對任何情境，我們都要能理解，能解讀，然後再做出判斷，最後才提出我們的對應決策，而這整個過程，都需要培養分析思考的能力。

2.企業員工每個人都要學會分析思考！企業才能成為贏家。

3.分析、思考的能力，要靠長期的自我訓練，遇到每件事，都要強迫自己有看法、有答案，而要有看法，就要說得出道理，能講得出為什麼，這就是分析思考的訓練。

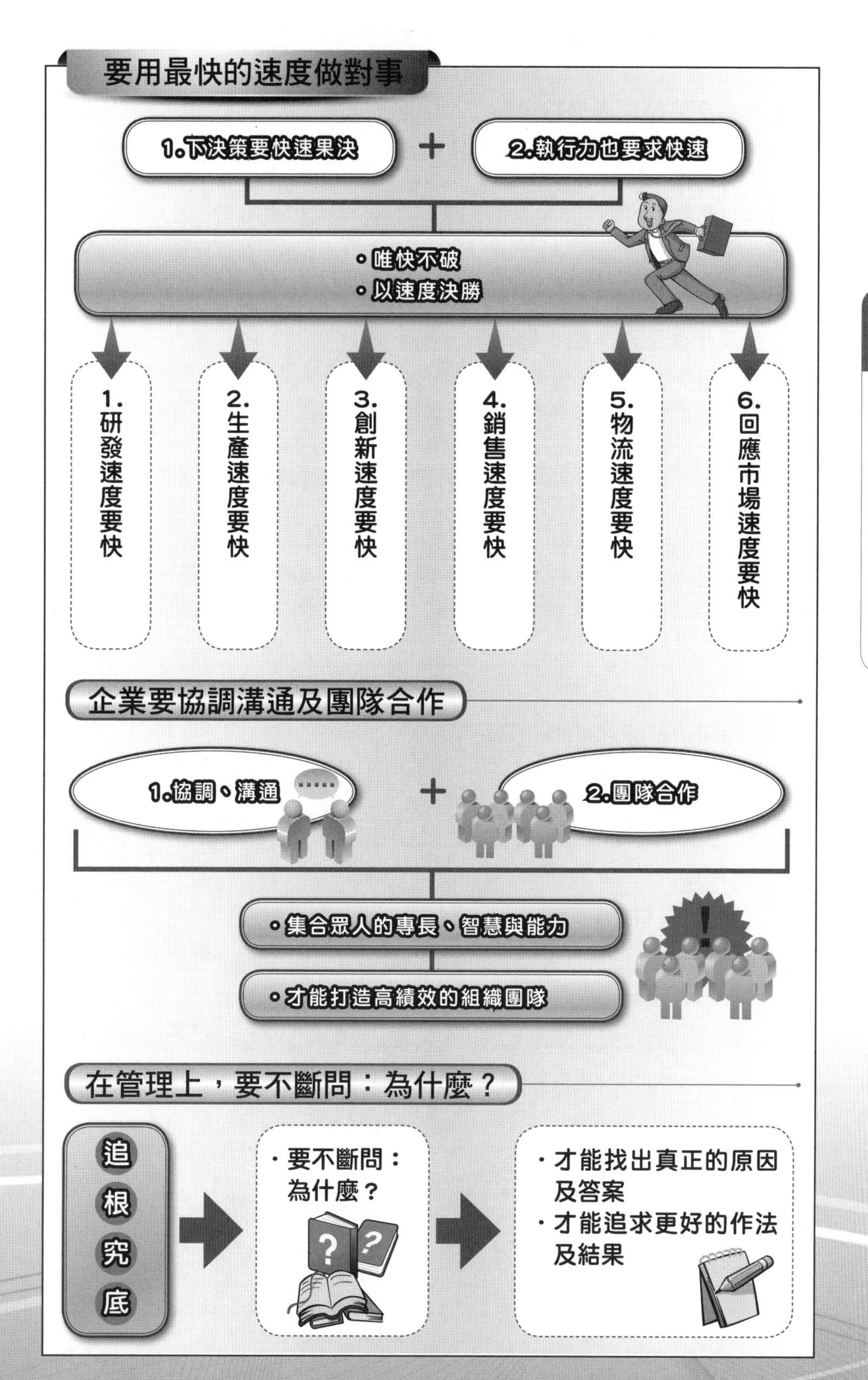
要用最快的速度做對事
1.下決策要快速果決
+
2.執行力也要求快速
・唯快不破
・以速度決勝
1.研發速度要快
2.生產速度要快
3.創新速度要快
4.銷售速度要快
5.物流速度要快
6.回應市場速度要快
企業要協調溝通及團隊合作
1.協調、溝通
+
2.團隊合作
・集合眾人的專長、智慧與能力
・才能打造高績效的組織團隊
在管理上，要不斷問：為什麼？
追根究底
・要不斷問：為什麼？
・才能找出真正的原因及答案
・才能追求更好的作法及結果

十一.凡事要有時程表與檢查點

1.對事的精準，是把事情做好的最基本指標。而對事的精準有二個方法：一是訂定工作完成的時間表，二是在工作過程中的檢查點，做好這二件事，然後照表操課，事情就可以精準完成。

2.企業做任何事，主管必須在事前擬訂工作時程表以及工作檢查點，這是確保工作能如期順利完成的方法。

十二.員工學習五法：讀、聽、看、問、做

1.企業每位員工，必須要不斷學習，永遠進步。

2.學習是改變一個人最有效的方法，學習的方法很多，讀、聽、看、問、做，都是學習。

3.聽與問，是跟別人學習的方法，遇到專家，要問要聽，以吸收他們的經驗，成為自己的知識。

4.看，是在生活及工作中，不斷的觀察，分析其方法，解讀其奧妙。

5.做，是每經一事，透過做就會逐漸熟能生巧，所以不要抱怨多做，做得多也學得多。

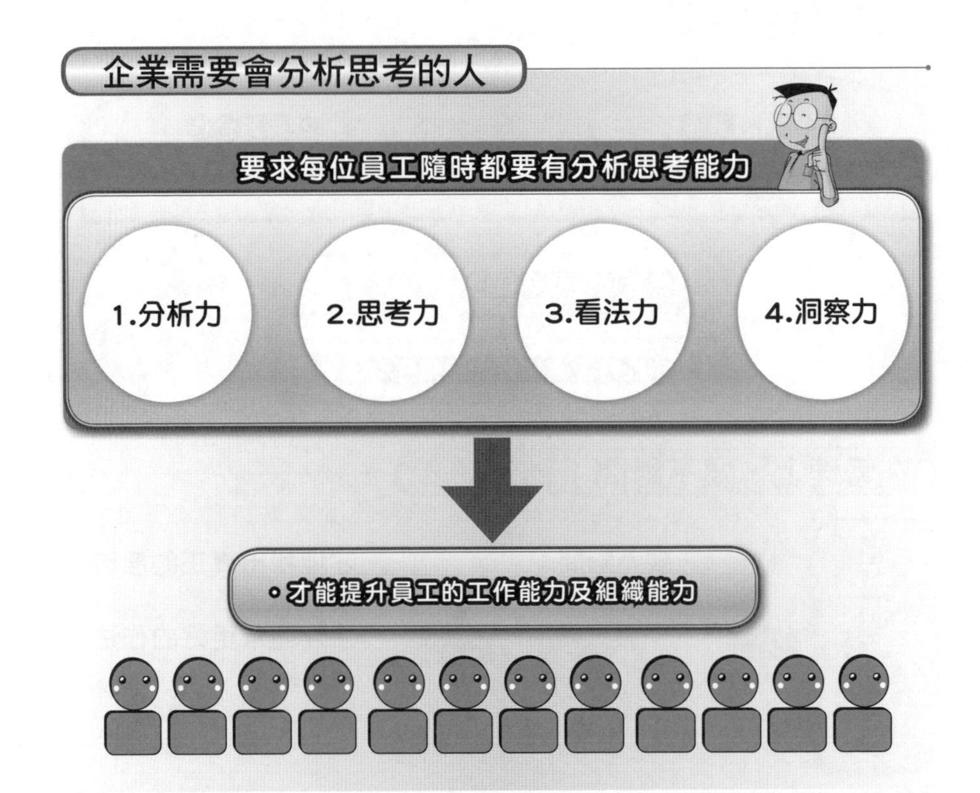

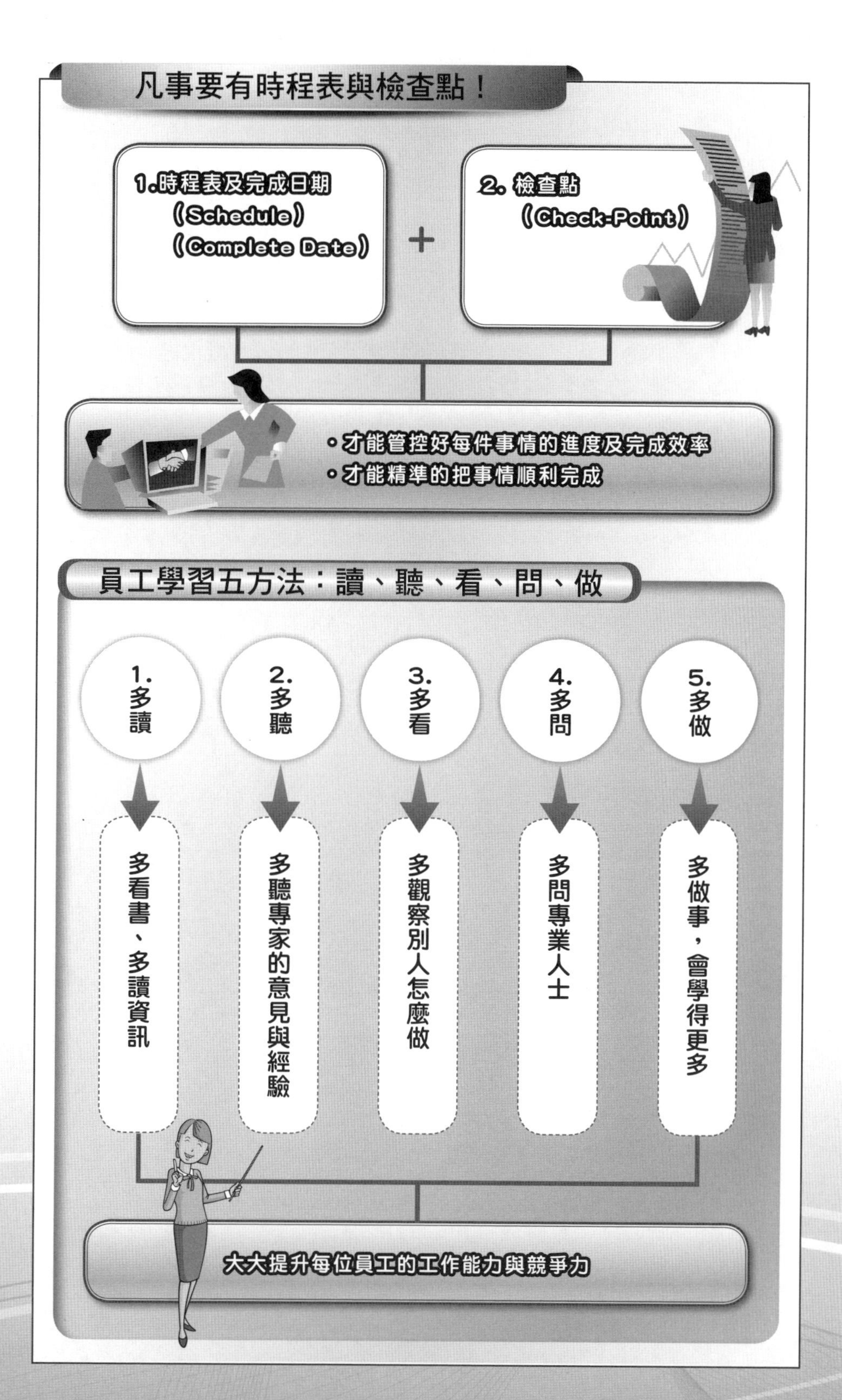
凡事要有時程表與檢查點！
1.時程表及完成日期
(Schedule)
(Complete Date)
+
2. 檢查點
(Check-Point)
。才能管控好每件事情的進度及完成效率
。才能精準的把事情順利完成
員工學習五方法：讀、聽、看、問、做
1.多讀
2.多聽
3.多看
4.多問
5.多做
多看書、多讀資訊
多聽專家的意見與經驗
多觀察別人怎麼做
多問專業人士
多做事，會學得更多
大大提升每位員工的工作能力與競爭力

第20章

全球第一大汽車廠TOYOTA（豐田）的工作管理準則與企業文化

章節體系架構 

〈準則1〉不要只依賴部屬所做的報告，問題的答案，永遠在現場
〈準則2〉今天要比昨天更好，領導者一定要日日努力，讓工作現場每天都有變化
〈準則3〉帶人，就是示範、驗收、加上追蹤
〈準則4〉不要錄用追隨者，要選用領先者
〈準則5〉你的薪水是顧客給的，做出顧客想要的商品
〈準則6〉凡事不問結果，動手去做就對了
〈準則7〉有六成把握，就去做
〈準則8〉工作一定要訂出完成日
〈準則9〉用高兩階的位置看事情
〈準則10〉當個多能工作者
〈準則11〉有想法，就提出來討論
〈準則12〉多和其他部門接觸，建立自己的人脈網路
〈準則13〉根據事實和資料工作，別根據直覺和經驗
〈準則14〉改善，巧遲不如拙速
〈準則15〉光是提高產量，沒有銷量，也是白搭
〈準則16〉一流工作者的聖經，詳讀工作的《標準作業手冊》

〈準則1〉不要只依賴部屬所做的報告，問題的答案，永遠在現場

豐田（TOYOTA）汽車有「現場、現物、現實」的三觀主義

- 亦即，實際到現場，透過現有物品，觀察現實狀況。
- 在豐田，主管經常帶著部屬到現場觀察，大家都樂此不疲，因為這才是真正的帶頭示範。
- 管理的答案，多半在現場；只要到現場走一趟，馬上就可以看出問題所在，或是那個流程出了差錯。
- 工廠走了幾趟之後，就能對整體的情況、關鍵點，提出一套正確的判斷基準。
- 總之，力行三觀主義，現場、現物、現實，才會發現問題所在。

〈準則2〉今天要比昨天更好，領導者一定要日日努力，讓工作現場每天都有變化

- 改善，就是工作每天要有變化，為了達成這個目的，作業現場必須得不斷改變，不停追求進步。
- 改善，就是找出和人、物、設備有關的浪費，然後想辦法杜絕這些虛耗，這也是豐田生產方式最關鍵的行動。換言之，找出不必要的浪費，改進工作流程、提高產量，是身為管理者最重要、也最應該做的工作。
- 改善沒有終點，要追求理想的狀態，就必須一直變動；唯有這麼做，才能讓現場每天都有變化與進步。

〈準則3〉帶人，就是示範、驗收、加上追蹤

- 大多數公司帶人的程序都是先示範，再驗，但豐田汽車還多了一個追蹤的步驟，也就是必須持續追蹤、關懷到底；直到部屬能夠實踐且精熟工作為止。
- 管理者不能只會教，還要確認部屬是否真正照著做。

〈準則4〉不要錄用追隨者，要選用領先者

- 豐田公司找人、用人的指標，就是：不要錄用追隨者，要選用領先者。
- 不管是多麼優秀的人才，只要是追隨者就不行；豐田要的是有創意及行動力的領先者。
- 豐田需要會解決問題的人才，但光是這樣還不夠，豐田需要有能力發現問題的菁英。
- 每家公司都需要能夠走在時代尖端，帶著大家跑在最前頭的頂尖好手。
- 利用領先者的能力，讓自己和公司成為業界第一。

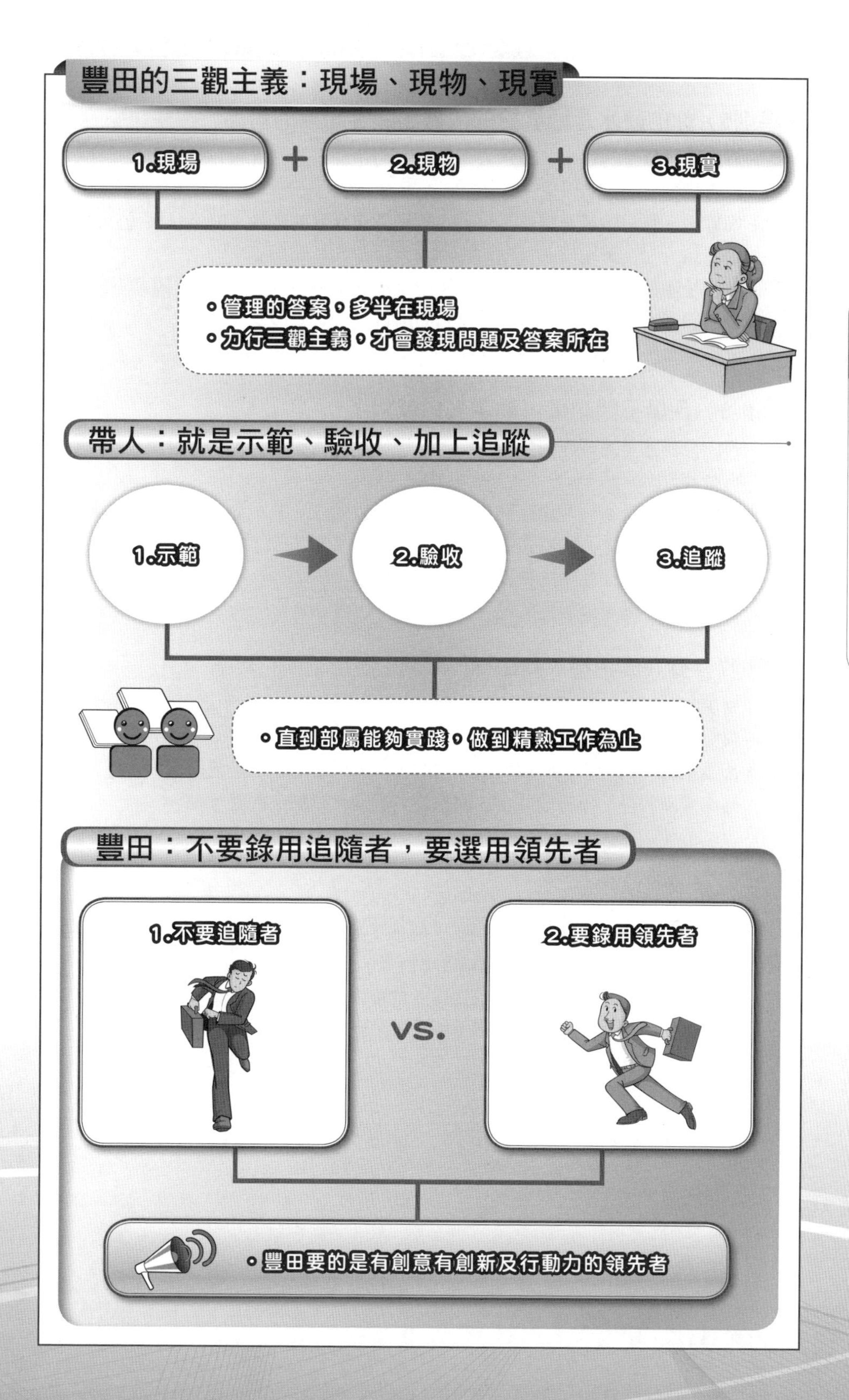
豐田的三觀主義：現場、現物、現實
1.現場
+
2.現物
+
3.現實
。管理的答案，多半在現場
。力行三觀主義，才會發現問題及答案所在
帶人：就是示範、驗收、加上追蹤
1.示範
2.驗收
3.追蹤
。直到部屬能夠實踐，做到精熟工作為止
豐田：不要錄用追隨者，要選用領先者
1.不要追隨者
vs.
2.要錄用領先者
。豐田要的是有創意有創新及行動力的領先者

〈準則5〉你的薪水是顧客給的，做出顧客想要的商品

- 豐田認為員工的薪水，不是公司給的，而是顧客給的。因為顧客買車後，公司才有能力發出薪水。
- 換言之，豐田告訴全體員工，一定要做顧客喜歡的商品，而不是製造公司喜歡的商品。
- 薪水是顧客給的，因此，當顧客需要某項商品時，就一定要做出東西來；能夠配合顧客需求的生產體制，才能領先創新。
- 贏家全拿，做出顧客想要的商品。

〈準則6〉凡事不問結果，動手去做就對了

- 豐田公司非常討厭成天找藉口的人，豐田認為做錯了，大不了重來，但不做連機會都沒有。
- 豐田認為，就算失敗也沒關係，只要行動就對了。若中途出現無法獨自解決的問題，就與大家一起腦力激盪。
- 凡事不問結果，動手去做就對了。
- 只要去做，就可以看到問題。

〈準則7〉有六成把握，就去做

- 豐田人常認為：有六成把握就去做。
- 贏家，是不斷付諸行動的人。
- 因為不會有人苛責勇於嘗試新作法的人，所以豐田人總是積極採取各種行動。
- 輸家想到的是「不想失敗」，贏家想到的是「有點把握就行動」。

〈準則8〉工作一定要訂出完成日

- 在豐田，所有工作都要有一個明確的完成日期。
- 無論做什麼事，都要決定好完成日期，然後設法在期限內，達成目標。期限未到之前，豐田主管會不斷給部屬鼓勵。
- 成果如果符合期望，主管驗收之後，就會稱讚部屬：「做得不錯喔」，只是短短幾個字，就足以激發部屬的工作熱情，化成動力，員工將更加努力。

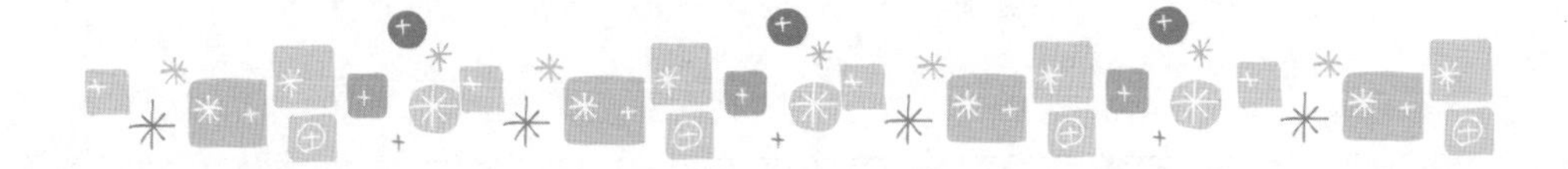

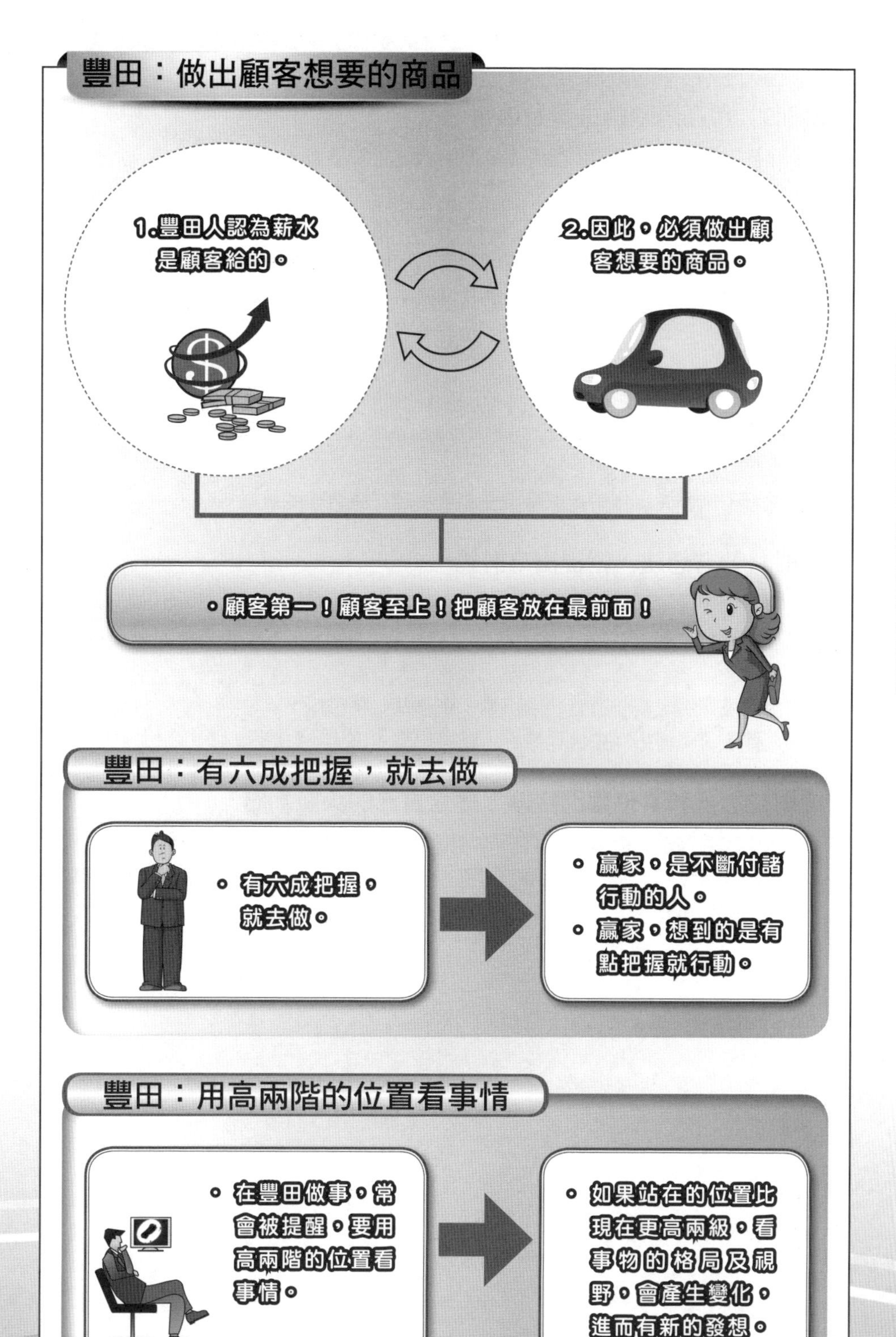
豐田：做出顧客想要的商品
1.豐田人認為薪水是顧客給的。
2.因此，必須做出顧客想要的商品。
。顧客第一！顧客至上！把顧客放在最前面！
豐田：有六成把握，就去做
。有六成把握，就去做。
。贏家，是不斷付諸行動的人。
。贏家，想到的是有點把握就行動。
豐田：用高兩階的位置看事情
。在豐田做事，常會被提醒，要用高兩階的位置看事情。
。如果站在的位置比現在更高兩級，看事物的格局及視野，會產生變化，進而有新的發想。

〈準則9〉用高兩階的位置看事情

- 在豐田做事，常會被提醒要用高兩階的位置看事情。
- 簡單來說，就是要經常站在比自己位置高兩階的層級來判斷及管理工作。
- 如果只站在自己的位置思考，頂多只能在當下努力，稍微做一丁點的改善。然而，所站的位置比現在高，看事物的格局就會產生變化，進而有新的發想。
- 換個角度及層級思考，往往就能找到答案。
- 站在比現在更高的職位看整體，自然就會知道該怎麼做。

〈準則10〉當個多能工作者

- 在豐田，有一種工作模式，叫「多能工」，即多能工作者會操作多種機械的人。
- 在豐田，多能工作者更值得備受尊重，具有更寬廣的職業舞臺。

〈準則11〉有想法，就提出來討論

- 豐田有一種制度，叫「創意功夫」。在執行日常業務時，只要有任何發現，認為那樣做比較好的話，就歸納整理在一張A4紙上，交給主管；這就是改善的種子。
- 提案被採用之後，還有獎金可拿，也算是一種鼓勵。
- 在豐田，覺得這麼做會比較好，就說出來，不用不好意思。

〈準則12〉多和其他部門接觸，建立自己的人脈網路

- 豐田有各種超越組織，擁有橫向聯繫功能的社團。
- 豐田人可以透過這些團體學習交流，也可以擴展自己縱向及橫向的人脈網路。
- 遇到麻煩事時，人脈存摺的多寡決定你的解決能力。

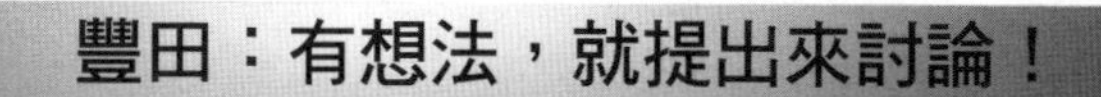

豐田：有想法，就提出來討論！

- 這就是工作改善的種子
- 這就是一種創意功夫

豐田：要根據事實和資料工作

- 才能精準解決問題！
- 必須根據資料採取正確的作法，才能確實處理難題。

〈準則13〉根據事實和資料工作，別根據直覺和經驗

- 豐田人總是會問：你有根據線索，思考最適合的解決方案嗎？你又是依據什麼樣的事實，讓同仁這麼做？
- 在豐田做事，總是要根據事實及資料工作。開始行動之前，一定要查明現狀、分析資料，如果不從這裡著手，就無法有效解決現況。
- 只憑直覺、經驗、常識，無法解決問題。

〈準則14〉改善，巧遲不如拙速

- 「巧遲」就是想法不錯，效果好，但很花時間，想要好好修改，得花上好幾天的時間研訂計畫。
- 相反的，「拙速」雖然做出來的東西沒有很精美、完整，但完成速度卻非常快。
- 很多事情，想太多反而就停止行動了。與其慢慢細膩思量，不如快速先做做看，再邊做邊整理思考的方法。
- 即使想法、做法沒那麼周密，也要先踏出行動的第一步。只要行動，就可以看清楚起步前所不明白的地方，接著就會出現其他更好的點子，進而打開一條活路。

〈準則15〉光是提高產量，沒有銷量，也是白搭

- 豐田勸導大家不要生產過了頭，一直努力製造賣不出去的商品。
- 及時制度（Just in Time）是豐田生產方式的二大中心之一，其概念就是及時製造、及時採購、及時供應。能夠遵守這個原則，就不會被堆積如山的庫存折磨。
- 光是提高產量，沒有銷售，也是白搭。

〈準則16〉一流工作者的聖經，詳讀工作的《標準作業手冊》

- 豐田有各種《標準作業手冊》，像是和實際操作有關的作業指導書、檢驗品質的要領書冊。
- 這些《標準作業手冊》歸納整理各種作業的做法及條件等，員工就是根據這些準則來工作。
- 沒經驗的工作，有《標準作業手冊》就能處理。

豐田：改善，巧遲不如拙速

- 即使想法、做法沒那麼周密，也要踏出行動第一步。

- 只要行動，就可以看清楚起步前，所不明白的地方，最後會打開一條活路。

豐田：工作聖經，標準作業手冊

豐田的工作聖經

- 各式各樣生產、品管、採購的《標準作業手冊》

第21章

企業打造高績效組織與如何提高經營績效

章節體系架構 

Unit 21-1 企業打造高績效組織的15大要素

任何企業要打造出一個高績效組織，必須具備下列圖示的15大要素：

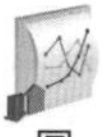

1 高薪獎

- 唯有高薪獎，才能吸引好人才、才能留住好人才。
- 高月薪、高獎金、高紅利、股票。
- 例如：台積電、鴻海高科技公司。

2 有未來成長性

公司要不斷追求成長性、未來性、規律性、集團化企業，員工才有可以晉升及發展的空間及未來可言。

3 重視執行力

- 郭台銘及其鴻海集團是最有快速執行力的代表。
- 有快速執行力，才能快速完成好的績效出來。

4 貫徹考績管理

- 對員工有考績制度，才會形成對員工有工作壓力，員工也才會更認真、更努力做好事情，以求得好考績。
- 考績必須與年終獎金及績效獎金相互連結，才會有效果。

5 訂定正確策略

- 唯有訂定正確的公司發展策略及發展方向，公司才會有好的績效產生。
- 策略及方向錯誤，那就帶領公司往錯的方向走去，公司就會發生危險。
- 例如：全聯超市近20年的快速展店策略、郭台銘鴻海的併購策略及台積電技術領先策略都很成功。

6 力行目標管理與預算管理

- 每個月，各部門都要訂定他們應該完成的各種目標前進，以及達成每月的損益預算前進。
- 員工有目標、有預算，才知道為何而戰，以及戰鬥的完成目標數字在哪裡。
- 員工有目標，才會不斷進步、突破。
- 沒有目標，人就會鬆懈了。

7 設定遠程發展願景

- 有公司願景，才會激勵全員努力邁向遠程願景。
- 例如：台積電30年時間，即達成全球最大晶片半導體製造廠，成為全球第一。

8 快速因應變化

- 天下武功，唯快不破。
- 唯有快速，才能領先競爭對手，才能爭取到新商機，也才能有效因應外界環境變化。
- 速度慢了，就會落後，就會退步。

9 組織要彈性化、敏捷化、機動化且不僵化

面對巨變環境，企業內部組織的架構、編組、人力配置、指揮系統，就更要彈性化、敏捷化、機動化，千萬不能僵化、千萬不能本位主義、千萬不能相互爭權鬥爭。

10 貫徹考績管理

- BU（Business Unit）就是成立多個事業或產品別利潤中心制度，可激發員工潛力，BU賺錢，自己也可分到獎金。
- 好的BU制度可有效拉高營收及獲利績效。

11 提升各級主管領導力

- 強而有力的領導力，是企業強而有力的創造好績效的必要條件。
- 一個公司從高階的董事長、總經理、副總經理領導，到中階的經理、協理領導，到基層的組長、課長領導，都要層層做好領導力。

12 制定中長期專業發展藍圖與計劃

- 中長期是指公司或集團3～5年的事業發展藍圖、布局與計畫。
- 人無遠慮，必有近憂。企業高階領導者一定要想著未來3～5年的成長路徑在哪裡。

13 建立各部門主管接班人制度

- 讓各部門有潛力人才都能獲得晉升職務，以激勵優秀人才。
- 培養出一個未來最佳的接班人才團隊，企業才會有更好的未來。

14 提升全員市場競爭力

- 企業要不斷鞏固、精實、提升全體員工的市場競爭力與核心能力。
- 企業不只是要高階幹部強大，而是要每一個部門的每一位員工都很強大，這才是永遠好績效的根基。

15 公司有制度

- 好公司、有高績效的公司，也必是一個在各方面都很有制度化的公司。每一個員工都能依照制度與流程去良好運作。
- 企業要靠制度化去運作，而不是靠人治，人治會變化不定，制度化才會永久、才會穩健、才會順暢、才會有好績效。

Unit 21-2 從人出發：培養優秀人才，創造好績效的六招

從人出發：培養優秀人才，創造好績效的六招如下：

1 招聘人才

- 要挑選、招聘到一流的好人才。
- 好人才，不一定要高學歷，要看行業別，科技業就要臺大、清大、交大、成大的高學歷碩博士理工科人才；但服務業、零售業、消費品業就不一定要高學歷人才。
- 只要肯幹、肯努力、肯進步、願與人合作，就是好人才。

2 培訓人才

- 針對有潛力好人才，要給予特別訓練。
- 一般性員工也要在各自專業領域上培訓精進。
- 有潛力、想晉升成為中堅幹部的，要成立幹部領導培訓班。
- 不斷培訓就能養出好人才。

3 用人才

- 把對的人放在對的位置上。
- 用人用其優點，不要要看他的缺點。
- 人才是要不斷去磨練他們、歷練他們的，這樣，他們就會在工作中成長、進步。

4 考核及晉升人才

- 大部分的人才，都會想要晉升的；有些是晉升為領導幹部的，有些則是職級晉升的。
- 人才不斷透過穩定且持續性的晉升，就會產生出他們的責任感及成就感。

5 激勵人才

- 激勵人才主要有三種：一是物質金錢上的激勵，例如：調薪、給獎金、給紅利、分股票；二是心理上的激勵，例如：表揚大會、口頭讚美；三是拔擢晉升。
- 有效的激勵人才，會讓員工長期留在公司打拼及貢獻。

6 留住人才

- 好人才、好幹部，就要用各種方法留住他們，勿使其離職去到競爭對手公司。
- 培養一個好人才、好幹部，是不容易，他們走了，也算是公司的損失。
- 不斷留住好人才，長久下來，就可以成為鞏固的優秀人才團隊。

Unit 21-3 如何做好管理及提高經營績效的管理15化

企業經營，必須做好以下管理15化：

1.制度化

須建立各種人事、生產、採購、品管、物流、門市銷售、售後服務等規章、制度。

2.SOP化（標準化）

SOP (Standard Operation Process)，標準作業流程；以維持各種作業品質一致性，特別在服務業及生產製造的標準化。

3.資訊化

運用IT資訊系統，加快營運作業，包括POS系統、公司ERP系統之建立與運作。

4.目標化

任何工作及專案，都必須訂定想要達成的營運目標，此也稱目標管理，有目標，員工才會全力以赴，知道為何而戰。

5.效益化

公司營運必須對各部門、各專案，更加重視效益評估及檢討改進，以追求更高效益達成。

6.數據化

企業必須重視數據管理，切記：沒有數據，就沒有管理。必須從數據中，看出經營與管理問題，並提出快速應對措施，加以改善。

7.可視化

企業任何事情，都應該儘可能不要被掩蓋住，必須讓大家看得到、資訊公開化、可視化、被檢討化、被改善化。

8.定期查核化

對任何事、任何人，都要建立定期考核追踪，建立定期查核點 (Check-Point)，不可以放任從頭到尾都沒有查核點，才能及時發現企業問題點所在，做好及時、迅速改善。

9.人性激勵化

人性都是需要被激勵、被肯定、被鼓舞的，包括：物質金錢的獎勵或心理面的讚美鼓勵。有激勵，全員潛能才會被完全激發出來。

10.規模化

規模化是企業競爭優勢反應的主要一種；在生產規模、採購規模、門市店數規模、加盟店數規模等，都要達成規模經濟化，如此，成本才會下降，營收才會提高，市場競爭力才會增強。

11.敏捷化

企業在任何部門、任何營運問題上，都必須用靈敏與快捷速度去應對、去執行、去領先，而不是拖拖拉拉、不知應變。

12.自動化

在工廠製造設備及物流中心設備，都必須力求儘可能提高自動化比率，唯有自動化，才能提高製造效率，降低人工成本。

13.超前部署化

在面臨市場環境多變化與競爭更激烈化時代，企業在技術研發、在產品開發、在全球化、在供應鏈、在銷售第一線等，都必須提前預備做好準備，不要反應來不及；要有超前部署的思維、計畫及行動，企業才會贏在未來。

14.數位化

在疫情期間，大部分企業都朝向數位化轉型，才能應對市場環境的巨變。

15.APP化

由於智慧型手機的普及，現今APP已是廣泛應用在搜尋、下單、結帳、累積點數、查詢及其他管理與行銷用途上，幫助很大。

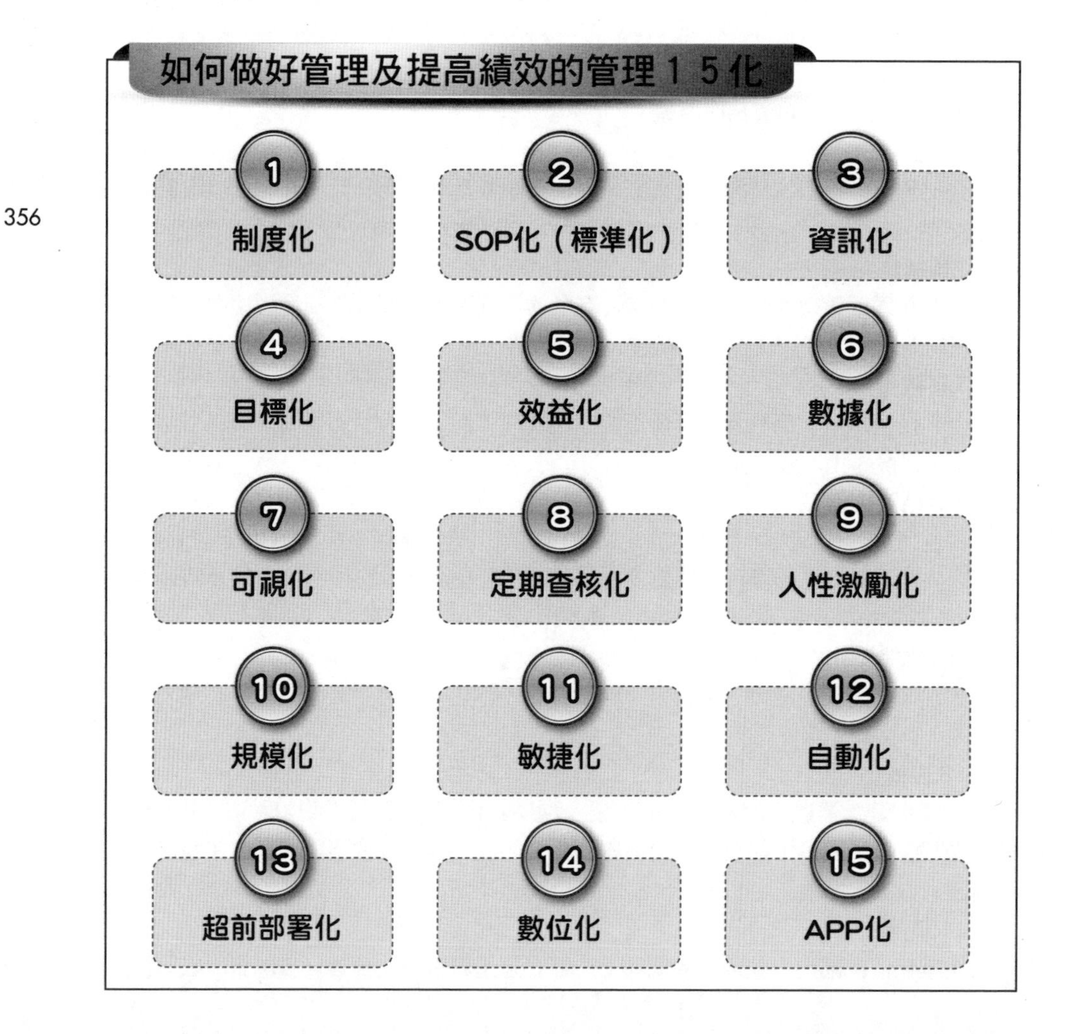

第22章

總結語：企業經營成功，最重要的90個黃金關鍵字

企業經營成功，最重要的90個黃金關鍵字圖示：

1 持續創新

2 快速行動

3 快速應變

4 強大執行力

5 策略正確

6 充分授權

7 人才團隊

8 人才第一

9 顧客至上

10 以顧客為第一

11 滿足顧客需求

12 堅持品質

13 企業願景

14 有能力的董事會

15 技術領先

16 快速決策力

17 第二條、第三條成長曲線

18 組織團隊協力合作

19 強大領導力

20 堅持學習

21 公司治理

22
有責任心的
各級主管

23
提高附加價值

24
拔擢有實力人才

25
值得信賴的企業

26
善盡企業社會責任

27
照顧員工福利

28
管理要制度化、
標準化、資訊化

29
良好組織文化

30
加速展店

31
邊做邊改

32
公司信譽至上

33
與全體員工
共享利潤

34
領導者要站在
最前面

35
採取利潤中心
制度運作

36
晴天要為雨天
做好準備

37
全體員工全力
做好每一天

38
思考公司未來
發展方向

39
靈活機動、
彈性組織體

40
朝令夕改，
有時是必要的

41
打造隨時都能
作戰的組織體

42
把顧客擺在
利潤之前

43
力行
「人才實力主義」

44
建立好的制度運作

45
布局短、中、長期
事業發展

46
差異化、
特色化策略

47
專注策略

48
一條龍，垂直整合
事業模式

49
完整、齊全的
產品線

50
每一次改變，
就帶來成長契機

51
唯有創新才能成長

52
不創新，就死亡

53
人對了，
策略就會對

54
冒險精神，
主動創造機遇

55
找對的人，
做對的事，對的
成果才會出來

56
發掘人才，重用人
才，留住人才

57
賞罰分明，
激勵人心

58
善於把握時機

59
沒有團隊，
企業就是空的

60
人才，正是策略的
第一步

61
行銷4P運作成功

62
併購策略加速
事業擴張

63
領導者要有遠見及
前瞻性

64
正派經營

65
保有危機感

66
要不斷升級、
進步，與時俱進

67
高CP值，
物超所值感

68
庶民經濟時代來臨

69
抓住未來發展趨勢
與變化

70
顧客滿意，
感動顧客

71
不斷變革，
自我超越

72
用心觀察
環境的變化

73
解讀未來的能力

74
培養出解決問題的
能力

75
得到顧客
100%信賴

76
策略就是想高、
想遠、想深

77
從高處綜覽全局

78
短期與長期要兼顧

79
速度決勝，
唯快不破

80
全員要有數字管理
的概念

81
深入檢討每天營運
數字

82
要有追根究底
的精神

83
永遠相信：
好，還要更好

84
持續改良商品力

85
重視現場數字主義

86
提高顧客回購率

87
重視行動第一主義

88
讓全員參與
經營管理

89
敢於革自己的命

90
多讀、多問、多
聽、多看、多做，
就會成長進步

後記
企業經營管理整體架構圖示

編寫：戴國良老師

「企業經營管理」整體架構圖示

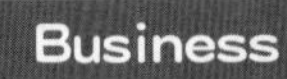

一、「企業經營」15大領域

1. 人力資源／人事管理（人才招聘、培訓、留才、用才）
2. 採購管理（零組件、原物料）
3. 製造（生產）管理（低成本生產競爭力）
4. 策略管理（併購、企業成長、競爭策略）
5. 行銷／銷售管理（行銷4P/1S/2C）
6. 財會管理（財務與會計）（預算管理）
7. 研發／產品管理（技術創新領先）
8. 品質管理（高品質保證）
9. 法務管理（智產權）
10. 稽核管理（內稽、內控）
11. 設計管理（工業／商業設計）
12. 經營分析管理（數據分析）
13. 委外管理（外部企業委外合作，例如：廣告公司、媒體代理商、公關公司、活動公司、技術公司等）
14. 資訊管理
15. 經營企劃管理（策略規劃）

＋

二、「管理功能」6大領域

1. 計畫（規劃）（上述各部門要做出達成目標之計畫）
2. 組織（人才團隊組建）
3. 領導與決策（效能領導、高成長領導）
4. 溝通／協調（跨部門、跨公司合作）
5. 激勵／獎勵（正面鼓勵）
6. 考核（績效考核）（工作追蹤考核）

三、最終目標

1. 營收成長
2. 獲利成長
3. 股價成長
4. 企業市值成長
5. 永續經營
6. 善盡企業社會責任

＋

四、管理簡單定義

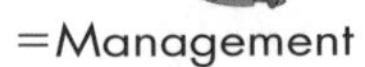

（Plan）→（Do）→（Check）→（Action）＝（管理）
計畫　執行　考核　行動

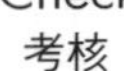
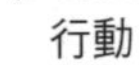

國家圖書館出版品預行編目資料

圖解管理學／戴國良著. －－六版. －－臺北市：五南圖書出版股份有限公司, 2023.03
面； 公分
ISBN 978-626-343-706-7 (平裝)
1. CST:管理科學
494 111022232

1FRK

圖解管理學

作　　者 — 戴國良
發 行 人 — 楊榮川
總 經 理 — 楊士清
總 編 輯 — 楊秀麗
主　　編 — 侯家嵐
責任編輯 — 侯家嵐
內文排版 — 張淑貞
封面完稿 — 姚孝慈
出 版 者 — 五南圖書出版股份有限公司
地　　址：106台北市大安區和平東路二段339號4樓
電　　話：(02)2705-5066　　傳　　真：(02)2706-6100
網　　址：https://www.wunan.com.tw
電子郵件：wunan@wunan.com.tw
劃撥帳號：01068953
戶　　名：五南圖書出版股份有限公司
法律顧問：林勝安律師
出版日期：2011年 9 月初版一刷
2011年10月初版二刷
2012年 7 月二版一刷
2015年10月二版六刷
2017年 4 月三版一刷
2018年11月四版一刷
2021年 2 月五版一刷
2023年 3 月六版一刷
定　　價：新臺幣480元